21世纪本科院校土木建筑类创新型应用人才培养规划教材

城市生态与城市环境保护

主　编　梁彦兰　阎　利
副主编　王保民　佟　艳
　　　　刘彦珍　张坤朋
参　编　樊良新　张云华
　　　　李　丹

内容简介

本书主要介绍城市生态与城市环境保护的基本知识。本书共9章，主要内容包括生态学基础、城市生态学、城市生态规划、城市环境问题、城市污染及其防治、城市灾害及预防、环境保护与可持续发展、城市绿地和城市景观生态，注重培养学生用生态学原理解决城市环境问题。

本书可以作为高等院校城乡规划、风景园林等相关专业的教材，也可以作为大学公共选修课教材，还可以作为环境科学、城市管理、环境保护、城市生态建设等相关专业工作人员的参考用书。

图书在版编目(CIP)数据

城市生态与城市环境保护/梁彦兰，阎利主编．—北京：北京大学出版社，2013.7
(21世纪本科院校土木建筑类创新型应用人才培养规划教材)
ISBN 978-7-301-22867-8

Ⅰ.①城…　Ⅱ.①梁…②阎…　Ⅲ.①城市环境—生态环境—环境保护—高等学校—教材　Ⅳ.①X21

中国版本图书馆CIP数据核字(2013)第162764号

书　　名：城市生态与城市环境保护
著作责任者：梁彦兰　阎　利　主编
策 划 编 辑：卢　东　任占军
责 任 编 辑：卢　东
标 准 书 号：ISBN 978-7-301-22867-8/TU·0344
出 版 发 行：北京大学出版社
地　　址：北京市海淀区成府路205号　100871
网　　址：http://www.pup.cn　新浪官方微博：@北京大学出版社
编辑部邮箱：pup6@pup.cn
总编室邮箱：zpup@pup.cn
电　　话：邮购部010-62752015　发行部010-62750672　编辑部010-62750667
印　刷　者：北京虎彩文化传播有限公司
经　销　者：新华书店
787毫米×1092毫米　16开本　18印张　418千字
2013年7月第1版　　2023年7月第5次印刷
定　　价：36.00元

前　言

随着城市化和城市工业化的迅速发展，引起了一系列城市问题，如人口密集、住房困难、土地资源紧张、工业资源短缺、水源短缺、交通拥挤、环境污染、疾病流行、犯罪增多、就业困难等。城市经济发展和城市生态环境之间的矛盾日益复杂尖锐，城市的发展不能再以牺牲生态环境为代价，从而使解决城市发展和城市生态环境保护的问题提到了世界各国的议事日程。

通过本书的学习，使学生了解生态学与城市生态学的基本原理，了解城市生态系统、城市生态规划、环境保护等相关内容，并将生态学、环境学与城市学有机地联系起来，使学生掌握全面完整的城市观，树立生态意识与环境意识，将生态学及城市生态学的知识与城市规划原理融会贯通，提高专业素养。

本书的写作特点如下。

(1) 结构严谨、逻辑严密、图文并茂、深入浅出、通俗易懂，从原理、方法和案例三大方面展开，层层递进。

(2) 将生态学、城市生态学与城市发展的历史、环境保护及可持续发展相结合，注重国内外城市生态环境的比较与分析；与我国城市发展的现实问题紧密结合；与城市生态化的发展趋势与生态城市建设紧密结合。

(3) 重视对学生的生态意识和思维方式的训练及培养。

(4) 通过大量理论与案例的介绍与分析，讲解生态学和环境学基本原理对人居环境发展的影响，让学生既获得理论动态方面的信息，又获得实践方面的信息，同时通过形象化的案例剖析，获得良好的教学效果。

本书由安阳工学院梁彦兰、阎利任主编；安阳工学院王保民、刘彦珍、张坤朋和河南理工大学佟艳任副主编；安阳工学院张云华、李丹和河南理工大学樊良新任参编。具体编写分工为：梁彦兰编写第 1 章；佟艳编写第 2 章；张云华、佟艳合编第 3 章；刘彦珍编写第 4 章；阎利编写第 5 章；张坤朋编写第 6 章；阎利和张坤朋合编第 7 章；王保民编写第 8 章；樊良新、王保民、李丹合编第 9 章；本书由梁彦兰和阎利负责统稿。

本书在编写过程中参阅了国内外众多学者的文献及研究成果，并参考引用了网络上的一些相关资料和图片，在此对相关作者表示衷心的感谢！

由于编者水平有限，书不足之处在所难免，恳请广大读者批评指正。

编者

2013 年 4 月

前言

目　录

第1章　生态学基础 ………………………… 1

1.1　生态学的概念及其发展 …………… 2

1.1.1　生态学的概念 ……………… 2

1.1.2　生态学的研究对象和分支学科 ……………………… 2

1.1.3　生态学的发展 ……………… 3

1.2　生态因子及其作用 ………………… 6

1.2.1　生态因子的概念 …………… 6

1.2.2　生态因子的分类 …………… 6

1.2.3　生态因子作用的一般特征 … 6

1.2.4　生态因子作用的规律 ……… 7

1.3　种群 ………………………………… 8

1.3.1　种群的基本概念和特征 …… 8

1.3.2　种群数量动态参数 ………… 8

1.3.3　种群增长的基本模式 ……… 9

1.3.4　种群间关系 ………………… 10

1.4　群落 ……………………………… 11

1.4.1　群落的基本概念 ………… 11

1.4.2　群落的特征 ……………… 11

1.4.3　群落与环境 ……………… 12

1.5　生态系统 ………………………… 16

1.5.1　生态系统的概念 ………… 16

1.5.2　生态系统的研究层次 …… 16

1.5.3　生态系统的类型 ………… 17

1.5.4　生态系统的组成 ………… 20

1.5.5　生态系统的基本特征 …… 22

1.5.6　生态系统的结构 ………… 23

1.5.7　生态系统的功能 ………… 24

1.5.8　生态系统的平衡与失衡 … 27

1.6　受损生态系统的修复 …………… 30

1.6.1　生态系统的受损类型 …… 30

1.6.2　受损生态系统的基本特征 ……………………… 30

1.6.3　受损生态系统的修复 …… 30

1.6.4　生态工程修复技术 ……… 32

思考题 ……………………………………… 36

第2章　城市生态学 …………………… 37

2.1　城市与城市化 …………………… 38

2.1.1　城市的概念 ……………… 38

2.1.2　城市化 …………………… 39

2.2　城市生态学的研究内容及其发展 ……………………………… 40

2.2.1　城市生态学的概念 ……… 40

2.2.2　城市生态学的研究内容和分支学科 ……………… 41

2.2.3　城市生态学研究的意义 … 42

2.2.4　城市生态学的发展 ……… 42

2.2.5　我国城市生态学发展 …… 48

2.3　城市生态学的基本理论 ………… 48

2.3.1　城市生态位理论 ………… 48

2.3.2　生物多样性理论 ………… 49

2.3.3　环境承载力理论 ………… 50

2.3.4　循环经济理论 …………… 50

2.3.5　可持续发展理论 ………… 51

2.3.6　生态伦理学理论 ………… 52

2.3.7　景观生态学理论 ………… 53

2.3.8　系统整体功能最优原理 … 53

2.3.9　最小因子原理 …………… 53

2.4　城市生态系统 …………………… 53

2.4.1　城市生态系统的概念 …… 53

2.4.2　城市生态系统的组成 …… 54

2.4.3　城市生态系统的特点 …… 55

2.5　城市生态系统的结构和功能 …… 57

2.5.1　城市生态系统的结构 …… 57

2.5.2　城市生态系统的功能 …… 58

思考题 ……………………………………… 61

第3章　城市生态规划 ………………… 62

3.1　城市生态规划概述 ……………… 63

3.1.1　城市生态规划的概念 …… 63

3.1.2　城市生态规划的基本原则 ……………………… 63

3.1.3　城市生态规划的基本内容 ……………………… 64

3.1.4 城市生态规划的程序 …… 68
3.2 生态城市建设 …… 68
3.2.1 生态城市的概念 …… 68
3.2.2 生态城市建设的意义 …… 69
3.2.3 国外典型生态城市建设 …… 69
3.2.4 国内生态城市建设情况 …… 72
3.2.5 生态城市的特点 …… 74
3.2.6 生态县、生态市和生态省建设指标 …… 74
3.2.7 生态城市建设评价 …… 80
3.3 生态园林城市建设 …… 84
3.3.1 生态园林城市标准的一般性要求 …… 85
3.3.2 生态园林城市标准的基本指标要求 …… 86
3.3.3 基本指标计算及要求 …… 87
思考题 …… 93

第4章 城市环境问题 …… 94

4.1 环境的概念及要素 …… 95
4.1.1 环境的概念 …… 95
4.1.2 环境要素及基本属性 …… 95
4.2 环境科学 …… 97
4.2.1 环境科学的研究对象 …… 97
4.2.2 环境科学的基本任务 …… 97
4.2.3 环境科学的分支 …… 99
4.3 环境问题 …… 101
4.3.1 环境问题的概念及分类 …… 101
4.3.2 环境问题的产生和发展 …… 103
4.3.3 当前世界面临的主要环境问题 …… 107
4.3.4 当前我国面临的主要环境问题 …… 114
4.4 城市环境问题 …… 122
4.4.1 城市环境的组成 …… 122
4.4.2 城市环境的特点 …… 122
4.4.3 城市环境容量 …… 123
4.4.4 新时期的城市环境问题及防治对策 …… 124
思考题 …… 130

第5章 城市污染及其防治 …… 131

5.1 大气污染及其防治 …… 132
5.1.1 大气的组成 …… 132
5.1.2 大气结构 …… 133
5.1.3 大气污染 …… 134
5.2 固体废物污染及其防治 …… 144
5.2.1 固体废物的概念及分类 …… 144
5.2.2 固体废物的特点 …… 145
5.2.3 固体废物对环境的危害 …… 146
5.2.4 危险废弃物的污染防治措施 …… 148
5.3 水污染及其防治 …… 152
5.3.1 水污染的类型 …… 153
5.3.2 水质指标与标准 …… 155
5.3.3 水体自净与水环境容量 …… 158
5.3.4 水污染防治 …… 158
5.4 城市噪声及其防治 …… 162
5.4.1 噪声的概念与来源 …… 162
5.4.2 噪声的单位与标准 …… 163
5.4.3 区域环境噪声控制措施 …… 164
5.4.4 交通噪声综合整治措施 …… 165
5.5 其他污染及其防治 …… 165
5.5.1 电磁辐射污染 …… 165
5.5.2 光污染 …… 166
5.5.3 热污染 …… 168
思考题 …… 171

第6章 城市灾害及预防 …… 172

6.1 城市灾害概述 …… 173
6.1.1 城市灾害分类 …… 173
6.1.2 常见的城市灾害类型 …… 173
6.1.3 城市灾害发展历程 …… 181
6.2 城市灾害预防 …… 182
6.2.1 城市灾害预警系统 …… 183
6.2.2 减灾防灾的城市规划建设 …… 186
6.2.3 城市灾害教育 …… 187
6.3 城市绿地防灾减灾 …… 188
6.3.1 城市绿地的防灾减灾功能 …… 188
6.3.2 城市绿地防灾减灾建设 …… 193
思考题 …… 198

第7章 环境保护与可持续发展 …… 199

7.1 环境保护 …… 200

7.1.1　环境保护的概念 …………… 200
7.1.2　全球环境保护的发展历程 …………………………… 200
7.1.3　我国环境保护发展历程 … 204
7.1.4　我国现阶段环境保护工作 …………………………… 206
7.2　可持续发展 …………………… 207
7.2.1　可持续发展的概念 ……… 208
7.2.2　可持续发展思想的形成 … 208
7.2.3　可持续发展的生态原则 … 213
7.2.4　我国可持续发展的六大领域 …………………………… 214
7.2.5　我国实施可持续发展战略的行动 ……………………… 215
思考题 …………………………………… 220

第8章　城市绿地 …………………………… 221

8.1　城市绿地与城市生态学 ………… 222
8.1.1　城市绿地 ………………… 222
8.1.2　城市绿地相关术语 ……… 230
8.1.3　城市绿地与城市生态学的关系 …………………………… 231
8.2　城市绿地的功能 ………………… 232
8.2.1　园林绿地的生态功能 …… 232
8.2.2　园林绿地的使用功能 …… 237
8.2.3　美化城市 ………………… 238
8.2.4　城市园林植物的环境指示作用 …………………………… 238
8.3　城市绿地的类型 ………………… 239
8.3.1　公园绿地 ………………… 240
8.3.2　生产绿地 ………………… 244
8.3.3　防护绿地 ………………… 245
8.3.4　附属绿地 ………………… 245
8.3.5　其他绿地 ………………… 245
8.4　城市绿地指标体系 ……………… 246
8.4.1　城市绿地指标的定义 …… 246
8.4.2　城市绿地指标的作用 …… 246
8.4.3　城市绿地指标 …………… 246
8.4.4　在计算城市绿地指标时注意事项 …………………………… 248
思考题 …………………………………… 251

第9章　城市景观生态 ……………………… 252

9.1　景观与景观生态学 ……………… 253
9.1.1　景观的定义与内涵 ……… 253
9.1.2　景观生态学的概念及研究内容 …………………………… 253
9.2　景观要素的基本类型 …………… 254
9.2.1　斑块 ……………………… 254
9.2.2　廊道 ……………………… 257
9.2.3　基质 ……………………… 261
9.2.4　网络 ……………………… 261
9.3　城市景观格局 …………………… 262
9.3.1　景观格局的类型 ………… 262
9.3.2　城市景观格局的研究方法 …………………………… 262
9.4　城市景观生态学的一般原理 …… 264
9.4.1　关于斑块的基本原理 …… 264
9.4.2　关于廊道的基本原理 …… 265
9.4.3　关于景观镶嵌体的基本原理 …………………………… 266
9.4.4　关于整体格局原理 ……… 267
9.5　城市景观特征与规划 …………… 267
9.5.1　城市景观的概念与要素 … 267
9.5.2　城市景观特征 …………… 267
9.5.3　城市景观异质性 ………… 269
9.5.4　城市景观规划的内容 …… 271
思考题 …………………………………… 279

参考文献 …………………………………… 280

第1章 生态学基础

内容提要及要求

本章介绍生态学的概念及其发展，生态因子及其作用，种群、群落、生态系统、受损生态系统的修复相关知识，使学生对生态学有一个整体地了解，进而对生态学产生深厚的兴趣。

生态学是环境科学的理论基础。随着人类活动范围的扩大与多样化，人类与环境的关系问题越来越突出，生态学相关理论与知识越来越受到社会各界的重视。近代生态学研究的范围，除生物个体、种群和生物群落外，已扩大到包括人类社会在内的多种类型生态系统的复合系统。人类面临的人口、资源、环境等几大问题都是生态学的研究内容，而生态环境、生态问题、生态平衡、生态危机、生态意识等也是学术界使用频率很高的词汇。因此，生态学已成为一个庞大的学科体系。

1.1 生态学的概念及其发展

1.1.1 生态学的概念

生态学来源于生物学，生态学（ecology）是由德国生物学家 E.H. 赫克尔(E. H. Haeckel)于1869年首次提出的。E. H. 赫克尔在其所著的《普通生物形态学》一书中首先把生态学定义为：研究有机体与环境之间相互关系的科学。E. H. 赫克尔所赋予生态学的定义很广泛，它引起许多学者的争议。有学者指出，如果生态学内容如此广泛，不属于生态学的学问就不多了。因此，生态学应有更明确的定义，一些著名生态学家对生态学也下过定义。1954年，澳大利亚生态学家安德列沃斯(Andrew wartha)认为生态学是研究有机体的分布和多度的科学，他强调的是种群生态学。1909年，丹麦植物生态学家叶夫根・尼温(Evgenivs Warming)提出植物生态学是研究影响植物生活的外在因子及其对植物的影响；地球上所出现的植物群落及其决定因子，这里既包括个体，也包括群落。1980年，我国著名生态学家马世骏将生态学定义为研究生命系统和环境系统相互关系的科学。由于研究侧重点不同，诸学者给生态学下的定义也不尽相同，但目前对生态学的简明表述为：生态学是研究生物之间、生物与环境之间的相互关系的学科。生态学研究的基本对象有两个方面的关系，其一为生物之间的关系；其二为生物与环境之间的关系。

1.1.2 生态学的研究对象和分支学科

生态学的研究范围异常广泛，从分子到生物圈都是生态学的研究对象，即生物大分子—基因—细胞—个体—种群—群落—生态系统—生物圈都是生态学的研究对象，如图1-1所示。

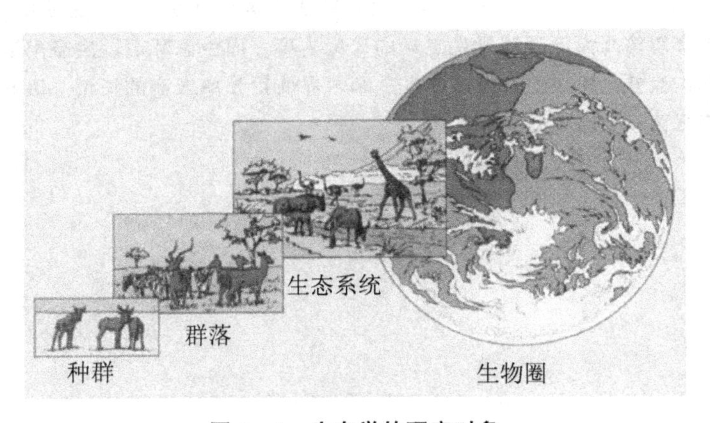

图1-1 生态学的研究对象

这些研究对象又异常复杂，使生态学发展成一个庞大的学科体系。根据其研究对象的组织水平、类群、生境以及研究性质，可将其划分如下。

1. 根据研究对象的组织水平划分

生物的组织层次可以从分子到生物圈，与此相对应，生态学也分化出分子生态学、个体生态学、种群生态学、群落生态学、生态系统生态学、景观生态学与全球生态学。

2. 根据研究对象的分类学划分

根据生态学研究对象的分类学类群划分，生态学可分化出植物生态学、动物生态学、微生物生态学、哺乳动物生态学、昆虫生态学以及各个主要物种的生态学。

3. 根据研究对象的生境划分

根据研究对象的生境类别划分，生态学可分化出陆地生态学、海洋生态学、淡水生态学、岛屿生态学等。

4. 根据研究性质划分

根据研究性质，生态学可划分为理论生态学与应用生态学。涉及各部门应用的有农业生态学、森林生态学、草地生态学、家畜生态学、城市生态学、保育生态学、恢复生态学、生态工程学、人类生态学、生态伦理学等。理论生态学涉及生态学进程、生态关系的数学推理及生态建模，如数学生态学、进化生态学、生态系统分析等。

此外，还有学科间相互渗透而产生的边缘学科，如数量生态学、化学生态学、物理生态学、经济生态学等。

1.1.3 生态学的发展

生态学的发展史大致可概括为3个阶段：生态学萌芽时期、生态学建立时期和现代生态学发展时期。

1. 生态学萌芽时期

在人类文明的早期，为了生存，人类不得不对的动植物的生活习性以及周围世界的各种自然现象进行观察。因此，从远古时代起，人类实际上就在从事生态学工作。在一些中外古籍中，已有不少有关生态学知识的记载。早在公元前1200年，我国《尔雅》一书中就有“草”、“木”两章，记载了50多种草本植物和176种木本植物的形态与生态环境。公元前200年《管子》“地员篇”专门论及水土和植物，记述了植物沿水分梯度的带状分布以及土地的合理利用(图1-2)。公元前100年前后，我国农历已确立了24节气，它反映了作物、昆虫等生物现象与气候之间的关系。这一时期还出现了记述鸟类生态的《禽经》，其中记述了不少动物行为。在欧洲，亚里士多德(Aristotle)按栖息地把动物分为陆栖、水栖两大类，还按食性分为肉食、草食、杂食及特殊食性4类。亚里士多德的学生——古希腊著名学者狄奥弗拉斯特(Theophrastus)在其著作中曾经根据植物与环境的关系来区分不同树木类型，并注意到动物色泽变化是对环境的适应。但上述古籍中没有生态学这一名词，那时也不可能使生态学发展成为独立的科学。

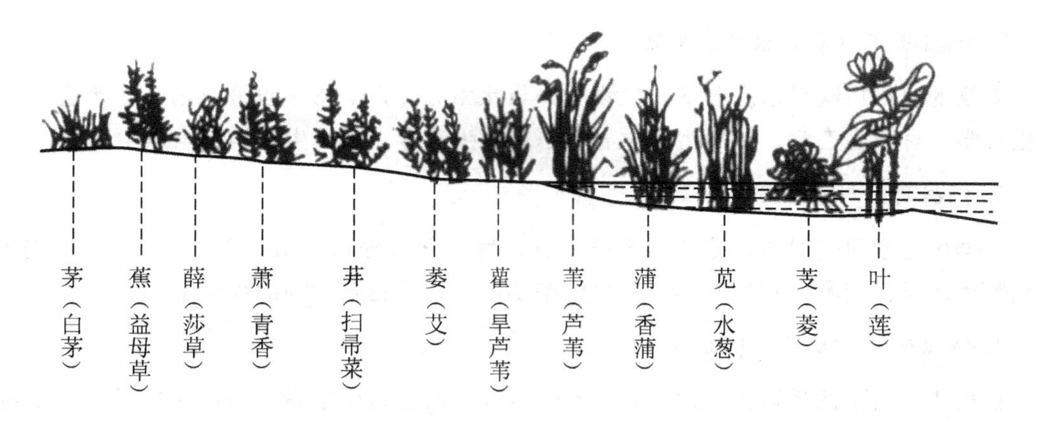

图 1-2　江淮平原上沼泽植物沿水分梯度的带状分布（曹凑贵，2002）

2. 生态学建立时期

这一阶段始于16世纪文艺复兴之后。各学科的科学家都为生态学的诞生做了大量的工作。例如，曾被推许为第一个现代化学家的鲍尔(Boyle)于1670年发表了低压对动物物种的试验结果，标志着动物生理生态学的开端。1735年，法国昆虫学家列奥缪尔(Reaumur)在其昆虫学研究中发现，日平均气温总和对任一个物候期都是一个常数，他也被认为是研究温度与昆虫发育生理的先驱。1807年，Humbodt发表了《植物地理知识》，描述了物种的分布规律。1859年，达尔文发表的《物种起源》，更系统地深化了对生物与环境相互关系的认识。1866年，德国生物学家Haeckel对生态学予以定义。1877年，德国的Mobius创立了生物群落概念。1895年，Warming发表的《以生态地理为基础的植物分布》被认为是植物生态学诞生的标志。德国Schroter提出了个体生态学和群体生态学两个概念。这些学者以及许多未提及的学者所做的工作，为生态学的建立和发展打下了良好的基础。

这一时期，在植物群落学研究方面取得了很大发展，形成了研究重点不同的4个学派。英美学派以研究植物群落的演替和创建顶极学说而著名，有影响的著作有《植物的演替》、《植物生态学》、《实用植物生态学》等。法瑞学派以特征种和区别种划分群落类型，并建立了比较严格的植被等级分类系统，完成了大量植被图，在各学派中影响最大，主要著作有《植物社会学》、《地植物学研究方法》。北欧学派注重群落分析为特点，重要著作有《近代社会学方法论基础》。苏联学派注重建群种和优势种，建立了一个植被等级分类系统，并重视植被生态与植被地理工作，代表著作有《植物群落学》、《生物地理群落学与植物群落学》。

3. 现代生态学发展时期

20世纪50年代以来，人类的经济和科学技术获得了史无前例的飞速发展，既给人类带来了进步和幸福，也带来了环境、人口、资源和全球变化等关系到人类自身生存的重大问题。在解决这些重大社会问题的过程中，生态学与其他学科相互渗透，相互促进，并获得了重大的发展。其有以下一些特点。

1）整体观的发展

整体观的发展主要包括以下几个方面。

（1）动植物生态学由分别单独发展走向统一，生态系统研究成为主流。

（2）生态学不仅与生理学、遗传学、行为学、进化论等生物学各个分支领域相结合形成了一系列新的领域，并且与数学、地学、化学、物理学等自然科学相交叉，产生了许多边缘学科，甚至超越自然科学界限，与经济学、社会学、城市科学相结合，生态学成了自然科学和社会科学相衔接的桥梁。

（3）生态系统理论与农、林、牧、渔各业生产，环境保护和污染处理相结合，并发展为生态工程和生态系统工程。

（4）生态学与系统分析或系统工程相结合，形成了系统生态学。

2）生态学研究对象的多层次性更加明显

现代生态学研究对象向宏观和微观两极多层次发展，小至分子状态、细胞生态，大至景观生态、区域生态、生物圈或全球生态，虽然宏观仍是主流，但微观的成就同样重大而不可忽视。而在生态学建立时，其研究对象则主要是有机体、种群、群落和生态系统几个宏观层次。

3）生态学研究的国际性是其发展的趋势

生态学问题往往超越国界，第二次世界大战以后，有许多由上百个国家参加的国际规划。重要的有20世纪60年代的国际生物学计划(IBP)、20世纪70年代的人与生物圈计划(MAB)，以及现在正在执行中的国际地圈生物圈计划(IGBP)和生物多样性计划(DIVERSITAS)。为保证世界环境的质量和人类社会的持续发展，如保护臭氧层、预防全球气候变化的影响，国际上一个紧接一个地签订了一系列协定。1992年各国首脑在巴西里约热内卢签署的《生物多样性公约》是近年来对全球有较大影响力和约束力的一个国际公约，有许多方面涉及了各国的生态学问题。

（1）国际生物学计划(IBP)。由联合国教科文组织(UNESCO)提出，1964年开始执行，包括陆地生产力、淡水生产力、海洋生产力和资源利用管理等7个领域，其中心是全球主要生态系统的结构、功能和生物生产力研究。该计划共有97个国家参加，我国没有参加。

（2）人与生物圈计划(MAB)。1970年由联合国教科文组织提出，是一个国际性、政府间的多学科的综合研究计划，是IBP的继续。它的主要任务是研究在人类活动的影响下，地球上不同区域各类生态系统的结构、功能及其发展趋势，预报生物圈及其资源的变化和这些变化对人类本身的影响。其目的是通过自然科学和社会科学这两个方面，研究人类今天的行动对未来世界的影响，为改善全球性人与环境的相互关系，提供科学依据，确保在人口不断增长的情况下合理管理与利用环境及资源，保证人类社会持续协调地发展。有近百个国家加入这个组织，我国已于1979年参加了该研究计划。

（3）国际地圈生物圈计划(IGBP)。由国际科学联盟委员会(ICSU)于1984年正式提出，1991年开始执行。其主要的目标是解释和了解调节地球独特生命环境的相互作用的物理、化学和生物学过程，系统中正在出现的变化，人类活动对它们的影响方式，即用全球的观点和新的努力，把地球和生物作为相互作用的紧密相关的系统来研究。该计划共包括10个核心计划和7个关键问题。

(4) 生物多样性计划(DIVERSITAS)。1991年由国际生物科学联盟(IUBS)提出，并在环境问题科学委员会(SCOPE)和联合国科教文组织等国际组织参加进来以后，将生物多样性研究的各个方面加以组织和整合，正式提出DIVERSITAS研究项目并开始执行。1996年7月，科学指导委员会草拟并通过了当前DIVERSITAS“操作计划”的最后版本。操作计划共有10个组成方面的内容，其中5个为核心组成部分。“生物多样性对生态系统功能的作用”是其最核心的组成部分。“生物多样性的保护、恢复和持续利用”既是重要的研究内容又是研究所要达到的最终目标。

1.2 生态因子及其作用

1.2.1 生态因子的概念

生态因子是指环境中对生物的生长、发育、生殖、行为和分布有直接或间接影响的环境要素，如温度、湿度、食物、氧气、二氧化碳和其他相关生物等。

所有生态因子构成生物的生态环境。具体的生物个体和群体生活地段上的生态环境称为生境。

1.2.2 生态因子的分类

在研究植物与环境之间的相互关系中，通常根据生态因子的性质，将其划分为下列5大类。

(1) 气候因子：如温度、湿度、光、降水、风等。

(2) 土壤因子：包括土壤结构、土壤有机和无机成分的理化性质及土壤生物等。

(3) 地形因子：如地面的起伏、山脉的坡度、坡向等，这些因子对生物的生长和分布有明显影响。

(4) 生物因子：包括生物之间的各种相互关系，如捕食、寄生、竞争和互惠共生等。

(5) 人为因子：人类的活动对自然界和其他生物的影响已经越来越大和越来越带有全球性，把人为因子从生物因子中分离出来是为了强调人的作用的特殊性和重要性。

1.2.3 生态因子作用的一般特征

1. 综合性

环境中各种生态因子不是孤立存在的，而是彼此联系、互相促进、互相制约的。任何一个因子的变化都会引起其他因子不同程度的变化。例如，光强度的变化必然引起大气和土壤温度和湿度的改变，这就是生态因子的综合作用。

2. 非等价性

在诸多生态因子中，有一个对生物起决定性作用的生态因子，其称为主导因子。主导因子的改变会引起其他因子发生变化。例如，长江流域的1500mm年雨量区域是富饶的农林地带，而在同样是1500mm年雨量区域的海南岛的临高、澄迈等地，却呈现出荒芜的热带草原。这就是由于温度的变化，使两地形成了完全不同的植被类型。

3. 不可替代性和互补性

各生态因子对生物的作用虽然不尽相同，但都不可缺少。一个因子的缺失不能由另一个因子来替代，但某一因子的数量不足，有时可以靠另一因子的加强而得到调剂和补偿。例如，当光合作用中的光照不足时，可以通过增加二氧化碳浓度来补偿。

4. 阶段性

生物在生长发育的不同阶段对生态因子的需求不同，因此，生态因子对生物的作用也具阶段性。例如，光照长短在植物的春化阶段并不起作用，但在开花阶段则是十分重要的。

5. 直接作用和间接作用

环境中的地形因子，其起伏程度、坡向、坡度、海拔高度及经纬度等对生物的作用不是直接的，但它们能影响光照、温度、雨水等因子的分布，因而对生物产生间接作用。

1.2.4 生态因子作用的规律

1. 最小因子定律

最小因子定律最早由德国农业化学家J. 利比希(J. Liebig)在1840年提出。他在研究作物的产量时发现，植物生长不是受需要量大的营养物质的影响，而是受那些处于最低量的营养物质成分的影响。进一步得出：在诸多的生态因子中，只有处于最小量的因子，或接近耐受极限的因子对生物的生长发育起主要限制作用，甚至该因子的数量过低会导致生物死亡，当某一因子过量时，同样会影响生物生存。

2. 耐受性定律

1913年，美国生态学家V. E. 谢尔福德(V. E. Shelford)提出了耐受性定律，认为任何一个生态因子在数量上或质量上的不足或过多，即当其接近或达到某种生物的耐受限度时会使该种生物衰退或不能生存，如图1-3所示。

生态幅表示每一种生物对每一种生态因子都有一个耐受范围，即有一个生态上的最低点和最高点。

3. 限制因子

耐受性定律和最小因子定律相结合便产生了限制因子的概念。在诸多生态因子中，使生物的生长发育受到限制甚至死亡的因子称为限制因子。任何一种生态因子只要接近或超过生物的耐受范围，就会成为这种生物的限制因子。

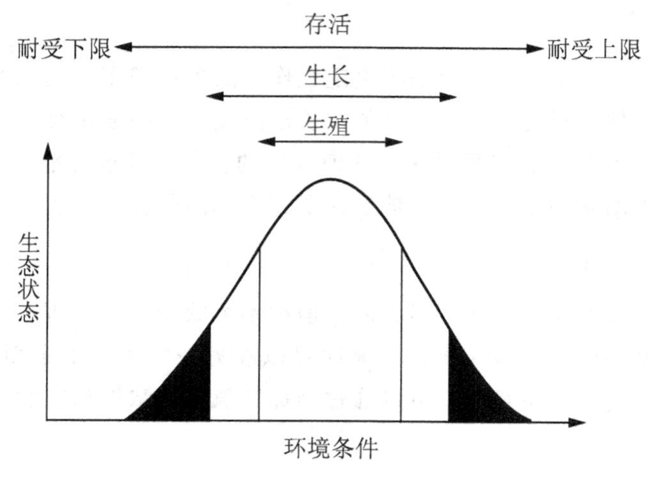

图 1－3 耐受性定律图示

1.3 种群

1.3.1 种群的基本概念和特征

种群是在一定时空中同种个体的总和，也就是说，种群是在特定的时间和一定的空间中生活和繁殖的同种个体所组成的群体。种群的基本特征有空间特征、数量特征和遗传特征。

（1）空间特征：种群要占据一定的分布区，组成种群的每个有机体都需要有一定的空间进行繁殖和生长。种群数量的增多和种群个体生长的理论说明，在一个局限的空间中，种群中个体在空间中越来越接近，而每个个体所占据的空间越来越小，种群数量的增加就会受到空间的限制，进而产生个体间的争夺，出现领域性行为和扩散迁移等。

（2）数量特征：种群数量特征是以占有一定面积或空间的个体数量，即种群密度来表示的，它是指单位面积或单位空间的个体数目。另一种表示种群密度的方法是生物量，即单位面积或空间所有个体的鲜物质或干物质的重量。

（3）遗传特征：组成种群的个体在形态特征、生理特征方面有共性，但在某些形态特征或生理特征方面有差异。一个种群的生物具有一个共同基因库，以区别于其他物种，但并非每个个体都具有种群中贮存的所有信息。

1.3.2 种群数量动态参数

1. 出生率和死亡率

出生率是表示种群生殖状况的指标。常用种群中每年内每千个个体的出生数或每年每个雌体的产仔数来计算。出生率分为最大出生率（或称绝对生理出生率）和实际出生率（或称生态出生率)。前者是指在理想条件下(无任何生态限制因子,繁殖只受生理因素限制)产生新个体的理论最大数量;后者表示种群在某个真实或特定的环境条件下的增长,它对种群来说随其组成、大小、物理环境条件而变化。

死亡率是指种群中每千个个体中死亡的总数。死亡率也分最低死亡率和实际死亡率(生态死亡率)。前者是指种群在最适应环境条件下,种群的个体都是因年老而死亡的,即生物都能活到了生理寿命之后才死亡的情况;后者是在特定条件下丧失的个体数,同生态出生率一样,不是常数,随种群状况和环境条件而改变。

2. 迁入和迁出

迁入是指生物个体或者其种群从原有生活地向特定地区整群迁居的一种行为。迁出是迁入的相反行为。迁入和迁出是生物的一种扩散行为,它有助于防止近亲繁殖,同时又是各地方种群之间进行基因交流的生态过程。

3. 年龄结构和性别比

年龄比例是指一个种群的所有个体一般具有不同的年龄,各个龄级的个体数目与种群个体总体的比例。根据种群的年龄结构,按龄级从小到大的顺序依比例绘制成图,即为年龄金字塔。种群中个体可分为3个生态时期:繁殖前期、繁殖期和繁殖后期,这3个年龄期的比例是有变化的,如图1-4所示。

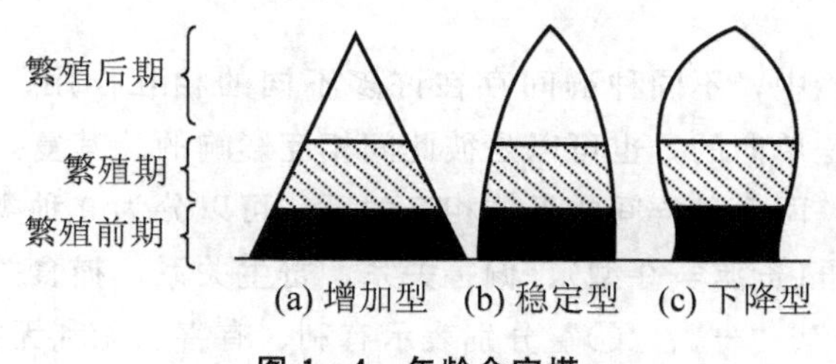

图1-4 年龄金字塔

性别比是反映种群中雄性个体与雌性个体比例的参数。

4. 种群内禀增长率

种群内禀增长能力是指具有稳定年龄结构的种群,在食物与空间等因素不受限制,同种其他个体的密度维持在最适水平,在环境中没有天敌,排除疾病因素的威胁,并在某一特定的温度、湿度、光照和食物性质的环境条件下,种群的最大瞬时增长率。当然在实际情况中由于要受到各种环境条件的影响,种群的实际增长能力一般要小于其内禀增长能力。种群的内禀增长率与实际增长率之间的差数又叫环境阻力。环境阻力越大,种群受到的抑制也就越大,种群增长率越低。

1.3.3 种群增长的基本模式

种群增长的基本模式可分为两大类,即在无限环境中的指数增长和在有限环境中的逻辑斯缔增长。种群不受任何食物、空间等条件的限制,则种群就能发挥其内禀增长能力,数量迅速增长，呈现指数增长(又称J型增长)格局，这一规律称为种群的指数增长规律。

自然种群不可能长期按几何级数增长。当种群在一个有限空间中增长时，随着密度的不断上升，对有限空间资源和其他生活条件利用的限制，种内竞争增加，必然会影响到种群的出生率和死亡率，从而降低了种群的实际增长率，一直到停止增长，甚至使种群下降。种群在有限环境条件下连续增长的主要形式为逻辑斯蒂增长，又称“阻滞增长”(S型增长)，如图1-5所示。

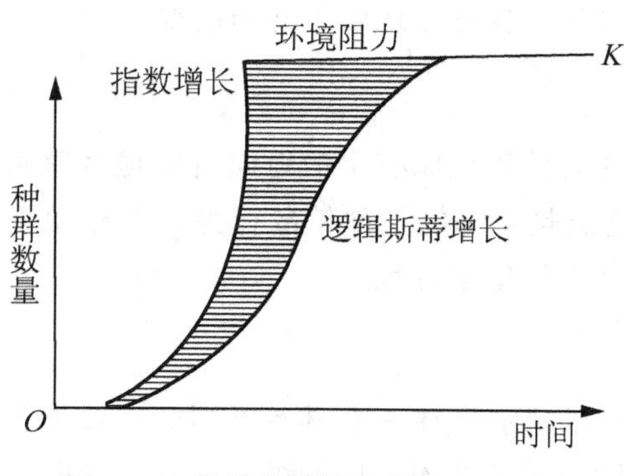

图1-5　种群增长的两种模式示意图

1.3.4　种群间关系

在复杂的自然环境中，不同种群间存在许多不同的相互作用，形成了错综复杂的关系，这些关系既可以是单向的，也可以是彼此间相互影响的。其复杂程度与生态系统群落的复杂程度呈正相关。两个种群间的具体相互关系，可以分为9种类型，即中性关系、竞争(直接干涉型)、竞争(资源争夺型)、偏害关系、寄生关系、捕食关系、偏利关系、原始作用和互利共生，“+”、“-”、“○”分别表示有利、有害、无利无害，见表1-1。

表1-1　两物种种群关系的基本类型

相互作用类型	物种		相互作用一般性质
	1	2	
1. 中性关系	○	○	两个种群彼此不受影响
2. 竞争(直接干涉型)	-	-	每一种群直接抑制另一种群
3. 竞争(资源争夺型)	-	-	争夺资源造成资源缺乏而间接抑制
4. 偏害关系	-	○	种群1受抑制而种群2无影响
5. 寄生关系	+	-	寄生者1通常比寄主2的个体小
6. 捕食关系	+	-	捕食者1通常比猎物2的个体大
7. 偏利关系	+	○	种群1获利而种群2影响
8. 原始作用	+	+	相互作用对于两种群都有利，但不是必然的
9. 互利共生	+	+	相互依赖的有利作用，不可缺少

1.4 群落

1.4.1 群落的基本概念

群落(全称生物群落)指在一定时间内居住在一定空间范围内生物种群的集合。组成群落的各种生物种群不是任意地拼凑在一起的，而有规律组合在一起才能形成一个稳定的群落。例如，在农田生态系统中的各种生物种群是根据人们的需要组合在一起的，而不是由于它们的复杂的营养关系组合在一起，因而农田生态系统极不稳定，离开了人的因素就很容易被草原生态系统所替代。

1.4.2 群落的特征

1. 群落中的优势种

在很多群落中往往只有少数几个种或类群起着重要的、控制性的作用，这几个种群决定着种群的结构、特征和内部环境，称为群落的优势种。优势种在群落中的数量急剧变化将会对生物群落及其生存环境产生极大的影响，而移掉一个非优势种则产生的影响很小。评价生物群落中各个种群的重要性，通常可以通过优势度和重要值来反映。优势度可以用物种的密度、盖度、频度和生产量来衡量。优势种往往是那些个体数量多，投影面积大，生物量高，体积较大，生活能力较强的种群。群落中除了优势种以外，如物种按其数量、生物量、密度和对群落的影响力等指标来划分，可以按从大到小依次划分为亚优势种、伴生种和偶见或罕见种。

2. 群落的多样性

群落多样性是指群落中物种的多少和丰富程度，即丰富度。群落中所含物种数量越多，说明这个群落的多样性越大，丰富度越高。

群落多样性应从两个方面来评价，即种的丰富度和种的均匀度。种的丰富度是指一个群落中物种种类数量的多寡，物种种类多，则丰富度高；物种种类少，则丰富度就低。种的均匀度是指一个群落或一个生境中全部物种个体数目的分配状况，它反映的是种属组成的均匀程度。衡量多样性的指标有很多，但最著名的既能反映丰富度又能反映均匀度的指标有两个：辛普森指数和香农—威纳指数。

辛普森指数：辛普森指数研究了从不限大小的群落中随机取得若干样本，它们属于同一物种的概率。例如，从物种种类相对少的寒带森林随机取两株树，它们属于同一种群的概率就很高，而从物种丰富的热带雨林取样，两株树属于同一种群的概率就低。

香农—威纳指数：香农—威纳指数借用了信息论的理论和方法来评价种群的多样性。在信息论中，熵表示信息的紊乱和不确定程度，这和群落中物种的丰富度和均匀性具有相似的意义。群落种群的优势度还受到食物链关系的影响。例如，捕食作用会影响群落中各种种群的密度分布，适度的捕食常会降低优势种密度，而使竞争力较差的种群在对食料或空间资源上获得更好的机会。

3. 群落的种间关联性

种间关联性反映了群落物种之间的联系特征。当许多物种经常趋向于一起出现，称为正关联；当另一些物种由于竞争或对环境、资源要求的明显差异而互相排斥，不一起出现，称为负关联。物种之间的正关联关系表明物种对环境、资源的要求基本上没有大的差别，因而可以一起出现；而负关联关系则表明物种对环境、资源的要求具有明显差异，无法一起出现。

4. 群落的交错区和边缘效应

群落交错区又称生态交错区或生态过渡带，是两个或多个群落之间(或生态地带之间)的过渡区域。例如，森林和草原之间有一个森林草原地带，软海底与硬海底的两个海洋群落之间也存在过渡带，两个不同森林类型之间或两个草本群落之间也都存在交错区。此外，如城乡交接带、干湿交替带、水陆交接带、农牧交错带、沙漠边缘带等也都属于生态过渡带。群落交错区的形状与大小各不相同。过渡带有的宽，有的窄；有的是逐渐过渡的，有的变化突然。群落的边缘有的是持久性的，有的在不断变化，如图 1－6 所示。

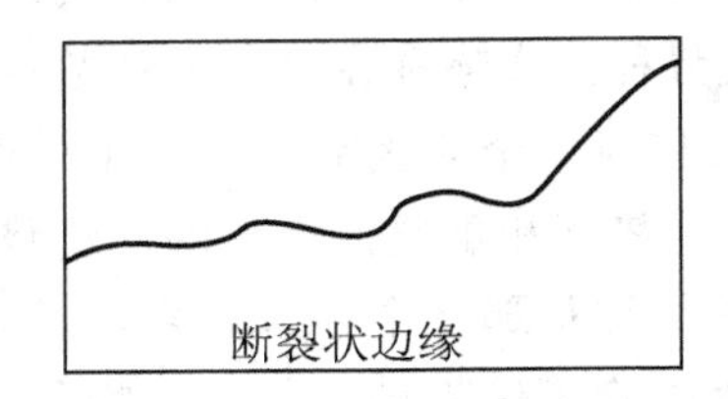

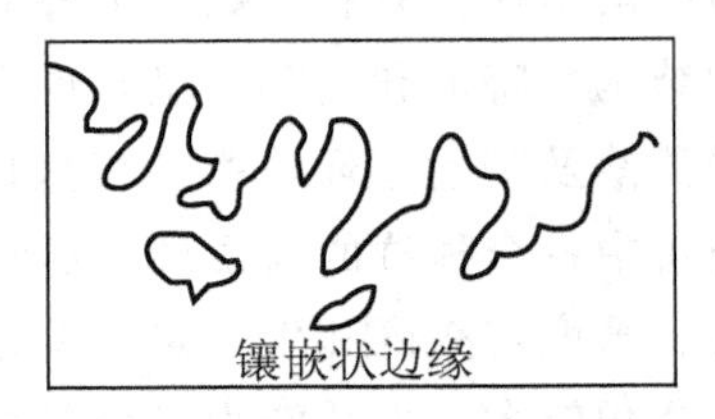

图 1－6　两种群落边缘的类型(金岚等，1992)

交错区或两个群落的边缘和两个群落的内部核心区域，环境条件往往有明显的区别，在群落交错区内单位面积内的生物种类和种群密度较之相邻群落有所增加，这种现象称为边缘效应。

5. 群落的稳定性

群落稳定性是指在一段时间过程中维持物种互相结合及各物种数量关系的能力，以及在受到扰动的情况下恢复到原来平衡状态的能力，即现状的稳定、时间过程的稳定、抗变动能力和变动后恢复原状的能力。通常群落的稳定性通过以下 3 个特性来考察：①当扰动一个群落系统时，所需施加的扰动强度越大，表明群落越稳定。②群落从平衡位置上被扰动后，所产生波动的幅度越小，群落越稳定。③群落变动后恢复到原来的平衡状态所需的时间越短越稳定。

1.4.3　群落与环境

1. 群落与生境

生物群落与环境的相互关系是很密切的，两者相互依存。环境影响群落，群落适应环境，两者间保持相对稳定的平衡，以获得协调变化。生境是指群落具体生长的环境，它指动植物物种生存繁衍，完成世代生活所要求的各种不同生存条件总和的地域空间。

2. 群落对环境的指示作用

植被的特征和组成是作用于一个生境所有因素的综合影响的表达，因此这种起指示作用的群落称为指示群落。生物群落对污染环境的指示作用通常采用群落中的优势种，其适应环境的范围越窄就越能起到指示作用。

许多种植物对环境条件的要求在某些方面是严格的。例如，石松虽然在欧洲、北美和东亚都有分布，在我国的东北、华南、西南也有分布，但它只能生长在气候相当湿润和强酸性的土壤上(pH 4.0～5.5)。又如指示酸性土的植物铁芒萁、映山红，从不生长在盐碱土和钙质土上；与此相反，南天竹是钙质土上的指示植物，而海蓬子、碱蓬则是盐碱土的指示植物。在中亚以氯化物为主的盐土上，海蓬子和多枝柽柳等繁生，以硫酸盐为主的盐土上则生长着梭梭、盐穗木等，如图1-7～图1-14所示。植物对污染物的反应敏感、强烈，用做环境质量监测指标的效果甚佳。例如，SO_2与H_2S对植物危害很大，城市空气中全部尘粒的5%～20%含有硫酸，80%来自烧煤。SO_2进入叶肉组织与酶中铁素结合，破坏叶绿素，引起组织脱水，使叶上出现褐斑并逐步扩大，甚至导致叶子脱落。

图1-7 石松

图1-8 铁芒萁

图 1-9 南天竹

图 1-10 映山红

图 1-11 海蓬子

图 1－12 碱蓬

图 1－13 梭梭

图 1－14 盐穗木

有的植物能指示气候环境，如兴安落叶松指示湿润寒冷的气候，乌饭树、柃木、油茶指示湿润亚热带气候，桃金娘、冈松等指示华南湿润的南亚热带气候等。

1.5 生态系统

1.5.1 生态系统的概念

生态系统是生态学上的一个主要结构和功能单位，属于生态学研究的最高层次。生态系统的概念是由英国科学家 A. G. 坦斯利(A. G. Tansley)于 1935 年首次提出的。生态系统是指由生物群落与无机环境构成的统一整体，生态系统强调一定地域内各生物间、生物与环境间功能上的统一性，其研究范围可大可小，相互交错。最大的生态系统是生物圈。生态系统分为无机环境和生物群落两部分，其中，无机环境是一个生态系统的基础，其条件的好坏直接决定生态系统的复杂程度和其中生物群落的丰富度；生物群落反作用于无机环境，生物群落在生态系统中既在适应环境，也在改变着周边环境的面貌，各种基础物质将生物群落与无机环境紧密联系在一起。

生态系统在一定的时间和空间范围内，由生物群落与其环境组成的一个整体，该整体具有一定的大小和结构，各成员借助能量流动、物质循环和信息传递而相互联系、相互依存，并形成具有自我组织、自我调节功能的复合体。一个完整的生态系统必须具备 4 个基本条件。①生态系统是客观存在的实体，可以是人工的，也可以是自然的，有时间和空间的概念。②生态系统是由生物成分和非生物成分组成的。③生态系统是以生物为主体的。④各成员之间有机地组织在一起，具有统一的整体功能。

1.5.2 生态系统的研究层次

生态系统的 4 个研究层次由低至高依次为个体、种群、群落、生态系统。生态系统是生态学研究的最高层次。生态系统的范围有大有小，大至整个生物圈(图 1－15)；小至一

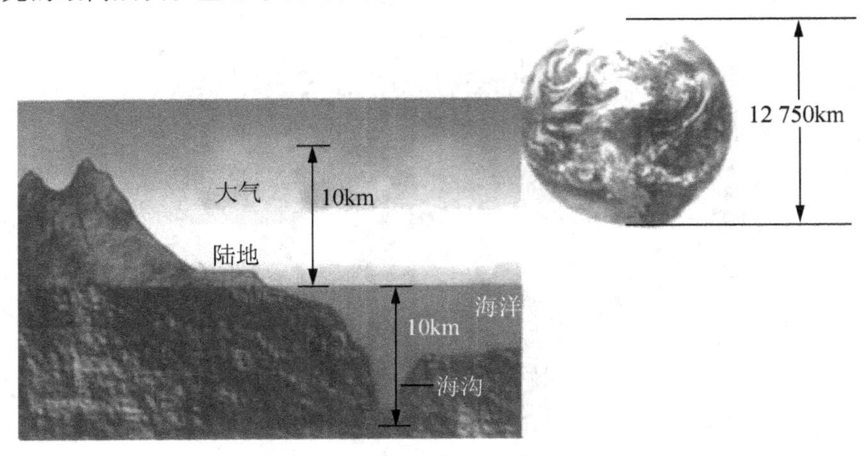

图 1－15　生物圈的范围

个池塘或一堆朽木及其生物组成的局部空间。例如，一个小的池塘，在池塘里有水、植物、微生物和鱼类。它们相互联系、相互制约，在一定的条件下，保持着自然的、暂时的相对平衡，形成一个精巧而复杂的生态系统。

1.5.3 生态系统的类型

根据生态系统中生物的种类、群落复杂程度、种群密度和群落结构等，生态系统主要有以下几种。

（1）海洋生态系统：海洋中由生物群落及其环境相互作用所构成的自然系统。其生物数量和种类较多，以浮游植物为主，它们是植食性的重要饵料，一般分布在200m以内的海域中，如图1-16所示。

图1-16 海洋生态系统

（2）淡水生态系统：与“海洋生态系统”相对应，是在淡水中由生物群落及其环境相互作用所构成的自然系统，分为静水的和流动水的两种类型。前者指淡水湖泊、沼泽、池塘和水库等；后者指河流、溪流和水渠等。

（3）苔原（冻原）生态系统：主要是分布在北纬60°以北、北极圈以南的永久冻土带，土壤几厘米以下终年结冰，有机物不能彻底分解，其中地衣是极地苔原的典型植物，如图1-17所示。

（4）荒漠生态系统：荒漠生态系统是地球上最耐旱的，以超旱生的小乔木、灌木和半灌木占优势的生物群落与其周围环境所组成的综合体。荒漠有石质、砾质和沙质之分。人们习惯称石质和砾质的荒漠为戈壁，沙质的荒漠为沙漠，如图1-18所示。

（5）草地生态系统：以草本植物为主，啮齿目和适于奔跑的动物较多，但动植物种类较少，种群密度和群落结构常发生剧烈变化，如图1-19所示。

（6）森林生态系统：以乔木为主的生物群落，动物的生活习性大多以树栖、攀缘为主，种群密度和群落结构能长期处于较稳定状态。森林生态系统是陆地上生物总量最高的生态系统，对陆地生态环境有决定性的影响。森林生态系统可分为热带雨林生态系统、亚热带常绿阔叶林生态系统、沼泽林生态系统、落叶阔叶林生态系统、针阔混交林生态系统和寒温带针叶林生态系统，如图 1 - 20 所示。

图 1 - 17　北极冻原生态系统

图 1 - 18　荒漠生态系统

图 1 - 19　草地生态系统

图 1-20 森林生态系统

(7) 农田生态系统：农业生态系统是人工建立的生态系统，人的作用突出，群落结构单一，主要成分是农作物。一旦人的作用消失，农田生态系统就会很快退化，占优势地位的作物就会被杂草和其他植物所取代，如图 1-21 所示。

图 1-21 农田生态系统

(8) 城市生态系统：城市生态系统是一个以人为核心的自然、经济与社会复合的人工生态系统，其具有很大的依赖性，它所需的物质和能量大多从其他生态系统人为地输入，它所产生的废物大多输送到其他生态系统中分解和再利用，对其他生态系统会造成冲击和干扰，如图 1-22 所示。

(9) 湿地生态系统：湿地生态系统是指介于水、陆生态系统之间的一类生态单元。其生物群落由水生和陆生种类组成，物质循环、能量流动和物种迁移与演变活跃，具有较高的生态多样性、物种多样性和生物生产力。湿地包括沼泽、泥炭地、湿草甸、湖泊、河流、洪泛平原、河口三角洲、滩涂、珊瑚礁、红树林、盐沼、低潮时水深不超过 6m 的海岸带以及水稻田、鱼塘、盐田、水库和运河等，如图 1-23 所示。

图 1-22　城市生态系统

图 1-23　湿地生态系统

（10）深海热泉口生态系统：这是 20 世纪 70 年代以来部分学者开始研究的一类生态系统。20 世纪 70 年代末，科学家在东太平洋的加拉帕戈斯群岛附近发现了几处深海热泉，在这些热泉里生活着众多的生物，包括管栖蠕虫、蛤类和细菌等兴旺发达的生物群落。这些生物群落生活在一个高温(热泉喷口附近的温度达到 300℃以上)、高压、缺氧、偏酸和无光的环境中。这些化能自养型细菌利用热泉喷出的硫化物(如 H_2S)所得到的能量去还原 CO_2 而制造有机物，然后其他动物(主要是高等无脊椎动物)以这些细菌为食物来维持生活。迄今科学家已发现数十个这样的深海热泉生态系统，它们一般位于地球两个板块结合处形成的水下洋嵴附近。

1.5.4　生态系统的组成

所有的生态系统，不论是水生还是陆生，不论其范围是大还是小，都可分为两大部分和 4 个基本成分。生态系统的两大部分即生物部分和非生物部分，也可称为生命系统和环境系统。生态系统的 4 个基本成分除了非生物环境外，其他 3 个部分都是生物成分，按其功能作用可进一步划分为生产者、消费者和分解者，如图 1－24 所示。

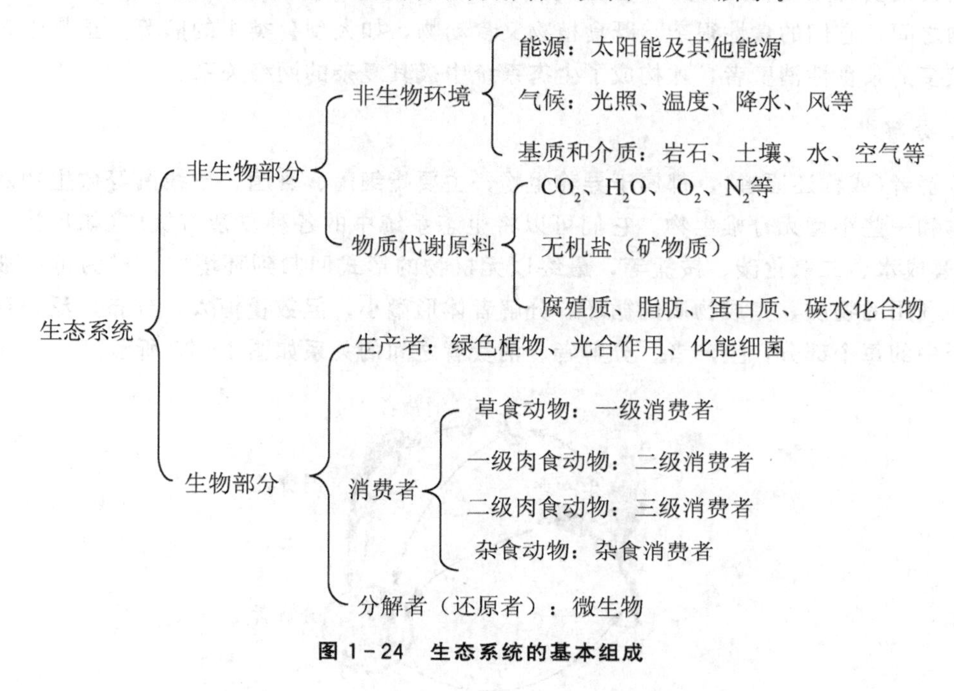

图 1－24　生态系统的基本组成

1. 非生物环境

非生物环境包括能源(太阳能和其他能源)、气候(光照、温度、降水、风等)和物质代谢原料(二氧化碳、水、氧气、无机盐、腐殖质、脂肪、蛋白质、碳水化合物等)。

2. 生产者

生产者是指能利用太阳能，将简单的无机物合成为复杂的有机物的自养生物。生产者不仅供给自身生长发育的物质和能量，也是其他生物类群及人类食物和能量的来源，并且是生态系统所需一切能量的基础。生产者主要是绿色植物，包括水生藻类，另外还有光合细菌和化学合成细菌。绿色植物体内含有光合作用色素，通过光合作用利用太阳能把二氧化碳和水合成有机物，同时保证了自然界二氧化碳和氧气的平衡。除绿色植物外，可以利用太阳能和化学能把无机物转化为有机物的还有光能自养微生物和化能自养微生物，它们也属于生产者。例如，硝化细菌通过将氨氧化为硝酸盐的方式利用化学能合成有机物。

3. 消费者

消费者是指直接或间接依赖并消耗生产者而获取生存能量的异养生物，它们以其他生物为食，自身不能生产食物。根据不同的取食地位，可分为一级消费者(或称初级消费者)，直接依赖生产者为生，包括所有的食草动物，如牛、马、兔、池塘中的草鱼及许多陆生昆虫等；二级消费者(或称次级消费者)是以食草动物为食的食肉动物，如鸟类、青蛙、狐狸等。以这些食肉的次级消费者为食的食肉动物，可进一步分为三级消费者、四级消费者，这些消费者通常是生物群落中体形较大、性情凶猛的种类，如虎、狮、豹、鲨鱼等，这类消费者数量较少。另外，消费者中最常见的是杂食消费者，介于草食动物和肉食性动物之间，它们的食性很杂，既食植物又食动物，如大型兽类中的熊等。正是生态系统中有较多的杂食性消费者，才构成了生态系统中极其复杂的网络关系。

4. 分解者

分解者(或称还原者)，都属于异养生物，主要指细菌、真菌、放线菌等微生物及土壤原生物和一些小型无脊椎生物。它们可以将生态系统中的各种复杂有机质(如尸体、粪便等)分解成水、二氧化碳、铵盐等，最终以无机物的形式回归到环境中，成为可以被生产者重新利用的物质，完成物质的循环。分解者体形微小，但数量惊人，分布广泛，存在于生物圈中的每个部分，生产者、分解者、消费者之间的关系如图 1-25 所示。

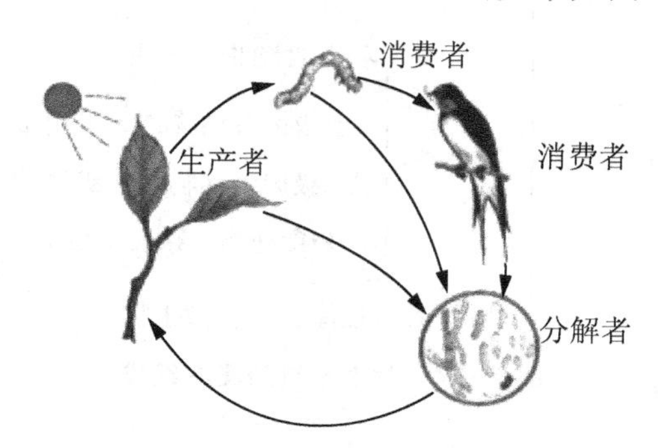

图 1-25 生产者、消费者、分解者之间的关系

1.5.5 生态系统的基本特征

任何系统都具有一定结构，是各组分之间发生一定联系并执行一定功能的有序整体。从这种意义上说，生态系统与物理学上的系统是相同的。但生命成分的存在决定了生态系统具有不同于机械系统的许多特征，这些特征主要表现在下列几个方面。

1. 生态系统是动态功能系统

生态系统是指有生命存在，并与外界环境不断进行物质交换和能量传递的特定空间。因此，生态系统具有有机体的一系列生物学特性，如发育、代谢、繁殖、生长与衰老等。这就意味着生态系统具有内在的动态变化的能力。任何一个生态系统总是处于不断地发展、进化和演变之中，这就是系统的演替。人们可以根据发育的状况将其分为幼年期、成长期、成熟期等不同发育阶段。每个发育阶段所需的进化时间在各类生态系统中是不同的。发育阶段不同的生态系统在结构和功能上都具有各自的特点。

2. 生态系统具有一定的区域特征

生态系统都与特定的空间相联系，包含一定地区和范围的空间概念。这种空间都存在着不同的生态条件，栖息着与之相适应的生物类群。生命系统与环境系统的相互作用以及生物对环境的长期适应结果，使生态系统的结构和功能反映了一定的地区特性。同是森林生态系统，寒温带的长白山区的针阔混交林与海南岛的热带雨林生态系统相比，物种结构、物种丰富度和系统的功能等均有明显的差别。这种差异是区域自然环境不同的反映，也是生命成分在长期进化过程中对各自空间环境适应和相互作用的结果。

3. 生态系统是开放的“自持系统”

物理学上的机械系统，如一台机床或一部机器，它做功需要电源，它的保养(如部件检修、充油等)是在人的干预下完成的，所以机械系统是在人的管理和操纵下完成其功能的。然而，自然生态系统则不同，它所需要的能源是生产者对光能的“巧妙”转化，消费者取食植物，而动、植物残体以及它们生活时的代谢排泄物通过分解者作用，使结合在复杂有机物中的矿质元素又返回环境中，重新供植物利用。这个过程往复循环，从而不断地进行着能量和物质的交换、转移，保证生态系统发生功能并输出系统内生物过程所制造的产品或剩余的物质和能量。生态系统功能连续的自我维持基础就是它所具有的代谢机能，这种代谢机能是通过系统内的生产者、消费者、分解者3个不同营养水平的生物类群完成的，它们是生态系统“自维持”的结构基础。

4. 生态系统具有自动调节的功能

自然生态系统若未受到人类或者其他因素的严重干扰和破坏，其结构和功能是非常和谐的。这是因为生态系统具有自动调节的功能。所谓自动调节功能是指生态系统受到外来干扰而使稳定状态改变时，系统靠自身内部的机制再返回稳定、协调状态的能力。生态系统自动调节功能表现在3个方面，即同种生物种群密度调节，异种生物种群间的数量调节，生物与环境之间相互适应的调节，主要表现在两者之间发生的输入、输出的供需调节。

1.5.6 生态系统的结构

生态系统是由生物与非生物相互作用结合而成的结构有序的系统。生态系统的结构主要指构成生态诸要素及其量比关系，各组分在时间、空间上的分布，以及各组分间能量、物质、信息流的途径与传递关系。生态系统结构主要包括空间结构、时间结构和营养结构3个方面。

1. 生态系统的空间结构

任何一个生态系统都有空间结构，包括垂直结构和水平结构。垂直结构是生态系统的分层现象，它是系统内植物之间、植物与环境之间相互关系的一种特殊形式。绿色植物各自的生长型，生态幅和适应性，并占据着一定的垂直空间，它们的同化器官处于地上的不同高度(如森林生态系统、草原生态系统等)和地下或水面下不同的深度(如海洋生态系统)。这种空间上的垂直配置形成了不同的层次结构，如森林生态系统具有明显的垂直结构。根据森林植物的生活型将绿带划分为乔木层、灌木层、草本层和苔藓层，各层再按同化器官的高度划分为相应的亚层。地表上枯枝落叶和土壤表层组成分解层。水平结构是植物在空间的水平分化或镶嵌现象，可分为随机分布型、均匀分布型、聚集或成群分布型，产生这种现象的原因有环境因素的不均匀性、动物的活动和人类的影响、植物自身的生态学和生物学特性(尤其是繁殖与散布特性、竞争能力)等。例如，森林生态系统中植物的镶嵌性，是由于林内的光斑、草本层和苔藓层以下及下木层的密度、小地形和腐朽倒木的不均以及凋落物的积累等引起的。

2. 生态系统的时间结构

生态系统的外貌和结构也会随时间的变化而变化，这反映出生态系统在时间上的动态。一般可以分成3个时间尺度：①长时间尺度，以生态系统进化为主要内容；②中等时间尺度，以群落演替为主要内容；③短时间尺度，以昼夜季节和年份等的周期性变化为主要内容。短时间的变化是生态系统中较为普遍的现象，如森林生态系统中植物外貌的季节变化、落叶等现象。动物的昼夜迁移、季节迁移现象，鸟类捕食和休息场所的变动等，都赋予了生态系统时间结构的特征。生态系统短时间结构的变化反映了植物、动物等为适应环境因素，形成的周期性变化，这种变化引起整个生态系统外貌上的改变。

3. 生态系统的营养结构

生态系统的营养结构是以营养为纽带，把生物、非生物结合起来，使生产者、消费者、还原者和环境之间构成一定的密切关系。生态系统的营养结构可分为以物质循环为基础的营养结构和以能量流动为基础的营养结构。

环境中的营养物质被绿色植物吸收，在光能的作用下变为化学能贮存在植物体内，消费者从植物获取营养，有机体经还原者的分解还原，使有机物成为无机物再返回土壤中，供生产者利用，形成以物质循环为基础的营养结构。同时，太阳能从生产者传递给草食动物(一级消费者)、一级肉食动物(二级消费者)、二级肉食动物(三级消费者)，形成以能量流动为基础的营养结构。

1.5.7 生态系统的功能

生态系统的主要功能包括：生物生产、能量流动、物质循环及信息传递。

1. 生态系统的生物生产

生态系统中的生物，不断地把环境中的物质能量吸收，转化成新的物质能量形式，从而实现物质和能量的积累，保证生命的延续和增长，这个过程称为生物生产。它包括初级生产和次级生产。生态系统的初级生产是绿色植物的光合作用过程。次级生产是指消费者或分解者对初级生产者生产的有机物以及贮存在其中的能量进行再生产和再利用的过程。次级生产者在转化初级生产品的过程中，不能把全部能量都转化为新的次级生产量，而是有很大的一部分要在转化的过程中被损耗掉，只有一小部分被用于自身的贮存，而这部分能量又会很快通过食物链转移到下一个营养级，直到损耗殆尽。

2. 生态系统的能量流动

地球上的一切生命活动都包含能量的利用，这些能量均来自于太阳。地球可获取的太阳能约占太阳总输出能量的二十亿分之一。当太阳能进入生态系统时，首先，由植物通过光合作用将光能转化为贮存在有机物中的化学能，然后，这些能量就沿着食物链从一个营养级到另一个营养级逐级向前流动，先转移给草食动物，再转移给肉食动物。最后，绿色植物及各级消费者的残体及代谢物被分解者分解，贮存于残体和代谢物中的能量最终被消耗释放回环境中，如图 1－26 所示。

图 1－26 生态系统能量流动模式图

生态系统中的能量流是沿着食物链营养级由低级向高级流动，具不可逆性和非循环性的特性。生态系统中能量沿食物链逐渐减少。一般来说，某一营养级只能从其前一营养级处获得其所含能量的 10%，其余约 90%能量用于维持呼吸代谢活动而转变为热能耗散到环境中，如图 1－27 所示。

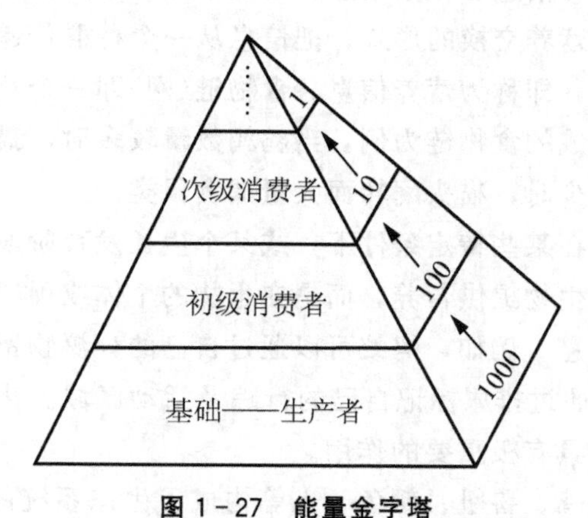

图 1－27 能量金字塔

3．生态系统的物质循环

生态系统的物质循环是指组成生物体的 C、H、O、N、P、S 等基本元素在生态系统的生物群落与无机环境之间反复循环运动。生态系统的物质循环也是顺着生态系统的营养结构，即食物链和食物网这个主渠道进行循环流动的。能量流动与物质循环是不同的，能量在流经生态系统各个营养级时，是逐级递减、单向不循环的，而物质循环是在生态系统

的生物群落与无机环境之间可以反复出现，是循环流动的，如图 1－28 所示。

生物圈是地球上最大的生态系统，其中的物质循环带有全球性，这种物质循环又叫生物地球化学循环。主要的生物地球化学循环有水循环(是指太阳能驱动的水循环)、碳循环、氧循环、氮循环、硫循环。

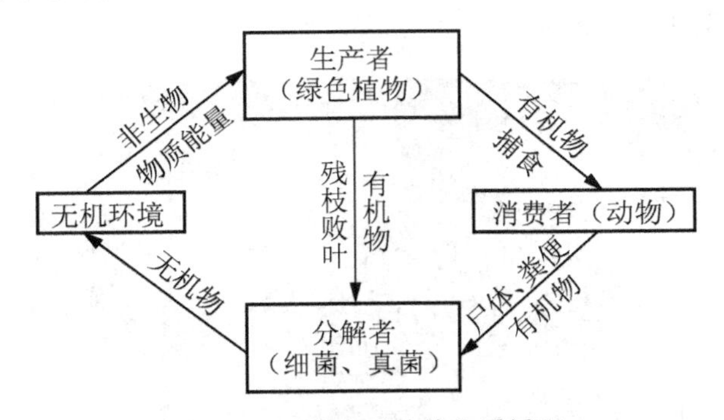

图 1－28　生态系统的物质循环

4. 生态系统的信息传递

在生态系统的各组成部分之间及各组成部分的内部，存在着广泛的、各种形式的信息交流，这些信息把生态系统联系成为一个统一的整体。信息是生态系统的基础之一，是生态系统中各生命成分之间及生命成分与环境之间的信息流动与反馈过程，是它们之间相互作用、相互影响的一种特殊形式。可以认为整个生态系统中的能量流和物质流的行为由信息决定，而信息又寓于物质和能量的流动之中。物质流和能量流是信息流的载体。生态系统中的信息形式主要有营养信息、化学信息、物理信息和行为信息。

(1) 营养信息是通过营养交换的形式，把信息从一个种群传递到另一个种群，或从一个个体传递到另一个个体，即称为营养信息。食物链(网)即一个营养信息系统。以草本植物、鹌鹑、鼠和猫头鹰组成的食物链为例，当鹌鹑数量较多时，猫头鹰大量捕食鹌鹑，鼠类很少被捕食；当鹌鹑较少时，猫头鹰转而大量捕食鼠类。

(2) 化学信息是生物在某些特定条件下，或某个生长发育阶段，分解出某些特殊的化学物质。这些分泌物不对生物提供营养，而是在生物的个体或种群之间起着某种信息的传递作用，即构成了化学信息。例如，蚂蚁可以通过自己的分泌物留下化学痕迹，以便后面的蚂蚁跟随；猫、狗可以通过排尿标记自己的行踪及活动区域。化学信息对集群活动的整体性和集群整体性的维持具有极重要的作用。

(3) 物理信息是指鸟鸣、兽吼、颜色、光等构成了生态系统的物理信息，如图 1－29 所示。鸟鸣、兽吼可以传达惊慌、安全、恫吓、警告、嫌恶、有无食物和要求配偶等各种信息；昆虫可以根据花的颜色判断花蜜的有无；鱼类在水中长期适应于把光作为食物的信息。

(4) 行为信息是指有些动物可以通过自己的各种行为方式向同伴发出识别、威吓、求偶和挑战等信息。例如，燕子在求偶时，雄燕在空中围绕雌燕做出特殊的飞行姿势；蜜蜂在发现蜂蜜时，以舞蹈动作“告诉”其他蜜蜂去采蜜。不同的舞蹈动作有不同的含义，如圆舞姿态表示蜜源较近，摆尾舞表示蜜源较远。其他蜜蜂以触觉来感觉舞蹈的步伐，得到蜜源的信息。

图 1-29 鸽子喙部存在感应磁场器官，识途靠地磁导航

1.5.8 生态系统的平衡与失衡

1. 生态平衡的概念

生态系统的特点是开放的，能量、物质处于不断输入和输出之中，各成员、因素之间维持着稳定状态。也就是说，一个生态系统，生产者、消费者和分解者之间，物质和能量输入和输出之间存在着相对的平衡状态。

所谓生态平衡也就是生态系统的平衡，是指一个生态系统在特定时间内的状态，在这种状态下，其结构和功能相对稳定，物质和能量输入输出接近平衡，在外来干扰下，通过自我调控能恢复到最初的稳定状态。但是任何一个生态系统的调节能力都是有限的，超出此限度，生态系统的自我调节机制就降低或消失，这种相对平衡就遭到破坏甚至使系统崩溃，这个限度就称为“生态阈值”。生态平衡是一种动态的平衡，不是静态平衡。生态平衡的各组分会不断地按照一定的规律运动或变化，能量会不断地流动，物质会不断循环，整个系统都处于动态之中。

生态系统具有一定的自我恢复能力，但是，生态系统的自我调节能力是有一定限度的。当外界压力很大，使系统的变化超过了自我调节能力的限度即“生态阈限”时，其自我调节能力随之下降，以至消失。此时，系统结构被破坏，功能受阻，以至整个系统受到伤害甚至崩溃，此即平常所说的生态平衡失调或生态危机。人类由于不了解生态系统的调节机制和稳定性的极限，盲目行动，导致局部地区生态平衡破坏，使人类本身蒙受损失甚至威胁到人类生存的现象不乏其例，如城市环境污染、山区水土流失、农田害虫猖獗、干旱土地沙漠化等。一个生态系统的稳定性受到破坏，不仅使本系统受到伤害，而且通过输出还危及相邻生态系统的稳定和平衡。

2. 生态平衡的标志

判断一个生态系统是否平衡，可以重点从以下几个方面进行分析。

(1) 生态系统的生物与其环境是否协调。生态系统的生物与其环境协调主要指生物个体、种群乃至群落不同水平与环境的协调统一，就是指生物与其环境之间的协调稳定状态。

(2) 生态系统内物质、能量的输入和输出两者是否平衡。这主要从生态系统的功能方向进行考虑，当一个生态系统的物质循环和能量流动在长时间内保持稳定，可以认为生态系统是平衡的。

(3) 生态系统内部结构是否稳定。生态平衡是群落内各物种之间相互作用的结果。物种数量趋于稳定的生态系统比物种数量波动的生态系统更平衡。生态系统的平衡是随着群落组分数量的增多而增加，即多样性增加稳定性。

(4) 生态系统的负熵是否不断增加。生态系统的平衡是负熵不断增加的过程。对一个生态系统而言，只有负熵的增加超过了熵值的增加，这个系统才是不断向稳定的、有序性发展的，也就是说平衡的系统。

3. 生态失衡的概念

生态系统的平衡是相对的，不平衡是绝对的。了解生态系统的失衡，对生态系统的恢复重建是至关重要的。各类生态系统，当外界所施加的压力(自然的或人为的)超过了生态系统自身调节能力或补偿功能时，都将造成其结构破坏、功能受阻、正常的生态关系被打乱以及反馈自控能力下降等，这种状态称之为生态失衡，也就是生态系统的失衡。

生态平衡遭到破坏，主要有自然因素和人为因素两种。自然因素主要有火山爆发、海陆变迁、雷击火灾、海啸地震、洪水和泥石流以及地壳变动等。这些因素对生态系统的破坏是严重的，甚至可使其彻底毁灭。但这类因素常是局部的，出现的频率并不高。人为因素对生态平衡的破坏而导致的生态平衡失调是最常见、最主要的，这些影响通常是在伴随着人类生产和社会活动而同时产生的。人为因素对生态系统的破坏主要表现在环境污染和资源破坏、生物种类发生改变和信息系统的破坏 3 个方面。

4. 生态系统平衡的调节机制

生态系统的调节主要通过系统的反馈调节、抵抗力和恢复力来实现。

1) 反馈调节

反馈就是这样一个过程：当生态系统中某一成分发生变化的时候，它必然引起其他成分出现一系列的相应变化，这些变化最终又反过来影响最初发生变化的那种成分。反馈有两种类型：正反馈和负反馈。负反馈控制可使系统保持稳定，正反馈使偏离加剧。例如，在生物生长过程中个体越来越大，在种群持续增长过程中，种群数量不断上升，这都属于正反馈。正反馈也是有机体生长和存活所必需的。但是，正反馈不能维持稳态，要使系统维持稳态，只有通过负反馈控制。因为地球和生物圈是一个有限的系统，其空间、资源都是有限的，所以应该考虑用负反馈来管理生物圈及其资源，使其成为能持久地为人类谋福利的系统。

负反馈是比较常见的一种反馈，它的作用是能够使生态系统达到和保持平衡或稳态，反馈的结果是抑制和减弱最初发生变化的那种成分所发生的变化。例如，如果草原上的食草动物因为迁入而增加，植物就会因为受到过度啃食而减少，植物数量减少以后，反过来就会抑制动物的数量。由于生态系统具有负反馈的自我调节机制，所以在通常情况下，生态系统会保持自身的生态平衡。生态平衡是指生态系统通过发育和调节所达到的一种稳定状况，它包括结构上的稳定、功能上的稳定和能量输入/输出上的稳定。生态平衡是一种动态平衡，因为能量流动和物质循环总在不间断地进行，生物个体也在不断地进行更新。在自然条件下，生态系统总是朝着种类多样化、结构复杂化和功能完善化的方向发展，直到使生态系统达到成熟的最稳定状态为止。

当生态系统达到动态平衡的最稳定状态时，它能够自我调节和维持自己的正常功能，并能在很大程度上克服和消除外来的干扰，保持自身的稳定性。有人把生态系统比喻为弹簧，它能承受一定的外来压力，压力一旦解除就又恢复原初的稳定状态，这实质上就是生态系统的反馈调节。但是，生态系统的这种自我调节功能是有一定限度的，当外来干扰因素(如火山爆发、地震、泥石流、雷击火灾、人类修建大型工程、排放有毒物质、喷洒大量农药、人为引入或消灭某些生物等)超过一定限度的时候，生态系统自我调节功能本身就会受到损害，从而引起生态失调，甚至导致生态危机(生态危机是指由于人类盲目活动而导致局部地区甚至整个生物圈结构和功能的失衡，从而威胁到人类的生存)。生态平衡失调的初期往往不容易被人类所觉察，一旦发展到出现生态危机，就很难在短期内恢复平衡。为了正确处理人和自然的关系，人们必须认识到整个人类赖以生存的自然界和生物圈是一个高度复杂的具有自我调节功能的生态系统，保持这个生态系统结构和功能的稳定是人类生存和发展的基础。因此，人类的活动除了要讲究经济效益和社会效益外，还必须特别注意生态效益和生态后果，以便在改造自然的同时能基本保持生物圈的稳定和平衡。

2) 抵抗力

抵抗力是生态系统抵抗外界干扰并维持系统结构和功能原状的能力，是维持生态平衡的重要途径之一。抵抗力与系统发育阶段有关，生态系统发育越成熟，结构越复杂，抵抗外界干扰的能力就越强。例如，森林生态系统生物群落垂直层次明显，结构复杂，系统自身贮存了大量的物质和能量，因此抵抗干旱和病虫害的能力远远超过单一的农田生态系统。环境容量、自净作用都是系统抵抗力的表现形式。

3) 恢复力

恢复力是指生态系统遭受干扰破坏后，系统恢复到原状的能力。生态系统的恢复能力是由生命成分的基本属性决定的，是由生物顽强的生命力和种群世代延续的基本特征所决定的，所以恢复力强的生态系统生物的生活世代短、结构比较简单，如草原生态系统遭受破坏后恢复速度比森林生态系统快得多。生物成分(主要是初级生产者层次)生活世代长、结构越复杂的生态系统，一旦遭到破坏则长期难以恢复。但就抵抗力而言，两者的情况却完全相反，恢复力越强的生态系统抵抗力一般比较低；反之亦然。

因为生态系统具有自我调节机制，所以在通常情况下，生态系统会保持自身的生态平衡。生态平衡是指生态系统通过发育和调节所达到的一种稳定状况，它包括结构上的稳定、功能上的稳定和能量输入/输出的稳定。生态平衡是一种动态平衡，因为能量流动和物质循环总在不间断地进行，生物个体也在不断地进行更新。

1.6 受损生态系统的修复

受损生态系统是指生态系统的结构和功能在自然干扰、人为干扰或两者的共同作用下发生了位移(改变)，打破了生态系统原有的平衡状态，使系统的结构和功能发生变化和障碍，并发生了生态系统的逆向演替。当外来干扰因素(如火山爆发、地震、泥石流、雷击、火灾、人类修建大型工程、排放有毒物质、人为引入或消灭某些生物等)超过生态阈值时，生态系统本身无法缓解胁迫，生态系统自我调节功能就会受到损害，系统难以回到原初的生态平衡状态，从而引起生态平衡失调。此时，系统的结构和功能发生变化和障碍，形成破坏性波动或恶性循环。

1.6.1 生态系统的受损类型

生态系统的受损类型有以下几种。

(1) 突发性受损：特点为时间短、速度快，局部受损严重，如泥石流、火山爆发。

(2) 跃变式受损：特点为生态系统受到持续干扰，最初不表现明显损伤，破坏性积累到一定程度后突然剧烈变化的一种形式。

(3) 渐变式受损：特点为在强度均衡的干扰下，缓慢地、不断加重地受损，如使用化肥引起的土壤退化。

(4) 间断式受损：其为因周期性的干扰而受到损害的一种形式。

(5) 复合式受损：生态系统在受损过程中，经历了两种或两种以上的受损形式。

1.6.2 受损生态系统的基本特征

受损生态系统首先是其组成和结构发生了退化，导致其功能受损和生态学过程的弱化，引起系统自我维持能力减弱且不稳定。但系统成分与其结构的改变，是系统受损的外在表现，功能衰退才是受损的本质。受损生态系统的基本特征如下：①物种多样性发生变化。②系统结构简单化。③食物网破裂。④能量流动效率降低。⑤物质循环不畅或受阻。⑥生产力下降。⑦其他服务功能减弱。⑧系统稳定性降低。

1.6.3 受损生态系统的修复

对于受损生态系统的修复，根据生物群落演替的基本规律，首先要考虑对生态系统最基本功能的修复，然后再进一步完善组成及结构。同时根据生态学原理，有目的的采取措施，使受到损害的生态系统的结构和功能得以恢复和完善，实现生产力高、生物多样性丰富、系统趋于稳定的目标，这个过程被称之为“受损生态系统的修复”。

1. 受损森林生态系统的修复

森林生态系统受损是由于虫害、干旱、洪涝和地震等自然灾害，但最主要的是由于人类的活动所导致系统受损。其变化的特点通常都是生产力减低，生物多样性减少，调节气候、涵养水分、保育土壤、贮存营养元素等生态功能明显降低。目前，对受损森林生态系统的修复方法主要有以下 3 种。

（1）封山育林：封山育林是最简便易行、经济有效的方法，可最大限度地减少人为干扰，为原生植物群落的恢复提供适宜的生态条件。

（2）物种框架法：建立一个或一群物种，作为恢复的基本框架。生态系统的演替和维持依赖于当地的种源来增加物种，实现生物的多样性。

（3）最大多样法：尽可能地按照生态系统受损前的物种组成及多样性水平种植物种，需要种植大量演替成熟阶段的物种，不必考虑先锋物种。

2. 受损草地生态系统的修复

世界草地资源面积约占陆地总面积的 38%。我国有 392 万平方千米的草地，约占国土面积的 41%。草地生态系统受损原因主要归结为人类干扰。人类干扰的原因中，主要是过度放牧、垦殖和污染。此外，我国草原区所处的自然条件都比较恶劣，春季干旱，夏季少雨，冬季严寒，自然灾害频繁，这是造成草原退化的自然因素。因此，造成草地生态系统受损和退化，是自然因素与人为因素的结合。受损草地生态系统的主要特征包括植被退化和土壤退化。植被退化是指草地破坏后，植被的密度和生物多样性的下降，这种结构的改变还导致了群落的矮化。土壤退化是由于风蚀、水蚀、土壤板结和盐碱化等造成的土壤物理和化学性质的变化，不能再支持生态系统的高生产力。受损草地生态系统的修复方法与技术有：①围栏养护，轮草轮牧。②重建人工草地，如图 1－30 所示。③实施合理的牲畜育肥生产模式。

图 1－30 草地生态系统修复

3. 受损河流生态系统的修复

河流生态系统受损的主要原因包括水利工程建设、农业活动、城市化对河流生态系统的影响。受损河流生态系统修复的常规方法有：①建立沿岸绿化带，加强植被的生态功能，如图 1－31 所示。②人工清淤。③控制污染源。④科学调控河水流量和流速。⑤加强渔业管理。

图 1－31　河流沿岸绿化带

4. 受损湖泊生态系统的修复

湖泊生态系统的受损原因为：①环境污染。②水利建设。③过度放养。④湖泊的富营养化。⑤外来物种的侵入等。对受损湖泊生态系统的修复方法有：①严禁围湖造田。②营造林地。③加大人为调节湖泊水位的力度，尽量防止水位频繁地剧烈变化，维持湖泊的最低水位，防止湖泊的干枯。④对于已有大量淤积的湖泊，清淤是十分有效的修复措施，这样既可恢复水体空间，又能使水质得以改善。

5. 矿区废弃地的修复

矿区废弃地的修复方法有：①尾矿的综合利用。②污染土壤的修复。③植被修复。④微生物修复法。⑤矿区废弃地综合利用等。

尾矿的综合利用包括：①从废弃物中进一步回收有价元素。②作为二次资源制取新形态物质用。③作为井下采空区的填充材料。

1.6.4　生态工程修复技术

生态工程是应用生态系统中物种共生与物质循环再生原理、结构与功能协调原则，综合系统分析的最优化方法，设计分层多级利用物质的生产工艺系统。生态工程设计的生态学理论依据包括以下几个。

1）物种共生原理

自然界中任何一种生物都不能离开其他生物而单独生存和繁衍，这种关系是自然界生物之间长期进化的结果，包括互惠共生与竞争抗生两大类，也称为“相生相克”关系。

2）生态位原理

生态位是指一个种群在生态系统中，在时间和空间上所占据的位置及其与相关种群之间的功能关系与作用。在生态工程设计和调控中，合理运用生态位原理，可以构成一个具有多种群的稳定而高效的生态系统。

3）食物链原理

生物之间相互依存又相互制约，一个生态系统中往往同时并存着多种生物，它们通过一条条食物链密切地联系在一起。按照食物链的构成和维系规律，合理组织生产，就能最大限度地发掘资源潜力，节省资源且减少环境污染。例如，利用作物秸秆作为饲料养猪，猪粪养蛆，蛆喂鸡，鸡粪施于作物，在这个循环中，废弃物被合理利用，可减少环境污染。利用食物链组织生产的还有作物—畜牧—沼气循环、作物—食用菌循环等。利用生态系统中生物间相互制约，即一个物种对另一物种相克或捕食的天敌关系，还可人为地调节生物种群，达到降低害虫、杂草及病菌对作物危害的作用，如利用赤眼蜂对付玉米螟，杀螟杆菌防治稻纵卷叶螟等。

4）生物多样性原理

生态系统中生物多样性越高，生态系统越稳定。生物多样性是生态系统不可缺少的组成部分，生物多样性维护了自然界的生态平衡，并为人类的生存提供了良好的环境条件。维持生物多样性，将有益于一些珍稀濒危物种的保存。任何一个物种一旦灭绝，便永远不可能再生，那么人类将永远丧失这些宝贵的生物资源。而保护生物多样性，特别是保护濒危物种，具有重要的战略意义。

5）物种耐性原理

环境因子因相互补偿作用使物种的耐性限度发生变化。当一个环境因子处于适宜范围时，物种对其他因子耐性限度增大；反之下降。

6）景观生态学原理

景观生态学原理在生态工程设计中的意义在于考虑具体设计方案时，要有区域尺度的概念，尤其是环境保护生态工程、污染治理生态工程等。在设计时，必须从区域的尺度考虑其合理性，要有意识地把工程本身及其与整个区域布局的合理相结合。

7）耗散结构原理

一个开放系统的有序性来自非平衡态，也就是说，系统的有序性因系统向外界输出熵值的增加而趋于无序。要维持系统的有序性，必须有来自于系统之外的负熵流的输入，即有来自于外界的能量补充和物质输入。

8）限制因子原理

在生态工程中注意限制因子原理的意义。一是若能正确运用生态因子规律，可建立生态系统的反馈调节，使某些不希望出现的生态现象得到抑制；二是消除控制限制因子的作用，因为限制因子的限制作用是有条件的，是相对的。

9）生态因子综合性原理

自然界中众多生态因子会对生物产生重要影响，它们也都有自己的特殊作用，而且环境中每个生态因子的作用又不是孤立的，而是相互联系、相互促进和相互制约的，任何一个因子的变化都能引起其他因子作用强度甚至作用性质的改变。

阅读材料

城市河流的生态恢复

（资料来源：城市河流的生态恢复．王巍，魏兰海，闫茂华．环境科学与管理．2011，36(12).）

河流退化已被公认为一个全球性的生态环境问题，受到国际社会的普遍关注。随着环境意识、生态观念的增强以及生活水平的提高，对恢复严重受损的城市河流生态系统的要求也越来越迫切。从一些发达国家的实践来看，水利工程与生态紧密结合是未来重要的发展趋势。我国的水利发展也正从传统的“工程水利”走向“生态水利”、“环境水利”的新阶段。

1. 城市河流生态恢复的概念

恢复生态学是20世纪80年代迅速发展起来的现代生态科学的应用性分支学科。应该指出的是，城市河流生态恢复与河道工程整治不同，城市河流生态恢复不能只限定在河岸之间的范围，它必须包括整个流域范围。因此对于城市河流生态恢复来说，其根本目的是按照自然生态系统多样性的要求，为城市河流内部及沿岸的生物重新建立各种栖息场所，通过把城市河流生态系统恢复到更自然的状态来达到恢复城市河流多种功能的目的。

2. 国内外河流生态恢复研究现状

1）国外研究现状

（1）欧洲国家研究现状。

出于对工业革命以来大肆破坏河流生态，污染河流水质的反省，欧洲各国十分重视对河流系统的生态恢复和保护。特别是随着现代生态学的发展，他们进一步认识到河流治理工程还要符合生态学的原理，也就是说把河流当做生态系统的一个重要组成部分对待，而不能把河流系统从自然系统中割裂开来进行人工化设计。在欧洲陆续有一批河流生态治理工程获得成功，相应出现了一些相关的理论和技术，其主要的成功措施有恢复缓冲带、重建植被、修建人工湿地、降低河道边坡、重塑浅滩和深渊、修复水边湿地和沼泽地森林、修复池塘等。

德国、瑞士等国家提出了“重新自然化”概念和“自然型护岸”技术，主要内容包括：除去河道硬化层，允许水流自然侵蚀；保持优美的流态；采用鱼类能上溯的落差，设置鱼虾产卵场；甚至还专门为老人和儿童修改河滩，以保证他们能安全地接近水滨。利用“重新自然化”概念和“自然型护岸”技术，阿尔卑斯山山脚的阿勒河、著名的塞纳河、多瑙河、莱茵河已恢复到了接近自然的程度。

英国采用的“近自然化”河道设计技术强调在恢复和保护河流生态系统时，必须优先考虑河流的生态功能。英国国家河流管理局则正在制定一项旨在改善和恢复河道及洪泛区自然生态环境的行动计划，包括恢复河道特征和行洪滩地，保护沿河岸的城市、道路和农田，减轻径流影响的缓冲区等内容。

（2）美国研究现状。

美国非常重视河流生态恢复工作中河流的分类、评估和监测工作，注重恢复的科学性。例如，美国环境保护局启动了“环境监测和评价计划”，监测国家生物资源包括河流的状况和趋势。

佛罗里达州修建了很多人工河道，但逐渐发现周围湿地越来越干燥，生物多样性也急剧减少，于是在20世纪90年代开始改造，目前已恢复曲流河道状态。著名的洛杉矶河也正在改造拆除衬砌，对河流进行回归自然的改造。美国在其国土内的大小河流上总共修建了多座挡水建筑物，在过去的十几年里，拆除废旧坝堰。在实践方面，美国各州正在大力推行综合性的“流域保护方法”，它具有以下几个特点：

①重视河流整体生态功能的恢复，而不仅把重点放在污染源控制上；②管理决策中除了考虑传统的污染因子之外，还考虑到大量的生态因子；③强调多个政府部门、非政府组织、民间团体、企业和公众的协商与合作，重视河流管理情报的公开及分享。

2）国内研究现状

近些年来，我国对城市河流生态日益重视，关于河流生态恢复方面的研究和应用已经展开，一些河道的河段也进行了生态护岸工程的尝试，主要有植草护坡、防浪林建设等，开发或引进了一些不同的生态型护岸技术，如土工网植草护坡技术、三维植被网、生态混凝土砖等，均取得了满意的效果。

与国外城市河流生态恢复相比，目前国内在河流生态恢复方面的研究与实践多偏重于采取加大河流的枯水流量、人工增氧、修建净水湖、底泥疏浚、生态化工程等措施恢复河流受污染水体，改善水质，而不强调河流生态系统结构、功能的复原或恢复到原有的生态系统状态。目前，有关城市河流生态恢复的实验研究尚鲜见报道，因此我国河流生态系统的生态恢复缺乏理论和技术支撑。

3. 城市河流生态恢复的原则

城市河流生态恢复应遵循的原则有尊重自然的原则，植物合理配置的原则，避免生物入侵的原则，可持续发展原则，协调统一的原则，发挥城市河流休闲娱乐、景观功能的原则等。

4. 城市河流生态恢复的建议及措施

1）水质的生态恢复

(1) 利用自然水体修复技术。

根据环城河水域的特点，沿河岸挡墙可适当种植挺水植物(如水葱、黄菖蒲、芦苇等)，通过植物对水流的阻隔和减小风浪扰动使悬移质沉降，并通过与其共生的生物群落、气候系统、水文循环、食物链和能量交换来实现河道水质净化。

(2) 加强污水处理能力，截流污染源。

加强污水处理能力和实施污染源截流的具体措施包括以下4个方面的内容：①改变“谁污染谁治理”的传统方式，把污染治理作为一种新兴的环保产业；②成立河道保洁公司并实施分段包干，以市场化的机制来管理河道，以保持河道的长久整洁；③注重结构调整，加大水污染防治技改投入，引进低能耗轻污染的纺织设备，推广废水回收利用技术，并加强项目管理，如绍兴劝退重污染项目100多个，达到从源头上进行截污；④实施城市污水再生利用，使城市污水回用于工业、市政、清扫、绿化等方面，这是实现水资源的有效利用、有效缓解水资源短缺矛盾、减轻城市河流水体污染的有效途径。

(3) 实施底泥的疏浚。

环城河河床已有一定数量的底泥淤积，据绍兴市水文站2005年5月份提供的河道淤积断面测量报告数据显示，局部河段淤积厚度已达70～80cm，淤积情况严重的西河及北河段总方量近4万立方米。河床底泥与水质恶化、水体黑臭有着直接的关系。建议定期对内河底泥进行清理，减少对环城河水体的二次污染。由于淤积形成过程的渐进性和长期性，建议以传统的人工捻泥方式进行长年清理。清理的河泥可以作为有机肥，也可以作为制砖的材料和火力发电的原料加以利用。同时，应加强对内河废水排入环城河前的水面漂浮物的打捞工作。

(4) 利用泥煤层的净化功能。

应对平原河道内的泥煤层加以保护。由于平原河网特别是鉴湖主河道两岸广泛存在着层泥煤层，对水体中的重金属元素具有较强的吸附作用，也能提高水体对有机物的净化能力。

(5) 利用冲淡工程。

引清冲淡工程主要通过引水、调水、翻水等一系列水利工程措施，保持水体的适当流动，加大水体更换速度，进而增强水体自身的稀释净化能力，从而改善城市平原河网的水质。

2）河岸的生态恢复

以前环城河整治忽视亲水要求，护岸工程基本上采用直立式的块石护砌或混凝土护砌，不能满足人们入河戏水、亲近自然的要求。因此，河流的生态恢复可以采用生态护岸技术，以达到恢复城市河流生态系统生物多样性的需求，可以采取的具体措施主要有以下5个。

（1）采用干砌石、木桩等天然材料护岸。

（2）改变护岸砌筑形式，水上护岸的砌筑要考虑两栖动物的活动空间，水下护岸的砌筑要为鱼类等水生动物的活动保留足够的生存空间。

（3）河道尽量保持自然的形态，维持丰富的河滩、河弯、洼地等自然景观以满足各种水生生物的生存要求。

（4）提倡采用植被护岸，它既能保持水土，起到固土护岸作用，又能满足生态环境的需要，改善生态环境，还可进行景观造景。

（5）植被护岸实施过程中应尽量考虑本地植物，同时，还要注意避免植被物种选择的单一化，植被的选用应注意能够帮助丰富城市河流生态系统的物种的多样性，帮助防止外来物种入侵。植被护岸可以选择苜蓿、沙棘、刺槐、蔓草等具有发达根系的固土植物。

思考题

1. 新时期，生态学在理论、应用和研究方法各个方面获得了哪些新进展？
2. 什么是生态平衡？如何判断生态系统是否平衡？
3. 生态学的研究对象是什么？
4. 请同学们分组讨论为什么要学习生态学。
5. 简述受损生态系统的主要特征。

第2章 城市生态学

内容提要及要求

本章主要介绍城市与城市化、城市生态学的研究内容及其发展、城市生态学基本理论、城市生态系统的组成与特点、城市生态系统的结构和功能，使学生了解和掌握城市生态学的研究内容和基本理论，为缓解城市问题，促进城市健康、可持续发展奠定扎实的理论基础。

城市生态学是以城市空间范围内生命系统和环境系统之间联系为研究对象的学科。由于人是城市中生命成分的主体，因此，城市生态学也可以说是研究城市居民与城市环境之间相互关系的科学。城市生态学不仅仅研究城市生态系统中的各种关系，也为将城市建设成为一个有益于人类生活的生态系统寻求良策。

2.1 城市与城市化

2.1.1 城市的概念

城市是人类社会发展到一定阶段、人类文明发展到一定程度的产物。城市的定义有许多不同的版本,《大不列颠百科全书》认为:"城市"是一个高度组织起来的、相对永久性的人口集中地,比城镇、村庄规模大,也更重要。马克思认为:城市是生产工具、人口、享受、资本、需求的集中。一般认为:城市是指非农业人口为居民主体,以空间与环境利用为基础,以聚集经济效益为特点,以人类社会进步为目的的一个集约人口、经济、科学技术和文化的空间地域综合体。城市中人类社会和地域空间不可分割,而两者之中以人为主体是城市最重要的本质。高度密集的人口、建筑、财富和信息是城市的普遍特征,因而城市往往成为一个国家或一个地区的政治、经济、军事和文化的中心。

古代的城市,是"城"与"市"的综合。城:"城,廓也,都邑之地,筑此以资保障也",是一种防御措施。市:"日中为市,致天下之民,聚天下之货,交易而退,各得其所",是商品交换场所。由城发展为城市或由市发展为城市,都是社会经济发展的必然结果。城市,就其本质而言属于历史范畴。城市是自然、政治、经济、社会、科学文化发展中的节点和中心,是人类各种力量聚集的焦点,如图2-1所示。

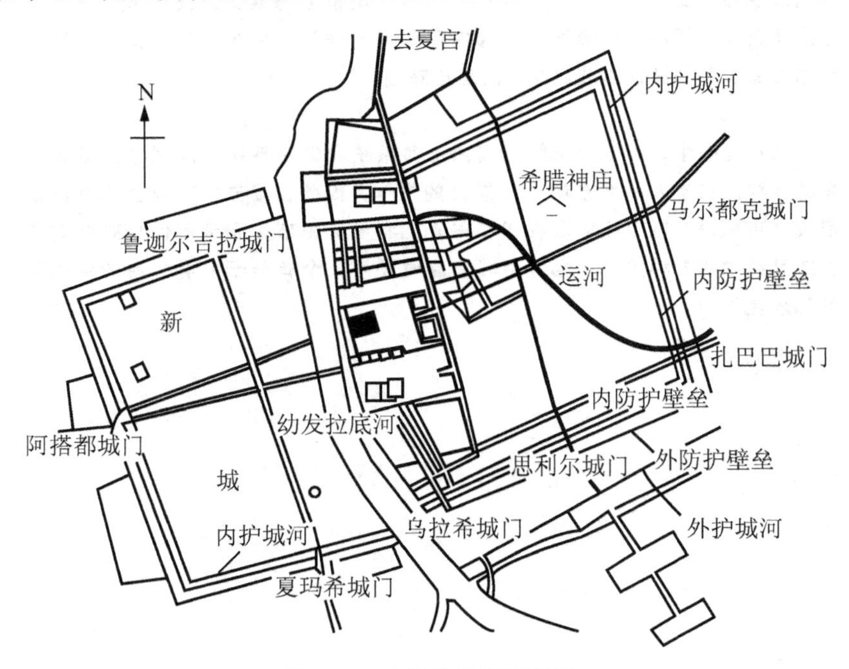

图2-1 古巴比伦城平面图

城市职能是指其在地区、国家乃至全球事务中所起的作用及所承担的分工。从一般意义上讲,城市具有三大职能:社会政治职能,即城市的行政管理职能;经济职能,即城市内部的经济活动状况及其在区域中的地位和作用；文化职能，即城市的科学、教育、文化传统、生活方式、价值观等对城市本身发展及城市以外空间的影响力。

2.1.2 城市化

城市化是以农村人口向城市迁移和集中为特征的一种过程。城市化的空间经济实质是自乡村变为城镇的一种动态过程。在这一过程中，农业活动比重逐渐降低，城镇人口的比重稳步上升，居民点的物质面貌、地理景观和人们的生活方式和人文景观逐渐向城镇型特征转化。城市化体现了产业结构的变化导致空间分布结构的变化，是在人口结构显著变化的同时，劳动方式和生活方式现代化的过程。传统社会以土地为基本生产资料，以村落聚居制度的封闭经济为主要特征，逐渐转化为以机械化大生产、专业化分工、社会化协作为主要生产方式的现代城市高度聚居生活方式。在这个现代化的转化过程中，各种经济要素向城市地区高度集中、高速流动，巨大的聚集效益和规模效益促进了工业化、现代化，使社会结构趋同。

1. 城市化的概念

城市化是人类社会发展的必然趋势。

不同的学科对城市化的定义不尽相同。经济学的定义：城市化是生产方式不断进步的过程，是农村经济向城市经济的转化过程。社会学的定义：城市化是人们行为方式和生活方式由农村社区向城市社区转化的过程，以及由此引起的各种社会后果。人口学的定义：城市化是一个国家或一个地区的城市(镇)人口在总人口中的比例不断提高的过程。地理学的定义：城市化是人口、产业等由乡村地域向城市地域的转化和集中过程。

城市化就是生产力进步所引起的人们的生产方式、生活方式以及价值观念转变的过程。总之，城市化即农村人口及土地向非农业的城市转化的现象及过程，又可称为城镇化。城市化包括以下4个方面：①人口职业的转变。②产业结构的转变。③土地及地域空间的变化。④基础设施的完善。

2. 城市化水平

城市化的程度由城市化水平来度量，城市化水平又可称为城镇化水平，是指城镇人口占总人口的比重

$$城市化水平=城镇人口/总人口\times 100\% \tag{2-1}$$

总人口为城镇人口和农村人口之和。这种基本的总人口计算方法，并没有考虑暂住人口、流动人口的影响，这些人口也要使用城市的公用设施。因此，对于经济发达、流动人口较多的大城市以及风景旅游城市等，必须考虑暂住人口和流动人口的影响。按目前的户籍管理办法，总人口包括常住人口(包括户籍常住人口和非户籍常住人口，其中，非户籍常住人口是指无本市户籍，居住本市时间在半年以上的人口)、流动人口(是指无本市户籍，居住本市时间不到半年的人口)和农村人口3类。

$$城市化水平=(常住人口+流动人口折算系数)/总人口\times 100\% \tag{2-2}$$

3. 城市化的特征

1）城市人口比重不断提高

在农村人口大规模地向城市集聚和迁徙的过程中，农业人口比重下降，工业、服务业等人口的比重持续上升，产业人口结构的此消彼长，成为推动城市人口比重上升和城市化进程的核心动力。

2）法制化是城市化的内在特征

随着社会化生产方式的转变、劳动力持续集聚过程的深化，人与人、人与社会间的关系变得更加错综复杂，所以有必要实行法制化管理。通过建立高效合理的社会秩序，坚持依法治市，这也是城市化进程中的内在要求。一是要有严谨而周密的法律规定；二是要有完善的行政管理机构及监督体系。

3）社会生产方式及生活方式的转变是城市化的外在表现

从生产方式上看，由传统的依靠土地为主的生产转向多元化生产，也就是由分散的农村自然经济逐渐转变为社会化大生产。从生活品质上看，居民在城市化进程中的消费水平和消费追求不断提高，表现为需求由低层次向高层次需求转化；居民的精神和文化生活也更加精彩。因此，从这一视角出发，城市化也可以看做是居民整体素质持续提高的过程，其生活方式、价值观念也发生了相应的巨大变化，转向追求文明进步。

4）现代化是衡量城市化发展水平的重要标志

城市化表现为劳动力、资金、商品等要素不断集中集聚的过程，因此，城市的经济结构和就业结构由传统低效的农业向现代化、高效的二、三产业转化，从而使产业结构从整体上升级。从这一点出发，城市化在某种程度上是城市文明不断吸纳农业文明的同时不断向农村渗透及传播的过程。

5）市场化是城市化的重要表现

随着生产分工专业化、社会化程度的不断深化，不同专业间产生了较强烈的相互需求，形成了“生产—流通—消费—出口”的产业链条及市场机制。在市场规律主导下，将技术、人才、原料等各种资源在城市化进程中实现最佳集聚和最佳配置状态，最终促进生产力水平提高，为城市化发展提供支撑及动力。

2.2 城市生态学的研究内容及其发展

2.2.1 城市生态学的概念

城市生态学是以生态学的概念、理论和方法研究城市的结构、功能和动态调控的一门学科，既是一门重要的生态学分支学科，又是城市科学的一个重要分支学科。随着城市生态学研究的发展，对城市生态学概念的理解也日益深化。如今，一般把城市生态学定义为研究城市人类活动与城市环境之间关系的一门学科。城市生态学将城市视为一个以人为中心的人工生态系统，采用系统思维方式，并试图用整体、综合有机体等观点去解决城市生态环境问题，研究城市的形态结构、能量流动、物质代谢、信息流通和人类活动所形成的格局和过程，并且运用生态学原理规划、建设和管理城市，提高资源利用率，改善城市系统关系，增加城市活力。因此，从生态学角度又可把城市系统称为城市生态系统。

城市生态学的研究对象是城市生态系统，它利用生态学和城市科学的原理方法观点去研究城市的结构、功能、演变动力和空间组合规律，其研究目的是通过对系统结构、功能、动力的研究，最终对城市生态系统的发展、调控、管理及人类的其他活动提供建设性的决策依据，使城市生态系沿着有利于人类利益的方向发展。

2.2.2 城市生态学的研究内容和分支学科

1. 研究内容

城市生态学是生态学的一个分支，这就决定了城市生态学的研究对象是城市生态系统，重点研究城市居民与城市环境之间的关系。城市生态学的基本研究内容可归纳为城市生态系统的组成形态与功能、城市人口、城市生态环境、城市灾害及防范、城市景观生态、城市与区域持续发展和城市生态学原理的社会应用等方面，如图 2－2 所示。

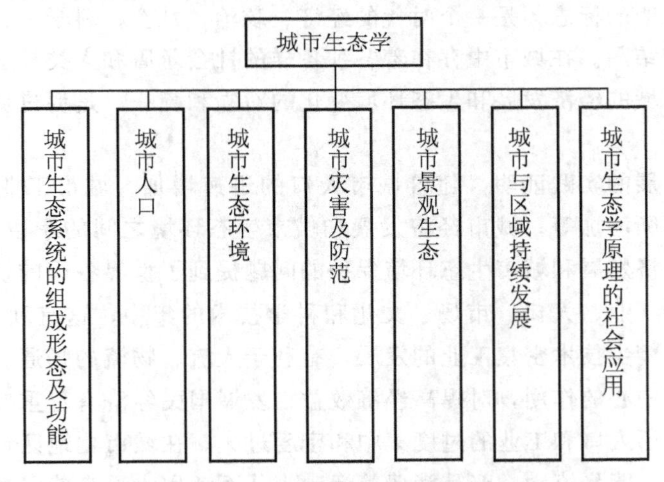

图 2－2 城市生态学的基本研究内容

城市生态系统的组成形态与功能主要研究城市生态系统的组成、组成之间相互关系及其功能的内在变化。

城市人口主要研究城市的人口动态、分布与类别等内容的变化规律。

城市生态环境主要论述城市居民与自然环境系统和社会环境系统之间的相互作用规律、研究城市的形成、发展和演变与环境之间的规律。

城市灾害及防范主要论述城市灾害类型、发生的规律和防范措施等内容。

城市景观生态主要论述城市景观的类型、演变及其规划的科学。

城市与区域持续发展主要论述城市的持续发展及其所在区域持续发展的内容。

城市生态学原理的社会应用主要研究如何把城市生态原理应用于城市规划、建设和处理城市生态环境问题等。

2. 城市生态学的分支学科

根据研究的对象和内容的不同，城市生态学可分为城市自然生态学、城市景观生态学、城市经济生态学和城市社会生态学4个分支学科。

城市自然生态学着重研究城市的人类活动对所在地域自然生态环境的影响，以及地域自然要素对人类活动的影响。

城市景观生态学着重从景观尺度研究城市不同空间、不同生态系统之间的布局规律、代谢过程，以及物流、能流和信息流的转化、利用效率等问题。

城市社会生态学的研究重点是城市人工环境对人的生理和心理的影响、效应及人在建设城市、改造自然过程中所遇到的城市问题，如人口、交通、能源问题等。

城市社会生态学的研究起源于20世纪20年代美国芝加哥学派及德国学者的城市演替研究。前者着重于城市系统的功能，后者强调城市的影响，目前这两个学派趋于结合，形成了西方较为流行的结构功能学说。

2.2.3 城市生态学研究的意义

城市是人类文明的标志，是一个时代的经济、政治、社会、科学、文化、生态环境发展和变化的焦点和结晶。在城市中存在着各种各样的社会矛盾和人类社会发展与自然界的矛盾。城市及其区域的经济发展和生态环境变化的对立和统一，是促进城市发展的基本矛盾之一。

城市化迅速发展的实践证明，随着城市人口的迅速增加、城市工业化水平的不断提高、城市数量的不断增加等，城市经济发展和城市生态环境之间的矛盾日益复杂、尖锐，从而使解决城市经济发展和城市生态环境保护的问题提到了世界各国的议事日程。这是因为城市的优势在于工业、人口、市场、文化和科学技术的集中，这有利于生产的专业化、协作化和新型高度精尖技术密集工业的发展，有利于人流、物流的畅通。因此，正确合理地发挥城市的经济中心的作用，对提高经济效益、发展国民经济有着重要的意义。但是城市的缺点也恰恰在于人口和工业的过度集中和密度过大。在城市化地区，进行着大量的资源利用、物质变换、能量流动、产品消费等活动，从而耗用大量自然资源，各种生产、生活废料大量产出，引起了一系列城市问题，如人口密集、住房困难、土地资源紧张、工业资源短缺、水源短缺、交通拥挤、环境污染、疾病流行、犯罪增多、就业困难等。这些问题必须从全面的观点出发，采取综合性措施来解决。城市生态学具有试图为这种合理有效的综合措施提供理论基础，为解决城市生态环境与经济发展的矛盾，实现城市生态环境与经济的协调发展、促进人类社会健康发展提供方法的重要社会意义。

2.2.4 城市生态学的发展

尽管城市生态学在生态学领域的各个分支中比较年轻，但城市生态学的思想自城市问题一出现就有了。在古代的城市改建中，无处不洋溢着城市生态学思想，但是当时还未形成较大的影响。例如，古代中国的土地合理布局和农业与非农业劳动力合理比例的思想，巴黎的改建与田园城市规划理论等。特别是欧洲工业革命的兴起，使工业在城市地区内集中起来，城市也越来越大，城市中出现了大片的工厂和其他功能区，完全改变了封建时代城市功能单一的状况。由于资本主义生产的盲目性和财产的私人占有，近代城市中许多矛盾也随之出现，并不断加剧，如布局混乱、工业污染、房荒严重、交通堵塞，这种情况严重阻碍了城市的正常发展，逐渐引起了各国的注意，并试图找出办法，对这些充满矛盾的城市进行改造。

1. 城市生态学的形成与发展

我国古代的城市生态学思想反映在人口、人与土地和人与食物的关系上。公元前390年商鞅第一个提出了具有城市生态学思想的认识，主要观点有：①在一个地区的土地组成上，城镇道路要占10%才较为合理。②主张增加农业人口，提出农业人口与非农业人口的比例应为100：1，不小于10：1，并采取一系列政策鼓励从事农业，其中还规定了不准开设旅店和不准擅自迁居。随后荀子(公元前238年)则提出减少工商业人口，国家才能强盛的主张。公元170年，崔姓学者第一个提出人口的合理布局思想，到1885年，包世臣提出了农业与非农业劳动力比例关系应为5：1，限制非农业人口的发展。这些思想在一定程度上影响了我国城市的发展。

自17世纪以来，巴黎一直按照古典美学原则进行建设，把城市的道路和广场构成美丽的图案，推崇圆形广场、放射线形道路，讲究轴线、构图。第一次工业革命后，大工业在巴黎郊区发展起来，城市中出现了混乱，自发形成了许多工人住宅区，道路弯曲、房屋拥挤。从1852年开始进行的巴黎改建，除了要解决城市中的混乱外，还要把工人住宅区移出中心地带以美化首都。主要的改建是对城市道路做了重新规划，在市中心形成一个大的十字交叉，东向是繁华的商业街，西向是著名的卢浮宫、香榭丽舍大街和凡尔赛宫，南北向为林荫大道。为了解决交通问题，修建了内环线和外环线，再沿塞纳河修一条弧形道以补充两环，如图2-3所示。城市中修建了许多笔直的大道，在街道的交会点建广场，如著名的民族广场和明星广场等就是在街道交会点修建起来的广场。

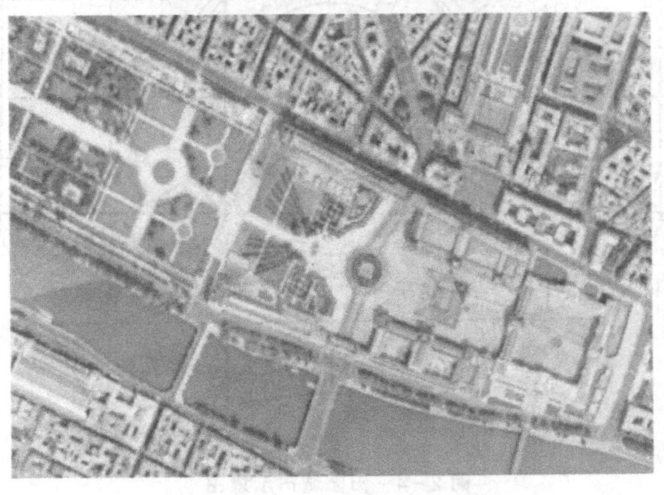

图2-3 巴黎改建

巴黎的改建使城市的交通有了明显的改善，适应了当时马车快速行驶的要求，以及后来出现的机动车交通。在改建中，在重点地段加强了街道绿化，建了许多街心花园，并在主要道路两侧规定了建筑高度，彻底改变了欧洲封建城堡原来闭塞、狭隘的面貌，造就了开阔、宏伟的城市景观，体现出最初的城市生态学思想。这对欧洲及世界各国的大城市建设有很大的影响，成为许多城市仿效的楷模。但是改建并没有很好地解决工业化所提出的问题，仅着重在形式外表上下工夫，并付出了很高的代价。

近代城市的发展产生了许多的矛盾，城市改建的社会实践引起了许多人对城市规划理论的研究与探讨，其中最有影响的是1898年英国人霍华德提出的田园城市理论。他经过广泛和深入的社会调查，认识到了资本主义城市的种种现象。他认为城市灾难的根本问题是城市无限制地发展、土地私有和土地投机买卖等。霍华德设想的田园城市包括城市和乡村两个部分。城市四周为农业用地所围绕，城市居民经常就近得到新鲜农产品的供应，农产品有最近的市场，但市场不只限于当地。所有的土地归全体居民集体所有，使用土地必须缴付租金。城市的收入全部来自租金，土地建设、聚居而获得的增值仍归集体所有。城市的规模必须加以限制，使每户居民都能极为方便地接近乡村自然空间。

霍华德提出了一整套的田园城市设想方案，如图 2－4 所示。霍华德对他的理想城市做了具体的规划，并绘成简图。他建议田园城市占地为6000英亩。城市居中，占地1000英亩，四周的农业用地占5000英亩，除耕地、牧场、果园、森林外，还包括农业学院、疗养院等。农业用地是保留的绿带，永远不得改作他用。在这6000英亩土地上，居住32 000人，其中30 000人住在城市，2000人散居在乡间。城市人口超过了规定数量，则

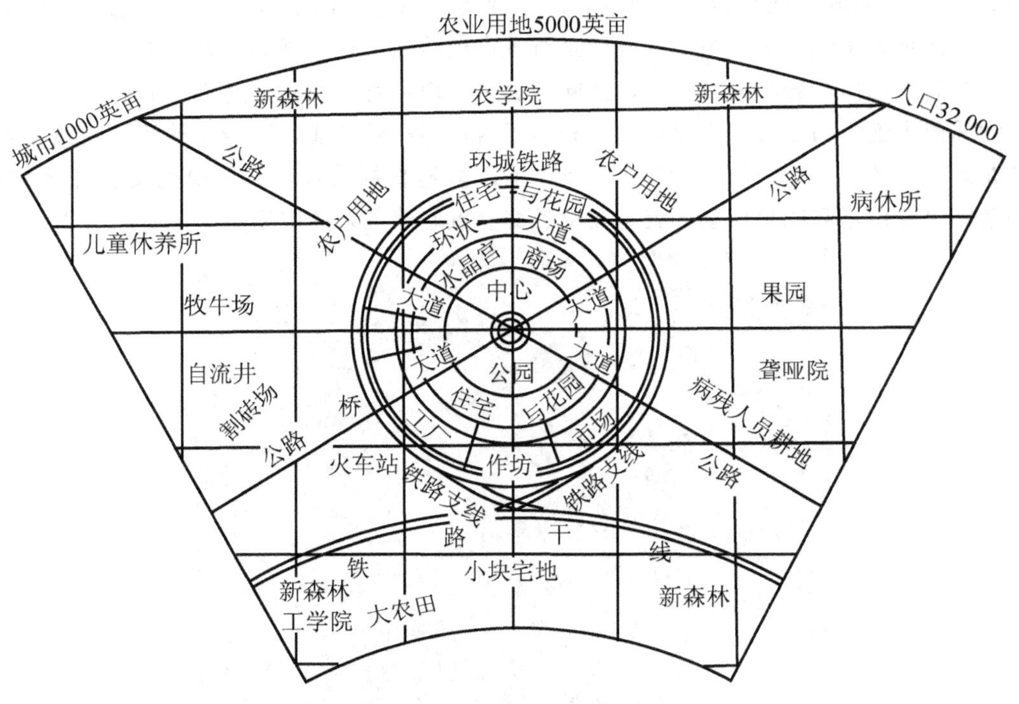

图 2－4　田园城市示意图

应建设一个新的城市。田园城市的平面为圆形，半径约1240码(1码＝0.914 4米)。中央是一个面积约145英亩的公园，有6条主干道路从中心向外辐射，把城市分成6个区。城市的最外圈地区建设各类工厂、仓库、市场，一面对着最外层的环形道路，另一面是环状的铁路支线，交通运输十分方便。而建设这样的城市必须统一开发、经营和管理。在他的倡导下，英国曾有过试验，如伦敦附近的列契华斯城。但是由于田园城市理论与社会现实距离较大，该理论在实践中并未取得成功，然而这种城市生态思想却对城市规划理论的研究和发展起了很大作用，后来的卫星城镇就是这种思想发展的产物。

2. 城市生态学的初级阶段

1) 芝加哥学派与芝加哥城

20世纪以来，资本主义国家生产迅猛发展，使城市问题更加严重。由于资本的垄断，造成了大城市的畸形发展，中心城市衰落，城市问题尖锐，如巴黎从19世纪的270万人剧增至850万人，东京从100万人剧增至1000多万人。这些大城市的工业、金融及科技教育占全国很大的比重。资产阶级为了追求高额利润，不注意保护环境，造成了建筑密集，高楼林立，交通混乱，环境进一步恶化。自霍华德的田园城市理论后，城市建设和改建的合理化需要更加强烈。1916年，美国芝加哥学派创始人帕克发表著名论文《城市：关于城市环境中人类行为研究的几点意见》，对城市的调查和研究工作提出了纲领性的意见，特别是他将生物群落学的原理和观点应用到城市社会并取得了可喜的成果，奠定了城市生态学的理论基础，并在后来的社会实践中得到发展。这无疑对如今风景如画、类似花园的芝加哥城的建设具有深远影响。

芝加哥学派的主要理论认为，城市土地价值变化与植物对空间的竞争相似，土地的利用价值反映了人们最愿意竞争有价值的地点。这种竞争作用导致经济上的分离，按土地价值支付能力分化出不同阶层。例如，美国许多城市的内城地区通常为少数民族居住区。帕克的追随者还应用植物优势概念解释了有形群体的发展形式，土地价值决定市民各种活动水平和形式。此外还将类似植物侵入的演替概念应用于有形群体，特别是研究特殊的种族及商业活动逐渐进入居住区附近的情况。这些概念促使1925年伯吉斯提出了城市的同心圆增长理论，如图2-5所示。他认为城市的自然发展将形成五六个同心圆形式，它是竞争优势及侵入演替的自然生态的结果。

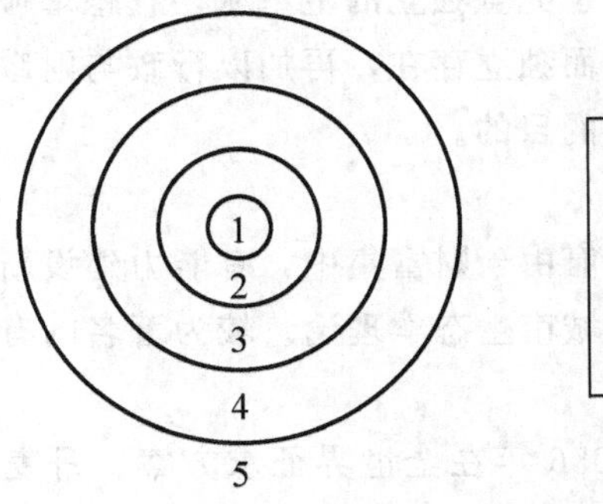

图2-5 同心圆增长理论

著名的土地经济学家赫特于 1933 年根据美国许多城市的实际情况提出了扇形理论，如图 2-6 所示。他认为城市从 CBD(中央商务区)沿主要交通干道向外发展形成星形城市，总的仍是圆形，从中心向外形成各种扇形辐射区，各扇形向外扩展时仍保持了居住区特点。其中有较多住宅出租的扇形区是城市发展的最重要因素，因为它影响和吸引整个城市沿着该方向发展。这一理论与美国和加拿大当前许多城市的空间形式较为一致。

哈里斯和厄曼考虑了汽车的重要影响而提出了多核理论。他们指出许多北美城市的土地利用形式并不是围绕一个中心，而是围绕离散的几个中心发展，虽然市区有的核心不明显。有的核心是在迁移等原因下形成的，但最可能是汽车数量增长，成为上下班的主要交通工具所致。

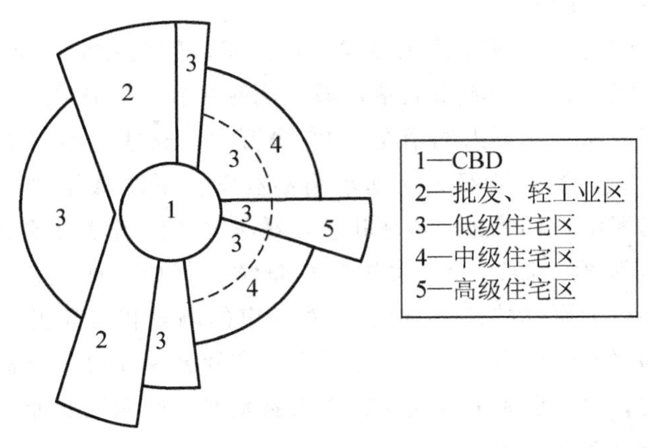

图 2-6　扇形理论

2）卫星城与发展新城市

卫星城的出现是受霍华德田园城市理论的启发，在恶性膨胀的大城市周围，建立一些小城镇，并通过这些小城镇的合理建设规模、布局等，使之创造良好的生活环境以疏散大城市的人口，缓解大城市的矛盾。卫星城最初只是附属于大城市的近郊居住城，仅供居住，工作及公共建筑集中在母城，所以也被称为卧城。在第二次世界大战前，英国人和法国人分别在伦敦和巴黎周围建了一些卫星城。以后又出现了半独立的卫星城，如瑞典的斯德哥尔摩城周围建立了一批，著名的有威林比等，它有一批工业和服务设施，部分可以就地工作。进入 20 世纪 60 年代，产生了完全独立的卫星城，它距母城较远，有自己的工业和全套的服务设施，可以不依赖母城而独立存在，再加以行政与财政的鼓励措施，吸引了许多人，达到了真正疏散大城市人口的目的。

3）新建的大城市

第二次世界大战后，一些国家政府由于财富集中，有能力建设新城，在建设时吸取了新的理论与技术，并在建设中发展了城市生态学理论。较为著名的有印度的昌迪加、巴西的巴西利亚，以及我国的深圳等。

巴西利亚是巴西的新首都，于 1956 年在全世界征求方案，丹麦的考斯塔中标。1956 年按此方案实施，规划人口 50 万，城市中一条长 8km 的纵轴和 3km 的横轴构成了弓箭形的布局。弓的中部——东西交叉处为全市商业文化中心。其端部为火车站、体育场和旅馆中心。箭头部分为三角形的三权力广场，即立法、司法和行政大厦。弓背为划成方格的居住区，按邻区单位组织街坊，有宽阔的人工湖、大面积的城市植被。整个城市交通组织合理，主要道路交叉口全为立体化等，如图 2-7 所示。

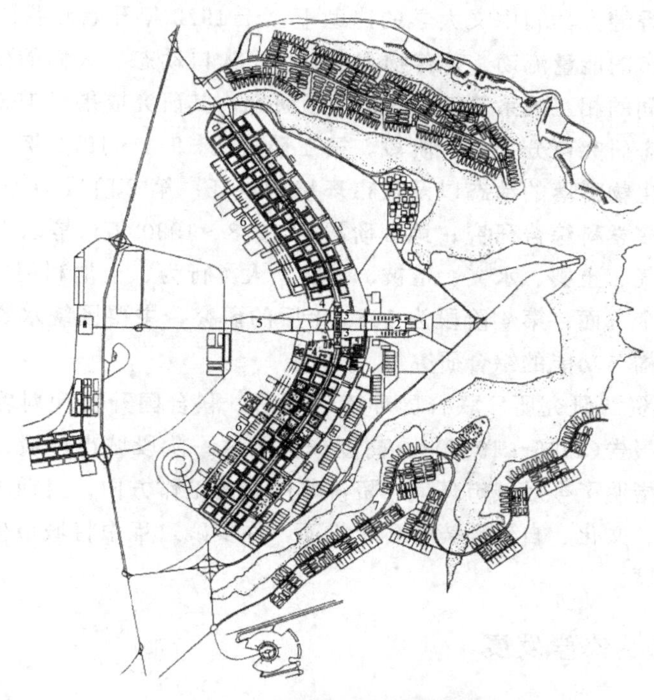

图 2-7 巴西利亚规划示意图

3. 城市生态学的蓬勃发展阶段

城市生态学的大规模发展是在 20 世纪的 60 年代末和 70 年代初，联合国教科文组织的“人与生物圈”(MH4)计划提出从生态学角度研究城市居住区的项目，指出城市是以人类为活动中心的人类生态系统，开始将城市作为一个生态系统来研究。其主要目的是促进人们理顺人类及其城市生态环境之间的复杂关系，如城市工业发展与城市生态环境之间的关系、城市居住区及其农副产品供应之间的相互关系、城市人口规模与城市用地规模之间的关系等，使为合理地规划人类居住区和促进城市健康发展奠定基础。此后，城市生态学研究进入了一个大规模发展阶段。例如，1975 年巴黎的“人类居住地综合生态研究”工作会议和 1977 年波兰的“城市系统的生态学研究”协调会议上，正式确认“用综合生态方法研究城市系统及其他人类居住地”。1975 年正式列入联合国教科文组织“人与生物圈”国际计划的“关于人类聚居地的生态综合研究”，并出版了《城市生态学》杂志。1980 年在柏林召开第二届欧洲生态学会议，一些论文涉及城市生态学领域中广泛存在的新问题，如城市系统的特征、人类活动对城市生境和生物群落的影响及生态学在城市规划和土地管理中的应用。在此之后，城市生态学成为热点学科之一，研究成果、研究实例相当丰富。例如，德国法兰克福将城市与郊区视为一个生态系统，用生物指标显示大气污染的情况，建立了该市的敏感度系统模型，应用这个模型可以从城市某些组成部分的变化中预测城市的发展方向，并通过调控使城市向最优化方向发展。意大利历史名城罗马，开展了17个亚课题的研究，包括从历史面貌到航空测量，从对城市的定性认识到建立数学模型的定量认识，涉及的内容有交通、能源、污染、动植物区系和土壤等多个方面。澳大利亚国立大学在我国香港大学和中文大学的协助下，于1972年开始对我国香港城市生态进行研究。他们从城市的能量流动、营养物和水循环、人口动态、人们的生活状况、健康状况以及这些因素之间的相互关系等多方面进行了研究，其研究成果于1981年出版。

日本的城市生态研究可分为4个阶段，第1阶段为1971～1974年，研究城市环境影响下的动植物、微生物群落的动态以及城市环境的特征；第2阶段为1975～1977年，是以动植物为中心的多学科综合研究；第3阶段为1978～1980年，是以人为中心的多学科综合研究，包括大气、土壤、水文、植被、动物、人类行为、土地利用、人口统计学与健康和城市规划等多个方面；第4阶段为1980年后的研究，主要围绕水资源及其循环，以及城市生态系统结构与功能的综合研究等。

1996年由世界资源研究所、联合国环境规划署、联合国开发计划署和世界银行联合编写了《世界资源报告(1996～1997)》，高度概括了这一阶段城市环境、资源及居民健康等研究成果，同时指明了今后城市环境、资源等问题的工作方向。目前城市生态学研究内容涉及社会、经济、文化、自然环境等各个方面，在实践过程中将城市生态学理论的探讨推向了一个新的高度。

2.2.5 我国城市生态学发展

我国城市生态学的研究起步较晚，但发展很快。1984年12月在上海举行了“首届全国城市生态科学研讨会”，会议探讨了城市生态学的目的、任务、研究对象和方法，以及在实际工作中的作用。这次会议标志着中国城市生态研究工作的开始。之后的研究首先将注意力集中在把城市生态理论研究应用到城市规划、建设和管理实践中去，主要是对一些大城市进行生态系统工程方面的研究，如1983～1985年间组织的“天津市城市生态系统与污染防治综合研究”和“北京市城市生态系统特征及其环境规划的研究”等。这些研究为制定城市总体规划、城市经济发展规划、城市环境保护规划和城市管理措施等提供了决策依据。在城市生态系统个别组分的研究方面，有江苏植物研究所等开展的“城市空气污染与某些植物种的关系”的个体生态研究。此外在北京以及其他城市还有一些有关城市生态调控决策支持系统方面的研究，目的是为城市规划、环境管理与决策者提供信息支持、方法支持和知识支持。

2.3 城市生态学的基本理论

2.3.1 城市生态位理论

生态位指物种在群落中时间、空间和营养关系方面所占的地位。生态位的宽度依物种的适应性而改变，适应性较大的物种占据较宽的生态位。

城市生态位是一个城市给人们生存和活动所提供的生态位，是城市提供给人们的或可被人们利用的各种生态因子(如水、食物、能源、土地、气候、建筑、交通等)和生态关系(如生产力水平、环境容量、生活质量、与外部系统的关系等)的集合。它反映了一个城市的现状对于人类各种经济活动和生活活动的适宜程度，反映了一个城市的性质、功能、地位、作用及其人口、资源、环境的优劣势，从而决定了它对不同类型的经济以及不同职业、年龄人群的吸引力和离心力。生态位大致可分为两大类：一类是资源利用、生产条件生态位，简称生产生态位；另一类是环境质量、生活水平生态位，简称生活生态位。其中生产生态位包括城市的经济水平(物质和信息生产及流通水平)、资源丰盛度(如水、能源、原材料、资金、劳力、智力、土地、基础设施等)，生活生态位包括社会环境(如物质生活和精神生活水平及社会服务水平等)及自然环境(物理环境质量、生物多样性、景观适宜度等)。

总之，城市生态位是指城市满足人类生存发展所提供的各种条件的完备程度。一个城市既有整体意义上的生态位，如一个城市相对于其外部地域的吸引力与辐射力，也有城市空间各组成部分因质量层次不同所体现的生态位的差异。对城市居民个体而言，在城市发展过程中，不断寻找良好的生态位是人们生理和心理的本能。人们向往生态位高的城市地区的行为，从某种意义上说，是城市发展的动力与客观规律之一。

2.3.2 生物多样性理论

生物多样性是指一定范围内多种多样活的有机体有规律地结合所构成稳定的生态综合体。生物多样性包括遗传多样性、物种多样性、生态系统多样性和景观多样性。景观是一种大尺度的空间，由一些相互作用的景观要素组成的具有高度空异质性的区域。景观要素是组成景观的基本单元，相当于一个生态系统。景观多样性是指由不同类型的景观要素或生态系统构成的景观在空间结构、功能机制和时间动态方面的多样化程度。由于城市生态环境建设大多是在景观层次上进行的，因此，景观多样性是城市建设工作者需要考虑的一个主要指标。

生态系统的结构越多样、复杂，则其抗干扰的能力就越强，因而也越易于保持其动态平衡的稳定状态。这是因为在结构复杂的生态系统中，当食物链上的某一环节发生异常变化，造成能量、物质流动的障碍时，可以由生物种群间另一环节给予补偿。例如，在物种十分丰富多样的热带雨林中，某些物种的缺失会因这种补偿作用而不致对整个生态系统的功能造成大的影响。反之，在仅有地衣、苔藓的北极苔原，则这种植被一旦受到破坏，就立即会使以地衣为食的驯鹿以及靠捕食驯鹿为生的食肉兽无法生存，因为结构过于简单的苔原生态系统无法发挥物种的替代作用。多样、复杂的生态系统受到了较为严重的干扰，也总是会自发地通过群落演替恢复原先的稳定性状态，重建失去的生态平衡，只是所需的时间要比受较轻微干扰的生态系统长。

在城市生态系统中，各种人力资源及多种性质保证了城市各项事业的发展对人才的需求；各种城市用地具有的多种属性保证了城市各类活动的展开；多种城市功能的复合作用与多种交通方式使城市具有远比单一功能与单一交通方式的城市大得多的吸引力与辐射力；城市各部门行业和产业结构的多样性和复杂性导致了城市经济的稳定性和整体性及城市经济效益高等，这都是多样性导致稳定性原理在城市生态系统中的应用和体现。

2.3.3 环境承载力理论

环境承载力是指在一定时期、一定状态或条件下、一定的区域范围内，在维持区域环境系统结构不发生质的变化、环境功能不遭受破坏的前提下，区域环境系统所能承受人类各种社会经济活动的能力，或者说是区域环境对人类社会发展的支持能力。

环境承载力包括：①资源承载力，包括自然资源条件，如淡水、土地、矿藏、生物等，也包含社会资源条件，如劳动力资源、交通工具与道路系统、市场因子、经济发展实力等。②技术承载力，主要指劳动力素质、文化程度与技术水平所能承受的人类社会作用强度。③污染承载力，是反映本地自然环境的自净能力大小的指标。

环境承载力原理具体内容为：①环境承载力随城市外部环境条件的变化而变化。②环境承载力的改变会引起城市生态系统结构和功能的变化，从而推动城市生态系统的正向演替或逆向演替。③城市生态演替是一种更新过程，它是城市适应外部环境变化及内部自我调节的结果。城市生态系统向结构复杂、能量最优利用、生产力最高的方向的演化称为正向演替，反之称为逆向演替。④城市生态系统的演替方向是与城市生态系统中人类活动强度是否与城市环境承载力相协调密切相关的。当城市活动强度小于环境承载力时，城市生态系统可表现为正向演替，反之则相反。

2.3.4 循环经济理论

循环经济是针对传统经济发展导致资源过度消耗和环境恶性污染而提出的可持续发展的具体实施形式。它通过生态规划和设计，资源循环利用，使不同的企业群体间形成资源共享和废弃物循环利用的生态产业链，达到生态经济系统的良性互动，实现以清洁生产和绿色工业为导向的新型经济形态，是可持续发展理念的进一步深化和升华，如图2－8所示。

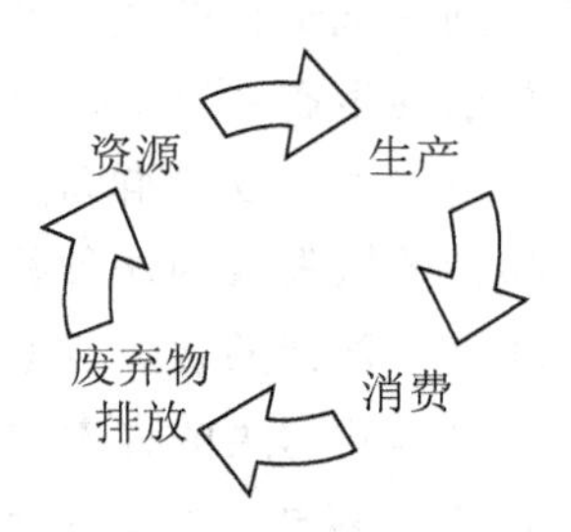

图2－8 循环经济的循环式流动

循环经济本质上是一种生态经济，它要求运用生态学规律而不是机械论规律来指导人类社会的经济活动。与传统经济相比，循环经济倡导的是一种与环境和谐的经济发展模式。它要求把经济活动组织成一个“资源—产品—再生资源”的反馈式流程，其特征是低开采、高利用、低排放。所有的物质和能源要能在这个不断进行的经济循环中得到合理和持久的利用，以把经济活动对自然环境的影响降低到尽可能小的程度。

循环经济的实施原则可概括为“3R”原则，即减量化(Reduce)、再使用(Reuse)、再循环(Recycle)，以低消耗、低排放、高效率为基本特征，以清洁生产为重要手段，实现物质资源有效利用和生态的可持续发展。减量化这一原则的目的在于减少生产和消耗过程的物质流量，遏制资源消耗的线性增长，从源头上节约资源使用量和减少污染物排放。再利用这一原则旨在提高产品和服务的利用效率，要求采用标准设计和制造工艺，产品和包装容器以初始形式多次重复使用，减少一次性用品的污染量。再循环原则是要求物品完成使用功能后重新变成再生资源，回收利用，加入到新的生产循环。

由于珠江三角洲地势低洼，常发生洪涝灾害，严重威胁着人民的生活和生产活动。当地人民根据地区特点，因地制宜，把低洼的土地挖深为塘，饲养淡水鱼；将泥土堆砌在鱼塘四周作为塘基，可减轻水患，形成独具地方特色的农业生产形式，因其生产上形成良性的循环而出名。“桑基鱼塘”的生产方式是：蚕沙(蚕粪)喂鱼，塘泥肥桑，栽桑、养蚕、养鱼三者有机结合，形成桑、蚕、鱼、泥互相依存、互相促进的良性循环，避免了洼地水涝之患，营造了十分理想的生态环境，收到了理想的经济效益，同时减少了环境污染，如图 2-9 所示。

图 2-9 桑基鱼塘

2.3.5 可持续发展理论

传统的城市发展观是以经济增长作为衡量发展的唯一标志，这一发展观表现为对城市GDP(国内生产总值)的极力追求，GDP 的增长成为城市经济发展的目标和动力。然而，片面追求 GDP 增长的发展战略带来了诸如空气污染、水资源污染、噪声污染、基础设施落后、水资源短缺、能源紧张、交通拥挤、城市绿地严重不足、旅游资源被破坏等问题，这些问题的广泛存在使城市居民的生态需要得不到正常满足，也严重地阻碍了城市所具有的社会、经济和环境功能的正常发挥，极大地制约着城市的可持续发展。

可持续发展是一个涉及经济、社会、文化、技术和自然环境的综合动态的概念，必须遵循 3 个基本原则：公平性原则、持续性原则和共同性原则。可持续发展所要解决的核心问题是人口问题、资源问题、环境问题和发展问题，简称 PRED 问题。因此，在城市及生态环境建设中必须把握可持续发展原则，建立一个使子孙后代能够永续发展和安居乐业的人居环境。

2.3.6 生态伦理学理论

生态伦理学是 20 世纪 70 年代以来兴起的一门具有跨学科性、综合性的哲学学科。它以现代生态科学和伦理学为理论基础，以系统科学和社会学等为研究方法，以人和自然复杂的相互作用、价值关系以及人类对自然的道德态度为基本内容，研究并阐明协调人与自然关系的行为规范和价值准则。

生态伦理学从伦理学的视角审视和研究人与自然的关系。生态伦理不仅要求人类将其道德关怀从社会延伸到非人的自然存在物或自然环境，而且呼吁人类把人与自然的关系确立为一种道德关系。生态伦理学打破了仅仅关注如何协调人际利益关系的人类道德文化传统，使人与自然的关系被赋予了真正的道德意义和道德价值。

生态价值观是生态伦理思想的核心。在这里，价值观念既指传统意义上的价值观念，又包括作为人们评价和选择决策方案依据的价值准则。因此，生态价值观念的基本内涵和要求，首先就在于强调生态环境的重大作用，强调重视和维护经济、社会发展与生态环境的协调。

生态环境由人类以外的所有生命物体和非生命物质组成，它包括了人类赖以生存和发展的所有自然资源。对于人类，生态环境既有巨大的经济价值，更有着不可或缺的生态价值。然而，这些经济和生态价值的实现，都取决于人类对生态环境的认识和行为。例如，各种可再生的自然资源，如森林、草原等，均具有两重性，人类若无限制、掠夺性地开发，会使其趋向衰竭，变为不可再生的资源；若善加保护，用养结合，则可永续利用，并可充分发挥其保持水土、防风固沙、调节气候、净化环境等巨大的生态功能和价值。因此，人类的经济和社会的发展不能超越生态环境的承载能力，只有这样的发展才是可持续的。在经济与生态的协调发展方面，人们要注重自然资源的开发与补偿、开发与节约之间的均衡，经济的发展要建立在资源可持续利用的基础上。在社会与生态的协调发展方面，人们要特别注重人口发展与自然资源和环境之间的均衡。

发展应当是经济、社会和生态环境的全面发展，不能把发展仅理解为经济的增长或社会活动的进展。生态伦理学的理论和实践，都要求人们摒弃以往那种主要以经济指标(GDP、产值、利润、增长率、人均收入等)来评价和衡量一个决策、项目乃至一个企业、部门和地区发展水平的做法，转向以经济、社会和生态三大效益统一为基本出发点，全面衡量经济和社会发展的效果。

2.3.7　景观生态学理论

城市工业迅猛发展，人口数量不断膨胀，环境问题逐步恶化，污染、噪声、拥挤都充斥着人们的周围。与此同时，呼吁关注生态的声音也越来越高。因此，在城市化迅猛发展的过程中，景观设计问题越来越受到人们的重视。景观生态学的斑块、廊道、基质理论在整合城市资源、解决环境和发展问题、改善生态环境与保护生物多样性等方面显得尤其重要。景观生态学理论最初出现在城市绿地建设过程中，从最初的造园观赏过渡到重视环境保护，再过渡到以重视生态建设为主，景观生态学理念已深入人心。景观生态学理念的核心在于促进系统之间的协调发展，尤其是对重视人类与自然之间和谐共处的思想理念的体现。因此，将景观生态学理论融入城市生态建设中，使其在理论和实践中进一步融合，才能满足社会需要，创造出更高质量的生活环境。

2.3.8　系统整体功能最优原理

系统整体功能最优原理是指理顺城市生态系统结构，改善系统运行状态，要以提高整个城市生态系统的整体功能和综合效益为目标，局部功能与效率应当服从于整体功能和效益。各个子系统功能的发挥影响了系统整体功能的发挥，同时，各子系统功能的状态也取决于系统整体功能的状态。城市各组分之间的关系并非总是协调一致的，而是呈现出相生与相克的联系状态。因此，在城市生态系统建设过程中，要遵循系统整体功能最优原理，让城市生态系统的功能和效益达到最优化状态。

2.3.9　最小因子原理

生态学中的“最小因子定理”同样适用于城市生态系统。在城市生态系统中，影响其结构、功能行为的因素很多，但往往有某一个处于临界量(最小量)的生态因子对城市生态系统功能的发挥具有很大的影响，只要改善其量值，就会大大增加系统功能。在城市发展的各个阶段，总存在着影响、制约城市发展的特定因素，当克服了该因素时，城市将进入一个全新的发展阶段。

2.4　城市生态系统

城市生态系统是人工建立起来的自然环境与人类社会相结合的生态系统。城市生态系统具有生态系统的基本特征，但又与自然生态系统有一定差别，因此，将城市作为一种特殊的生态系统来观察、分析，对于深入认识城市，改造城市，创建和谐的人居生态环境具有重要意义。

2.4.1　城市生态系统的概念

城市是一种生态系统，它具有一般生态系统的最基本特征，即生物与环境的相互作用。在城市生态系统中有生命的部分包括人、动物、植物和微生物，无生命的环境部分则是各种物理、化学的环境条件，它们之间进行着物质代谢、信息传递和能量流动。自然生态系统是以动物、植物为核心，而城市生态系统是以人为中心。因此，城市生态系统是指城市空间范围内的居民与自然环境系统和人工建造的社会环境系统相互作用而形成的统一体，它是以人为主体的、开放的人工生态系统。

2.4.2 城市生态系统的组成

城市生态系统是城市居民与周围生物和非生物环境相互作用而形成的一类具有一定功能的网络结构，也是人类在改造和适应自然环境的基础上建立起来的特殊的人工生态系统。它是由自然系统、经济系统和社会系统所组成的。

城市自然生态系统包括城市居民赖以生存的基本物质环境，如太阳、空气、淡水、林草、土壤、生物、气候、矿藏及自然景观等。城市经济生态系统以资源流动为核心，涉及生产、流能、消费各个环节，由工业、农业、建筑、交通、贸易、金融、科技、通信等系统所组成，它以物质从分散向高度集中的聚集，信息从低序向高序的连续积累为特征。城市社会生态系统以人为中心，以满足居民的就业、居住、交通、供应、医疗、教育及生活环境等需求为目标，还涉及文化、艺术、宗教、法律等上层建筑范畴，为城市生态系统提供劳力和智力支持。

有关城市生态系统的组成，不同的学者有不同的划分方法，这里从环境学角度(图 2－10)和社会学角度(图 2－11)对城市生态系统的组成进行划分。

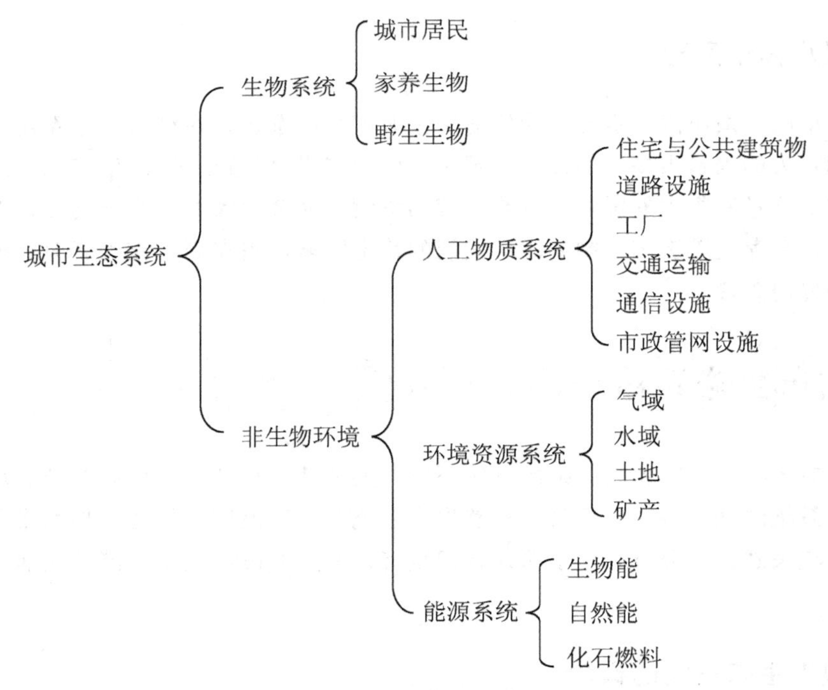

图 2－10　环境学角度的城市生态系统构成

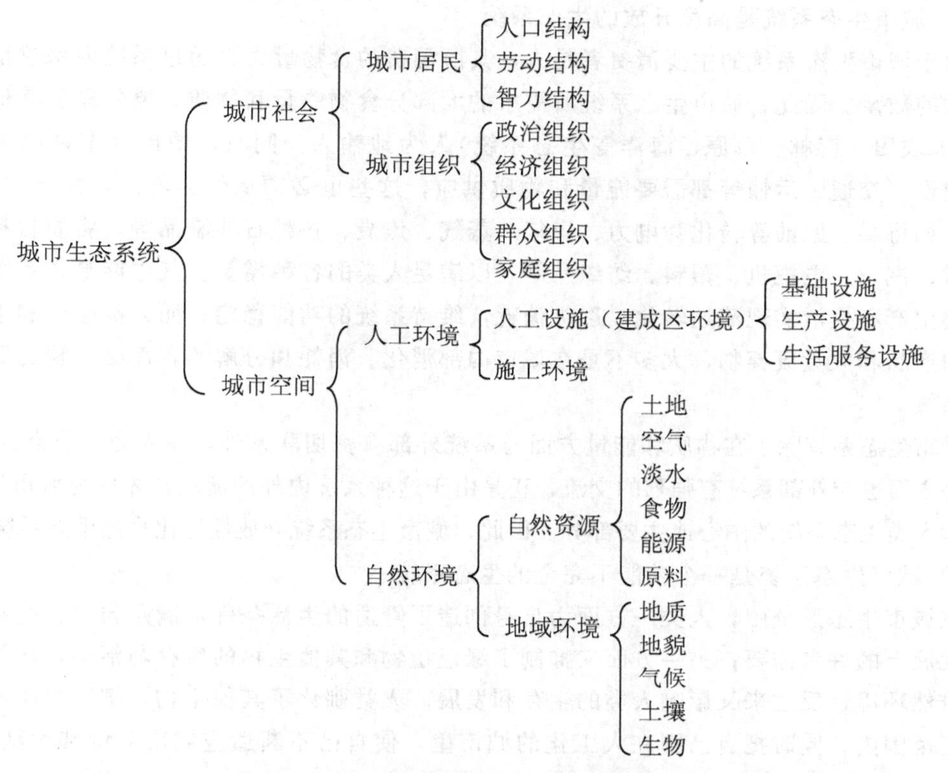

图 2－11 社会学角度的城市生态系统构成

2.4.3 城市生态系统的特点

城市生态系统是一个结构复杂、功能多样、巨大而开放的自然、社会、经济复合的人工生态系统。与自然生态系统相比，城市生态系统具有如下特点。

1）城市生态系统是以人为主体的生态系统

与自然生态系统相比，城市生态系统的主体是人类，而不是各种植物、动物和微生物。人类的生命活动是生态系统中能流、物流和信息流的一部分，人类具有其自身的再生产过程，又是城市生态系统中的主要消费者。动物在城市生态系统中现存量很少，且主要为一些伴人害虫或家养动物，体现着人类的影响。人类的生物物质现存量不仅大大超过系统内的动物，也大大超过系统内绿色植物的现存量。

人类是城市生态系统的主宰者，其主导作用不仅仅在于参与生态系统的上述各个过程，更重要的是人类为了自身的利益对城市生态系统进行着控制和管理，人类的经济活动对城市生态系统的发展起着重要的支配作用。大量的人工设施叠加于自然环境之上，形成了显著的人工化特点，如人工化地形、人工化混凝土或沥青地面、给排水系统、人工气候、城市热岛、绿地锐减、动植物种类和数量发生变化等。城市生态系统不仅使原有的自然生态系统的结构和组成发生了“人工化”的变化，而且，城市生态系统中大量出现的人工技术物质如建筑物、道路公用设施等完全改变了原有自然生态系统的形成和结构。

2）城市生态系统是高度开放的生态系统

由于城市生态系统的主要消费者是人，其所消费的食物量大大超过系统内绿色植物所能提供的数量。因此，城市生态系统所需求的大部分食物能量和物质，要依靠从其他生态系统（如农田、森林、草原、海洋等生态系统）人为地输入。同时，城市生态系统中的生产、建设、交通、运输等都需要能量和物质供应，这些也必须从外界输入，并通过加工、改造，如将煤、原油等转化为电力、煤气、蒸气、焦炭、各种石油制品等，将原材料转化为钢材、汽车、电视机、塑料、纺织品等，以满足人类的各种需要。其中能量在系统内通过人类生产和生活实现流通转化，逐级消耗，维持系统的功能稳定；而人类生产和生活所产生的产品和大量废弃物，大多不是在城市内部消化、消耗和分解的，而必须输送到其他生态系统。

城市生态系统除了在物质和能量方面与系统外部有密切联系外，在人力、资金、技术、信息等方面也与外部系统有强烈的交流，正是由于这种系统内外的流动，才使得城市生态系统成为人类生态系统的中心或主要部分。因此，城市生态系统开放性远比自然生态系统高。

3）城市生态系统是一个功能不完全的生态系统

在城市生态系统中，人类一方面为自身创造了舒适的生活条件，满足自己在生存、享受和发展上的许多需要；另一方面又抑制了绿色植物和其他生物的生存与活动，污染了洁净的自然环境，反过来又影响人类的生存和发展。人类驯化了其他生物，把野生生物限制在一定范围内，同时把自己圈在人工化的城市里，使自己不断适应城市环境和生活方式，这就是人类自身驯化的过程。人类远离自己祖先生活的那种“野趣”的自然条件，在心理上和生理上均受到一定影响。随着人们对人居环境要求的不断提高，在城市建设过程中，景观生态规划也日益受到重视。

城市生态系统内的生产者有机体多是人类为美化、绿化城市生态环境而种植的花草树木，不能作为营养物质供城市生态系统的主体——人类使用。维持城市生态系统所需要的大量营养物质和能量，需要从其他生态系统输入。同时，城市生态系统的分解功能不完全，大量的物质能源常以废物形式输出，造成严重的环境污染。

4）城市生态系统是自我调节很薄弱的生态系统

当自然生态系统受到一定程度的外界干扰时，可以借助于自我调节和自我维持能力维持生态平衡。城市生态系统受到干扰时，其生态平衡只有通过人类的正确参与才能维持。

自然生态系统中的物质和能量能满足系统内生物的需要，有自我调节、维持系统动态平衡的功能。而城市生态系统中的物质和能量要靠其他生态系统人工输入，不能自给自足，同时城市的大量废弃物也不能自我分解与净化，要依靠人工输送到其他生态系统中去。城市生态系统必须依靠其他生态系统才能存在和发展。

由于城市生态系统的高度人工化特征，不仅产生了环境污染，同时如城市热岛、逆温层、地形变迁、不透水地面等城市物理环境的变化破坏了原有的自然调节机能。与自然生态系统相比，城市生态系统由于物种多样性降低，能量流动和物质循环的方式、途径发生改变，使本身的自我调节能力降低。因此，其稳定性在很大程度上取决于社会经济的调控能力和水平，以及人们对环境意识、环境伦理的认识。

5）城市生态系统是多层次的复杂系统

城市生态系统是一个典型的复杂系统，它是一个多层次、多要素组成的复杂生态系统。仅以人为中心，即可将城市生态系统划分为 3 个层次的子系统。

（1）生物（人）—自然（环境）系统：研究人与其生存环境如气候、地形、食物、淡水、生活废弃物构成的子系统。

（2）工业—经济系统：研究人的经济活动如能源、原料、工业生产过程、交通运输、商品贸易、工业废弃物构成的子系统。

（3）文化—社会系统：研究人的社会文化活动如社会组织、政治活动、文化、教育、娱乐、服务等构成的子系统。

以上各层次的子系统内部，都有自己的能量流、物质流和信息流，而各层次之间又相互联系，构成一个不可分割的整体。

2.5 城市生态系统的结构和功能

2.5.1 城市生态系统的结构

城市生态系统的结构在很大程度上不同于自然生态系统，因为除了自然生态系统本身的结构外，还有以人类为主体的特有结构。

1. 空间结构

城市由各类建筑群、街道、绿地等构成，形成一定的空间结构，它们可能在不同的城市出现，也可能在同一城市的不同地点出现。城市空间结构往往取决于城市的地理条件、社会制度、经济状况、种族组成等因素。例如，社会经济规划引起了扇形结构的变化，家庭的变化导致了同心圆结构的变化，而种族的不同形成了中心的镶嵌结构。依照自然条件而发展起来的房屋建筑和城市基础设施决定了城市空间结构的外观，如图 2－12 所示为某城市空间结构图。

图 2－12 某城市空间结构图

2. 营养结构

在自然生态系统中，生态锥体呈金字塔形，稳定性良好。而在城市生态系统中，其生态锥体倒置，稳定性极为脆弱，如图 2－13 所示。

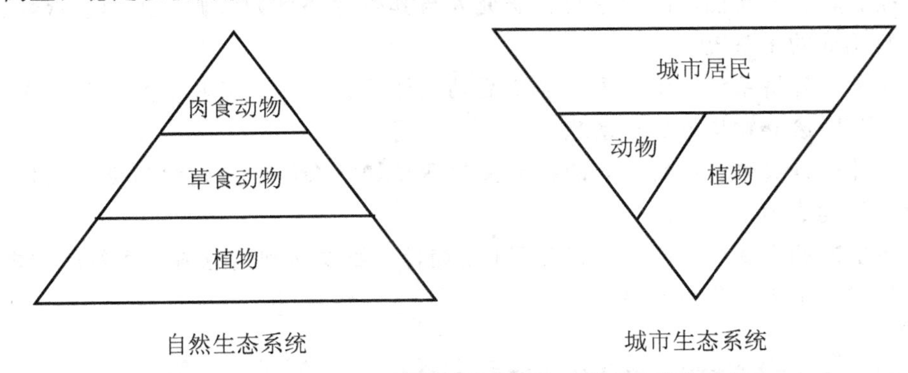

图 2－13 自然生态系统与城市生态系统生态锥体比较

这是因为系统中生产者——绿色植物的量很少，绝大多数为人工栽植的园林绿化植物。主要消费者不再是自然生态系统中的动物，而是人。分解者——微生物物种较为单一，系统对病虫害的抵御能力较弱。系统自身的生产者生物量远远低于周边生态系统。相反，消费者密度则高于其他生态系统，食物链呈倒金字塔形。因此，城市生态系统没有外界供给物质和能量将无法维持自给自足的状态，它具有外在的依存性和内部的易变性，自我调节能力差。

3. 经济结构

城市的经济结构主要由生产、消费、流通等系统组成。随着城市经济的不断发展，其熵值不断增加，以致其生态失衡和环境破坏，需要外界源源不断地输入物质流、能量流、技术流和信息流等负熵流，才能维持其系统的稳定性，充分发挥自身的组织能力。

4. 社会结构

城市的社会结构主要是指人口、劳动力和智力结构。地域人口分布合理、劳动力素质、智力结构优化则是构成城市生态系统安全的重要基础。

2.5.2 城市生态系统的功能

城市作为复合生态系统，具有 3 种基本功能：①生产功能，即为人类提供丰富的物质产品、信息产品和知识产品。②社会消费功能，即为城市居民提供方便的生活条件和舒适的栖息环境。③还原功能，即通过物质和能量的代谢保证自然资源的永续利用和社会经济系统的协调、持续与稳定发展。总之，城市生态系统的 3 种功能是依靠生态系统各组分之间的人口流、物质流、能量流、信息流和资金流来实现的，如图 2－14 所示。

1. 人口流

城市生态系统是以人为主体的人工生态系统。城市人口流包括人口的自然增长和机械

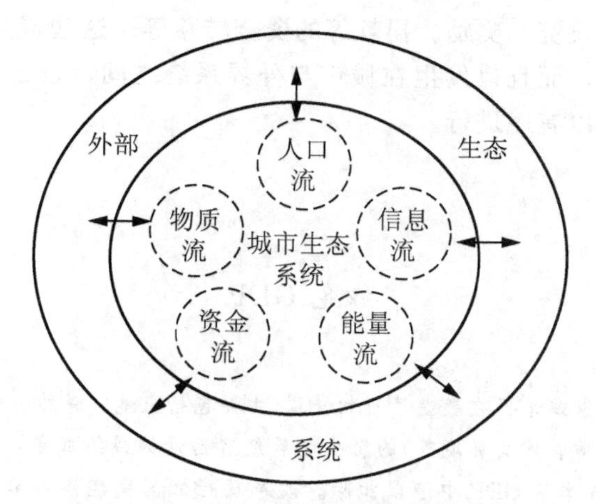

图 2-14 城市生态系统的功能

增长，以及由于人类的生产活动、商业活动、消费活动、科研活动、文化活动、旅游活动、社交活动和日常生活活动引起的有规律和无规律的人口流动。城市中人口流是其他流的主导者和推动者，在城市生态系统中起着至关重要的作用。因此，城市人口的数量是社会经济与生活活动调控的基础。

2. 物质流

城市生态系统为了维持其自身的生存和发展，必须源源不断地从外界环境与周边生态系统中输入物质，同时也需源源不断地向外界输出物质。城市生态系统的物质流动量大、速度快、类型多样，是一个巨大的物质储存库、转化库和交换库。正是由于城市生态系统的高度开放性以及频繁的物质交换与转化活动，使其保持动态的稳定性与可持续发展。

3. 能量流

自然生态系统的能量主要来自于太阳辐射，而城市生态系统要维持其生产功能和社会消费功能，除了直接利用或间接利用太阳能量以外，还必须源源不断地从外部系统输入大量的人工辅助能量，如煤炭、石油、电力、液化气等。这些人工能量在城市生态系统中流动、转移、使用和消耗，最终以热能的形式排入环境。

4. 信息流

城市是一个国家或地区的政治、经济、文化、教育、卫生和科学技术中心。在城市生态系统中，充斥着各种各样的信息，如市场信息、金融信息、政策信息、文化信息、技术信息、新闻信息以及化学信息等。正是通过这些信息的流动，将城市生态系统中的各个要素相互联系成为一个有机的整体。通过信息流动与有序传播，可以调控城市各子系统中的物质和能量以及系统与外界环境之间的交换。

5. 资金流

资金流是社会经济活动的特有现象，是城市生态系统有别于自然生态系统的重要特征。城市生态系统中的资金流主要包括市场交换过程中的产品与资金互流，金融市场与银行中的资金流动，政府投资、奖励、罚款等的资金转移等。这些资金不仅频繁、大量地发生在城市生态系统内部，而且也发生在城市与外界系统之间，也正是通过这些资金流动，使得城市中社会经济得以有序进行。

阅读材料

绿色 GDP

1. 绿色 GDP 的概念

绿色 GDP 是指一个国家或地区在考虑了自然资源(主要包括土地、森林、矿产、水和海洋)与环境因素(包括生态环境、自然环境、人文环境等)的影响之后经济活动的最终成果，即将经济活动中所付出的资源耗减成本和环境降级成本从 GDP 中予以扣除。改革现行的国民经济核算体系，对环境资源进行核算，从现行 GDP 中扣除环境资源成本和对环境资源的保护服务费用，其计算结果可称之为“绿色 GDP”。绿色 GDP 这个指标，实质上代表了国民经济增长的净正效应。绿色 GDP 占 GDP 的比重越高，表明国民经济增长的正面效应越高，负面效应越低；反之亦然。

2. 我国的绿色 GDP

在过去的 20 多年里，我国是世界上经济增长最快的国家之一，也是世界上国内储蓄率(指银行储蓄额占 GDP 的百分比)水平最高的国家之一。世界银行的统计显示，从 1978 年以来，我国平均 GDP 增长率达到 9.83%，在全球 206 个国家和地区居于第 2 位。但是，由于我国资源的浪费、生态的退化和环境污染严重，在很大程度上抵消了“名义国内储蓄率”的真实性。换句话说，我国国内储蓄率中的相当部分是通过自然资本损失和生态赤字所换来的。我国经济增长的 GDP 中，至少有 18% 是依靠资源和生态环境的“透支”获得的，而资源和生态环境的恶化又使真实储蓄率下降。

3. 实现绿色 GDP 的规划

我国在竭力应对经济高速发展带来的环境后果，这引起了不少关注。据说有 10 个省已在尝试测算并报告“绿色 GDP”。“绿色 GDP”是我国最新五年规划的中心，节约、环保的经济增长是其首要任务。据估计，现在我国每单位 GDP 能耗是美国的 3 倍、日本的 9 倍。我国政府希望将能源密集度在 5 年里降低 20%，即便对计划经济而言，这也实属不易。那么，我国何以实现其目标呢？

第一，鉴于我国在蒙特利尔会议上的声明，我国应考虑贯彻《京都议定书》的规定，尽管作为附件一以外的国家，我国没有这种义务。如此一来，我国将承认其作为全球第二大二氧化碳排放国的责任，这也许比人民币升值更重要，而这些措施对于自我生存也是必需的。了解政策讨论的驻华专家表示，我国已预测了未来 50 年的能源选择，根据《京都议定书》控制人均二氧化碳排放量。很明显，这就是为什么我国在蒙特利尔宣布已经在削减温室气体，并承认其空气污染的严重程度。

第二，我国可建立一个内部排放交易机制，按我国自己的规则运行。该机制在珠江三角洲和我国香港试点后，其规模可能在 10 年内发展为全球最大。

第三，我国的汽车发动机必须实现飞跃，先使用混合动力，然后使用氢燃料。我国的汽车增长预测让人瞠目，这或许使我国成了唯一能使这些技术在经济上可行的国家。例如，可以通过一项方案，让公交车和政府车队采用这些技术，或向购买这些车的车主提供税收减免，或两种方法同时采用。

第四，我国应通过已融入我国经济和生活方式的各种技术，把所有这些都联系起来。我国环境与发展国际合作委员会(CCICED)已表明，技术能降低我国的二氧化碳排放量，同时把石油和天然气进口限制到占消费的 30%。这只比“一切照旧”的情况多花费 3%～5%；而假如“一切照旧”，我国将背负巨大的排放重担，而且 80% 以上的石油和天然气都将依赖进口。把重点放在替代能源上，尤其是洁净煤(包括煤气化)上，加上碳捕捉和封存，将有助于降低排放和对进口能源的依赖。

我国也可从日本这个能源利用效率最高的国家那里获得启发。我国的工业巨头，可与为创新寻求新市场的日本集团携手。我国最大的汽车制造商一汽已与日本丰田在吉林开始生产丰田的普锐斯(Prius)混合动力汽车。我国石油生产商中海油(CNOOC)最近试图确保长期供应失败，其中略有绝望意味。为保持经济增长，我国在寻找越来越多的能源，而能源效率有助于抑制这一情况带来的社会和地缘政治后果。最近，我国政府着手让能源价格更加接近市场价值，这也会起到作用。能源利用效率越高，所需的能源就越少，人们为未来的担忧也越少。

思考题

1. 为什么说城市生态系统是一个脆弱的生态系统？
2. 城市生态学基本原理是什么？
3. 论述城市生态系统的主要特点。
4. 论述城市生态学研究的意义。
5. 查阅文献资料，试述我国城市生态学的发展状况。

第3章 城市生态规划

内容提要及要求

城市生态系统是人类生态系统的主要组成部分之一，城市生态规划是与可持续发展概念相适应的一种规划方法。本章介绍城市生态规划基本知识、生态城市建设、生态园林城市建设，使学生将生态学的原理和城市总体规划、环境规划相结合，对城市生态系统的生态开发和生态建设提出合理的对策，最终达到正确处理人与自然、人与环境关系的目的。

近90年来，生态学思想和理论逐步被应用到生态城市建设、城市生态规划建设以及城市人居环境规划建设中，并日益成为一个重要的发展潮流。城市生态规划是城市建设的基础工作，也是城市建设和发展的依据。城市规划包括城市总体规划和城市各个专项规划，如城市环境保护规划、城市绿地系统规划、城市道路建设规划等。城市生态规划既可以是城市规划系统中包括城市生态环境建设和保护、城市景观生态建设和保护以及城市绿地系统建设和保护等规划在内的城市综合生态规划的总称，也可以作为编制城市总体规划和各专项规划的规划方法论。

3.1 城市生态规划概述

3.1.1 城市生态规划的概念

我国学者曲格平在《环境科学词典》中对生态规划做出了如下定义：生态规划是在自然综合体的天然平衡情况下不作重大变化、自然环境不遭破坏和一个部门的经济活动不给另一个部门造成损害的情况下，应用生态学原理，计算并合理安排天然资源的利用及组织地域的利用。

生态规划涉及人类活动中的生产性领域和非生产性领域，具有综合性、社会性、经济性及防御性。生态规划的基本出发点在于首先是从优化生态系统结构与功能的角度来调整各类生态关系，其重点是资源利用问题，核心是土地资源的合理利用问题。其基本目的是依据生态控制论原理，调整与优化城市系统内的各种生态关系，达到提高生态效率和系统的自我调节能力，维持城市生态平衡的持续性，而有别于以环境质量控制为目的环境规划。其最终目标是实现城市复合系统人口、资源、环境的协调发展，物质、能量的合理代谢，生产、消费、生态三大功能的协同发挥，居民生活质量稳步提高，人与自然和谐共生。

城市生态规划是以生态学的理论为指导，对城市的社会、经济、技术和生态环境进行全面的综合规划，以便充分有效和科学合理地利用各种资源条件，促进城市生态系统的良性循环，使社会经济能够稳定地发展，为城市居民创造舒适、优美、清洁、安全的生产和生活环境。城市生态规划的对象是城市自然、经济、社会复合生态系统。城市生态规划的目标是建设生态城市。城市生态规划不同于传统的城市环境规划只考虑城市环境各组成要素及其关系，也不仅仅局限于将生态学原理应用于城市环境规划中，而是涉及城市规划的各个方面。城市生态规划不仅关注城市的自然生态，而且也关注城市的社会生态和城市生态系统的持续发展。

3.1.2 城市生态规划的基本原则

1. 自然生态原则

虽然城市是一个人口高度密集、经济高度集约发展的空间地域。但是，任何城市都是以一定的气候背景、地形地貌背景、地质条件、水资源条件以及植被环境等作为其稳定发展的物质基础。这些条件是人类赖以生存和持续发展的自然基础，也往往成为城市发展的限制性因子。因此，在进行城市生态规划时，必须充分考虑自然环境特点，遵循自然生态法则。例如，在城市土地利用规划布局时，要尽量考虑城市重点地形地貌的保护、城市植被和生物多样性的保护、地质灾害的防治、城市湿地保护，尽量保持城市生态环境的自然特性，防止过多大面积连续的人工硬质景观建设，注重自然生态系统服务功能的维护，这也是生态城市建设所追求的目标。相反，如果不考虑自然生态运行的内在规律，势必造成城市水土流失、城市洪涝灾害、城市自然生态功能失调等严重的生态环境问题。

2. 经济生态原则

经济活动和经济发展是城市生态系统最重要的功能特征之一。因此，在城市生态规划时，在保护自然生态的同时，不能抑制经济生产活动。也就是说，城市生态规划一方面要体现经济发展的目标要求；另一方面要受到生态环境条件的制约。要在生态环境承载力的允许范围内，优化城市产业结构和空间布局，最大限度地利用自然资源，保持物流、能流、信息流、人流、资金流的有序与高效运行，实施经济效益的最佳发挥。经济生态原则要求在进行城市生态规划时，必须大力发展循环经济和生态产业，加强城市和工业废弃物的无害化处理与资源化利用，处理好城市经济发展与城市外部的经济交流和资源供给等之间的关系，保持城市经济的稳定、健康和持续发展。

3. 社会生态原则

城市不仅是一个经济集约生产的场所，而且是人口高度聚集和生活的场所。城市社会经济是一个由人类主导的过程，人类不仅是城市建设和改造自然生态环境的主体，而且也是各种经济活动的主体。因此，在城市生态规划时，也必须同时考虑人的价值需求、人对生态的需求以及自我发展和自我价值实现的需求，充分体现“以人为本”的规划理念。在制定规划建设项目时，要符合公众的利益和需求，加大公众参与的力度，加大城市公共物品如交通、体育设施、娱乐设施、绿地等的规划建设。只有这样，规划建设的项目才具有社会可接受性和可操作性，规划建设出来的城市才能适宜社会的需求。

4. 复合生态原则

城市是自然生态因素、经济发展因素和社会文化因素相互交织、相互作用的复合生态系统。因此，在城市生态规划过程中，也必须遵循复合生态系统的原则，既要充分考虑生态平衡，又要考虑生态、经济、社会平衡，如生态承载力与经济发展规模的平衡、经济发展效率与社会需求之间的平衡、人口规模与社会就业之间的平衡、城市基础建设与人口对城市公共服务需求之间的平衡、经济发展与城市公共福利之间的平衡、人类生活和生存与生态系统服务功能提供之间的平衡、城市生态系统的各子系统之间的平衡、城市生态系统与外部生态系统之间的协调与平衡等。对这些网状平衡的把握与应用是城市生态规划的最高境界，只有这样，制定出来的城市生态规划才是一个生态上合理、经济上可行、技术上可操作和社会可接受的生态规划。

3.1.3 城市生态规划的基本内容

城市生态规划的对象是一个由自然生态要素和人工生态要素复合而成的高度人工化的生态系统。城市生态规划因子众多，复杂多变，不同地区的城市又有不同的特点。城市生态规划的内容也应根据城市的具体情况，因地制宜，突出重点，有针对性地拟定。一般来讲，城市生态规划的基本内容包括：生态功能区划、环境质量保护规划、人口适宜容量规划、产业结构与布局调整规划、园林绿地系统规划，如图 3 - 1 所示。

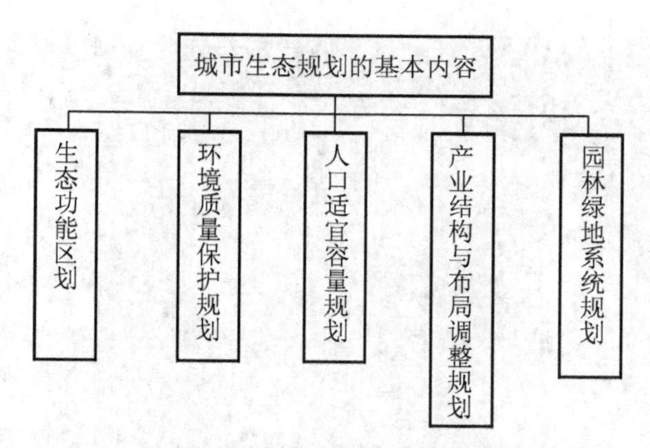

图 3-1 城市生态规划的基本内容

1. 生态功能区划

生态功能区划是指根据区域生态环境要素、生态环境敏感性与生态服务功能空间分异规律，将区域划分成不同生态功能区的过程。生态功能区划是城市生态规划的一项基础工作，是实施区域生态环境分区管理的基础和前提，其主要作用是为区域生态环境管理和生态资源配置提供一个地理空间上的框架，为管理者、决策者和科学家提供服务，如图 3-2 和图 3-3 所示。其主要内容有：①对比区域间各生态系统服务功能的相似性和差异性，明确各区域生态环境保护与管理的主要内容。②以生态敏感性评价为基础，建立切合实际的环境评价标准，以反映区域尺度上生态环境对人类活动影响的阈值或恢复能力。③根据生态功能区内人类活动的规律以及生态环境的演变过程和恢复技术的发展，预测区域内未来生态环境的演变趋势。④根据各生态功能区内的资源和环境特点，对工农业生产布局进行合理规划，使区域内的资源得到充分利用，又不对生态环境造成很大影响，持续发挥区域生态环境对人类社会发展的服务支持功能。

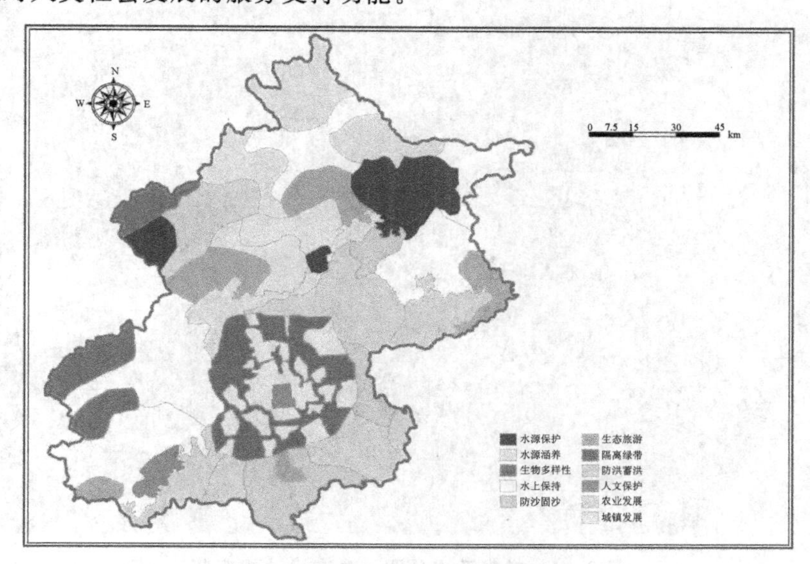

图 3-2 北京生态功能区划

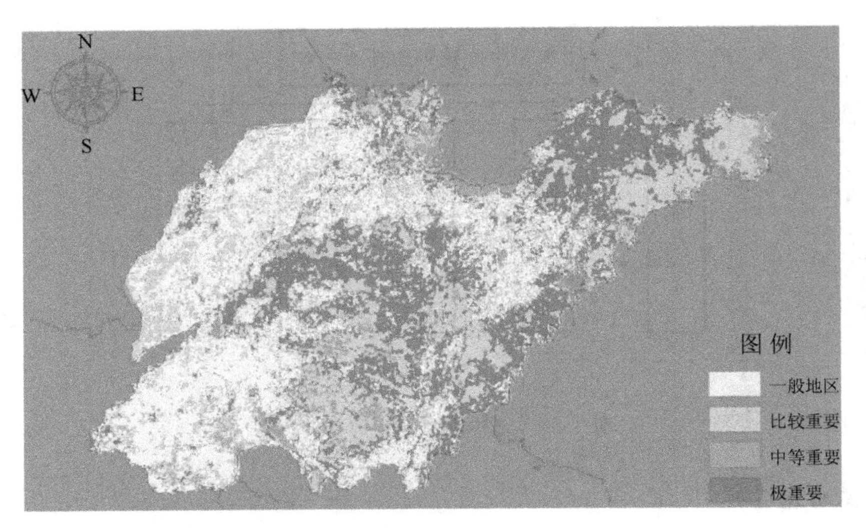

图 3-3 山东省生物多样性维持功能重要性评价

2. 环境质量保护规划

环境质量保护规划是生态规划中的重要组成部分，应从整体出发进行研究，实行主要污染物排放总量控制。环境质量保护规划也是城市总体规划当中不可缺少的专项规划内容。在规划中，首先对现状环境中的大气环境、水环境、固体废弃物及声学环境进行现状评价及影响因素分析，掌握环境质量发展趋势及未来社会经济发展阶段的主要环境问题。在此基础上，针对大气环境质量、工业废气、水质、饮用水源、工业废水、生活污水、城市噪声、工业固体废物、生活垃圾等方面确定污染控制目标和生态建设目标。然后进行环境功能区划分，确定各功能区的执行标准。图 3-4 所示为成都活水公园规划图。

图 3-4 成都活水公园：生态设计的典范

3. 人口适宜容量规划

人口是城市生态系统的主体，对水环境、土地资源、能源、城市空间和环境容量都将造成压力，直接影响到城市的可持续发展能力。在城市生态系统中，人类生命活动既是生态系统中能流、物流和信息流的一部分，又是生态经济系统中的生产者。因此，人类的生产和生活活动对城市生态系统的发展起着决定性的作用。在规划中应根据城区土地资源容量、水资源容量、绿地容量、环境容量预测近期、远期及远景的人口规模，最终确定城市适宜人口容量，使其与生态系统环境容量、能源、资源平衡，保证城市可持续地健康发展。

4. 产业结构与布局调整规划

产业结构是经济结构的主体，影响着城市生态系统的结构和功能。为促进物质良性循环和能量流动，必须改进城市的产业结构。产业结构的不同比例对环境质量有着很大的影响，因此，调整、改善老城区产业布局，搞好新建城市产业的合理布局，是改善城市生态结构、防治污染的重要措施。城市用地规划布局中，在对城市居住用地、公共设施用地、仓储用地、对外交通用地、道路广场用地、市政公用设施用地、绿地、特殊用地、水域、保留和其他用地合理布局及调整基础下，调整城市产业的合理布局，即工业用地的规划布局，使来自于工业用地的污染控制在最低程度，减少对城市生态系统的破坏。图3-5所示为城陵矶临港产业布局规划图。

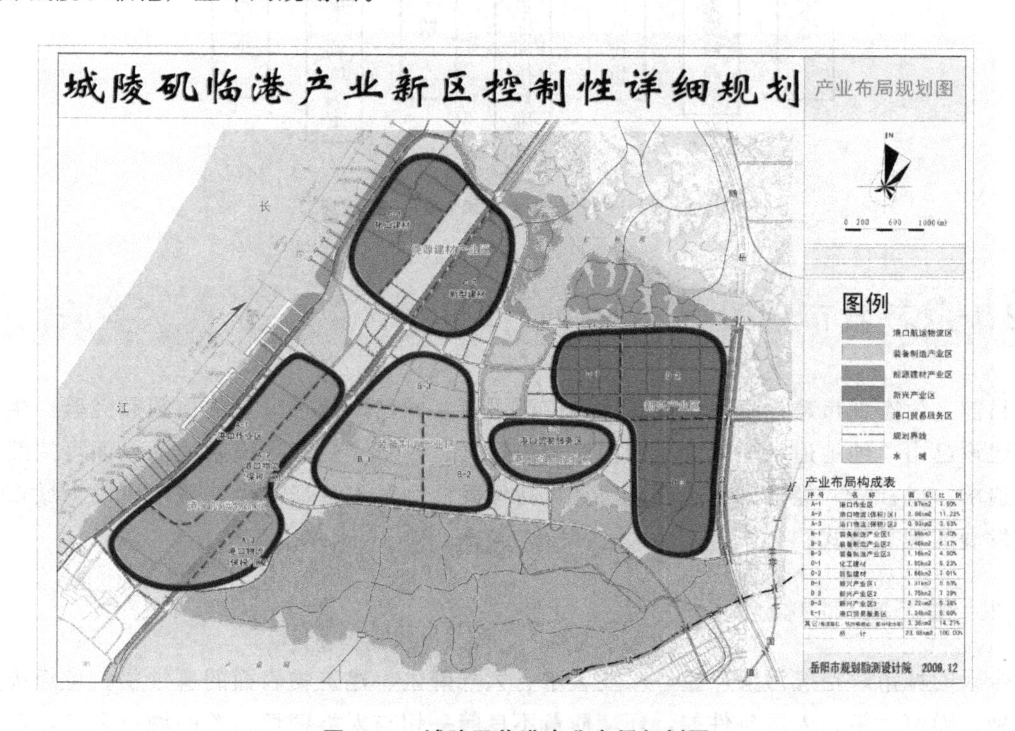

图3-5 城陵矶临港产业布局规划图

5. 园林绿地系统规划

园林绿地系统是城市生态系统中具有自净能力的主要组成部分，对于改善生态环境质量、调节小气候、丰富与美化景观起着十分重要的作用。规划中应充分利用城市周围森林及水系环境，以便城区内外绿化有机衔接、融合，使城市各类绿地均布于城市的各个区域。整个城市通过点、线、面绿地相结合，形成有机的绿地生态系统。

3.1.4 城市生态规划的程序

目前，国内外城市生态规划还没有统一的编制程序，城市生态规划编制的一般程序如图 3－6 所示。

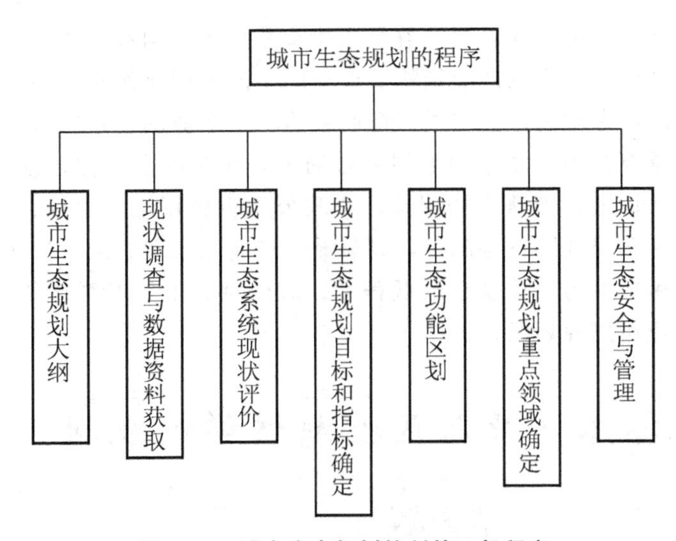

图 3－6 城市生态规划编制的一般程序

3.2 生态城市建设

目前，生态城市建设正在全球范围内广泛进行，并已取得了显著的成绩和经验。生态城市建设已由单纯地追求环境优美转向对城市社会、经济、生态环境系统的全面可持续发展的追求。以社会、经济、生态环境协调可持续发展为基本特征的生态城市正成为城市可持续发展的理想模式。

3.2.1 生态城市的概念

今天的城市，空气污染严重，工业废水、大气降尘、建筑物表面的腐蚀物、垃圾废弃物污染，噪声污染，人居条件差，环境质量不良等一切与人类密切相关的城市和环境问题越来越明显，这已成为全球关注的热点。为了解决城市在生态方面所面临的问题，学者们提出了各种各样的解决方式与途径。在 20 世纪 70 年代，生态城市的思想开始被提出，确定“用综合生态方法研究城市生态系统及其他人类居住地”，希望以此来解决当前面临的诸多问题。

从生态学的观点来看，“城市”是一个生态系统，是人为改变了结构、改变了物质循环和部分改变了能量转化的，受人类生产活动影响的生态系统。它既具有一般生态系统的特征，即生物群落和周围环境的相互关系，以及能量流动、物质循环和信息传递的能力，同时又受社会生产力和生产关系以及与之相联系的上层建筑所制约，而与一般自然生态系统有所不同。

我国城市规划专家黄光宇认为，生态城市是根据生态学原理，综合研究“社会—经济—自然”的复合生态系统，并用生态工程、社会工程、系统工程等现代科学与技术手段而建设的社会、经济、自然可持续发展，居民满意，经济高效，生态良性循环的人类居住区。

3.2.2 生态城市建设的意义

在工业污染与资源利用方面，我国由于技术落后、生产消耗指数高、资源利用率低，大量未被利用的资源变成废弃物排放到环境中，造成资源利用效益低下和严重的环境污染。我国的资源利用率不足10%，能耗却是美国、日本的2～4倍。在上述背景下，我国从1999年在海南率先获得国家批准建设生态省至今，吉林、陕西、福建、山东、四川也先后提出建设生态省，有20多座城市先后提出建设生态城市的奋斗目标。但是，在生态城市建设过程中如何处理好人口、经济、资源、环境等相关问题，是摆在各地城市规划部门与管理者面前的重大课题。

我国工业化过程中出现的资源匮乏和环境问题严重制约着我国经济的发展。当前既要解决发达国家曾经出现过的工业污染、生活污染、机动车污染等第一、二代环境问题，又要解决他们正在出现的化学品污染、土地污染、全球气候变化等新一代环境问题。如果继续沿用传统的经济发展模式，我国的资源和环境承载力将不能支持未来经济的高速发展，也不可能有效地解决我们面临的众多环境问题。因此，我国既不能走发达国家先污染后治理的老路，也不能按部就班一步一步地去解决这些环境问题。在这种背景下，研究如何建设生态城市的问题，特别是从产业，尤其是工业的角度来探讨这个问题，就具有重要的实践意义。

3.2.3 国外典型生态城市建设

国外的生态城市建设在最近的二三十年时间里经历了一个不断深化的过程，从最初的保护环境即追求城市建设与环境保护协调的层次，发展到对城市社会、文化、历史、经济等因素的综合考察的更加全面的方向，体现了当今生态城市建设追求一种广义的生态观的趋向。生态城市在国际上有着广泛的影响，目前全球有许多城市正在进行生态城市的建设，例如，印度的班加罗尔、巴西的科里蒂巴和桑托斯市、澳大利亚的怀阿拉市、丹麦的哥本哈根、美国的克里夫兰和波特兰大都市区。由于各国对生态城市建设的原则、内容和目标存在较大的差异，因此，下面仅对建设较好的德国和新加坡的生态城市建设进行介绍。

1. 德国的生态城市建设

德国的埃朗根市位于德国南部，总人口10万，面积77km²，是著名的生态城市，同时也是现代科学研究与工业中心。第二次世界大战后埃朗根市经济快速发展，就业机会和城市人口成倍增长，然而城市发展所带来的生态环境破坏也在加剧，诸如城市绿地、森林与郊区闲置土地的大量流失，以及汽车增长导致越来越多的噪声、空气污染和街道的拥挤等。来自各方面的压力使埃朗根市在1972年开始进行生态城市的建设，该城市在生态城市建设中采取的主要措施如下。

1）在生态城市的建设中坚持生态学原则

埃朗根市生态城市建设从城市规划、城市的各项建设，诸如城市绿化、环境保护、城市建筑等方面，把生态学理念贯彻始终。用绿化以改善生态环境为主要目标，为人们提供休息游览场所，强调回归自然，重视发展乡土物种，美化、彩化也多就地取材，因地制宜。在环境保护方面重视资源充分利用，从源头上控制三废(废水、废渣、废气)，城市建筑突出以人为本，从人的健康舒适角度出发，采用木材和无污染材料，重视节能节水。

2）制定城市整体规划

该规划的基础部分是景观规划，它强调了进一步发展的自然边界，保全了森林、河谷和其他重要的生态地区(占总面积的40%)，并建议城市中拥有更多贯穿和环绕城市的绿色地带。而在相应的分区规划中，则要求尽可能地在这些必要的生态限制内进行经济和社会发展，在新城区可接受的密度上尽可能地节约使用自然地带。通过执行规划，使得城市不仅满足了居民持续增长对居住空间的需求，同时又没有对城市结构形态造成破坏。目前埃朗根市的人口为10万，而在市郊人口增长了4万，如果尝试让这4万人加入城市里人均40m²居住空间的需求者的队伍，那么整个城市将填满高楼。正因为成功的规划，使得埃朗根成为一座绿色城市(森林覆盖率为40%)，城市内部和城市周边的绿地被绿色通道连接起来，安全且适宜于各种活动，如上学、工作、购物和休闲。不管是步行还是骑车，城市中任一住处通往绿地只需5～7分钟，这也为市民锻炼身体创造了良好的条件。

3）新技术、新材料得到广泛应用

埃朗根市无论是新建住宅小区还是古建筑翻新，外墙装饰均以涂料为主。这种涂料的优点是价格低、质量好、花色多。此外，其大多数的公共建筑及宾馆的内部装修多以实用为主要原则。卫生间墙体多采用塑料仿瓷砖，具有成本低、施工方便和美观的优点。在建筑门窗方面，主要以塑钢窗和彩板钢窗为主，铝合金门窗很少使用。塑钢门窗不仅具有防盗功能，而且具备重量较大、质量好和档次高的优点；彩板门窗内填充保温材料，充分考虑了保温的要求，门窗玻璃也采用中空保温双玻璃。埃朗根市有的住宅小区全部采用外墙保温技术，主要是EPX(聚苯乙烯泡沫板)加玻璃纤维网布，外覆防水装饰涂料。楼道和车库顶板也全部采用珍珠岩保温板。室内采暖散热器采用温控阀来调节室温，个别小型建筑则采用温度自动控制采暖，达到节约能源的目的。

4）实行新的交通规划

城市交通规划改变以前以车为主的规划方法，在新的交通政策中不再以行车交通为特权，并开始减少和限制在居住区和市区的汽车使用，同时积极鼓励以环保方式为主的城市内活动，如步行、骑车和公共交通，实现便利交通和良好的城市氛围。新的交通政策使得各种交通形式平等地享有在城市通行的便利。埃朗根市民的生活水平较高，机动化水平也很高，每 10 万人拥有 5.4 万辆汽车。但是，他们也拥有 8 万辆自行车，并经常使用，市区居民自行车使用率达到 30%。通过在所有居住区和城区实施缓制交通(限速 30km/h)，城市实现了更少的交通危险、噪声和空气污染。在城区规划一个灵活的混合型步行区域，只对步行者、自行车、公共汽车和出租车开放。城区是城市商业、社会和文化中心，各种城市空间为人们交往提供了场所，人们在此停歇开展各种活动。这一切使得城市更加具有活力和良好的氛围。

5）广泛的公众参与

生态城市建设方案从制定到实施始终贯彻公众参与的理念。其法律明确规定：空间规划必须有公众的参与，在负责空间规划的联邦内必须建立一个咨询委员会。咨询委员专家除了来自规划部门之外，还必须有经济、农业和林业、自然保护和景观维护、雇主、雇员以及体育领域的参与。各生态城市建设方案在议会最终审批前，都要对市民公示，广泛吸引公众参与，积极征求广大公众的意见，极大地提高了生态城市建设工作的透明度。

2. 新加坡的生态城市建设

新加坡是东南亚的一个小岛国家，面积 638km^2，其中主岛面积 582.8km^2，整个国家主要由一个城市组成。新加坡城是一个清洁美丽和鸟语花香的城市。新加坡是举世公认的花园城市，也是生态型城市。新加坡的公园及娱乐区采用城乡结合的思想，在城郊建设“原始公园”，将农田和森林及其他一些景观揉进“田园城市”的建设中。

1）城市规划功能分明

新加坡于 1967～1971 年进行了全面的规划，编制了一个 30～40 年的全岛建设设想规划，以后每 5 年对规划做一次调整。规划对市中心进行强化(工作岗位从 18 万调为 33 万，居民安置从 29 万调为 34 万)，并对市中心功能进行了划分。市中心外围规划了 7 个区中心，区中心的主要功能是居民安置和就业，每区中心规模约 40 万人。为了节约土地，在工业布置上，把需要安排在平房、用地面积较大的重工业和可以设在多层楼里、用地面积较小的轻工业区分，前者主要集中在裕廊区中心，后者则被安排在其他区中心。这个规划现已基本得以实现。

2）政府注重环保立法

新加坡的街道清洁，道路两旁绿树成荫，车辆很多，并没有严重的空气污染和交通阻塞。这是政府与民众共同努力的结果，其中政府对环境的重视起决定作用。许多环保法规的制定和完善，为创造一个优美的环境提供了完善的保障，如实行拥车证制度限制汽车数量。新加坡城市过去的空气污染主要来自汽车尾气，通过拥车证制度，买车前必须先申请一张拥车证，拥车证的费用非常高(如价值 10 万美元的排量为 1.6L 的汽车，其中拥车证就占 4.5 万美元)。拥车证制度限制了汽车数量，大大减少了交通阻塞。

在保持环境整洁方面，实行专人清扫街道，按时回收垃圾。在对人的行为的管理上，随便乱扔垃圾者被称为垃圾虫，处罚从最初的警告和罚款到清扫街道再到鞭刑甚至徒刑；

教导学生如何保护环境，并发动学生清理海滩丢弃物，到公园打扫卫生；在公共场所，到处都有一些劝导人们爱护环境、注意清洁的公益广告。

3）人居环境

由于土地奇缺，政府大规模经营由高层建筑组成的新居住区。宜人的居住空间主要通过以下几个方面实现：①提高建筑间距，留出成片土地，用于植树种草和园林布局等软硬覆盖。②对住房底层多采用架空形式，只留下必要的结构、交通和设备建筑物，改善了通风和视觉效果。架空底层还为人们提供了一个不受日晒雨淋的交际空间，它结合周围的绿地、场地和座椅等，共同构筑出一个功能齐全的物质环境，促使人们走出户外，漫步、交际和玩耍，营造一个人情味浓郁的“精神场所”。③在建筑色彩上，自然的色彩是近乎永恒的新绿和碧蓝，明亮、清纯的色彩给城市增添了亮丽的风景线，与绿地、树木、碧空相呼应，丰富了城市的层次感与立体感。

4）人口控制

在人口控制方面，新加坡采取立法、经济、行政组织、心理影响、医疗卫生服务和计划措施，严格控制人口增长。具体措施包括提供计生咨询，对3个子女以上母亲采取经济制裁，鼓励公务人员绝育并给予带薪假期，提出两子女家庭模式，对少子女户提供各种优待，鼓励晚婚晚育，规劝未满20岁青年男子不要结婚，鼓励拉长两胎间隔时间。通过这些措施，取得了显著的成效。新加坡鼓励高学历人口群体增殖人口，进入20世纪80年代后，低教育水平的夫妇生育平均子女为3.5个，受过高等教育的夫妇为1.7个。1984年提出了新的人口政策，争取人口零增长和鼓励高学历育龄夫妇生育(提倡3个以上，可优先进入重点学校)。鼓励低文化水平的母亲减少生育数，不到30岁就生了两个孩子的要索回以前发放的奖金，还要另交10%的复利年息。

5）新加坡的交通

新加坡的交通以公路交通为主，并辅以地铁运输(以高速公路、地铁为骨架的交通运输网络)。新加坡的交通布局合理，通过法治和科学管理，实现了交通安全、通畅及环保。交通环境保护方面注重保护自然景观。道路设计与地形配合，避免大填大挖。高速公路及主干道注意与居民区保持足够距离，以减轻噪声、废气造成的危害。施工期间的环保措施为，施工工地的临时道路必须加铺路面，工程车辆离开工地必须将车轮洗干净且遮盖车厢，施工过程中注意及时绿化，路基刚成型，边坡即已种满草皮。道路沿线、公共场所、施工工地不准乱弃废物、垃圾，违者将受到法院的审判。地铁、公共汽车及车站等公共场所严禁吸烟。

3.2.4 国内生态城市建设情况

我国古代形成和发展的风水理论与技术，蕴含着丰富的生态氛围，是古代人们对人与自然相融合的崇拜，探寻安居乐业理想城市模式的重要方法；又如我国传统文化的“天人合一”思想，从现代科学的角度来看是一种科学的、理性的世界观。“天人合一”论的核心思想就是强调人与自然的和谐统一。这种思想在我国古代城市规划和建设中产生了很大的影响，对当今生态城市理论构建与建设管理实践仍具有重要意义。

我国建设生态型城市的探索自1980年以来得到了迅猛复兴和发展。1984年12月在上海举行了首届全国城市生态科学讨论会，着重探讨了城市生态学研究的对象、目的、任务和方法，提出城市生态学研究应密切结合城市发展建设中的实际问题，为城市发展规划、环境保护和经济发展服务。

1986年我国江西省宜春市提出了建设生态城市的发展目标，并于1988年年初开始生态城市建设试点工作，可以说迈出了我国生态城市建设的第一步。至1990年已经形成了一套以“社会—经济—自然”复合生态系统为指导的建设理论与方法体系。宜春的生态城市规划将城乡人工复合生态系统作为建设研究对象，分析了社会、经济、自然系统结构，系统功能(生产、生活、流通、还原)及外部环境，从而掌握系统现状；确定了一套能概括整个系统且便于分析调控的结构，然后逐项剖析协调；并进行了综合评价，根据评价结果，调整系统结构、功能，再评价，再调控，如此循环，直到令人满意为止。

1995年以来，在生态市、生态县、生态村、生态住宅、生态农场、生态小区等不同层次上建立了一批很有推广价值的示范点，对我国城市建设的转型产生了巨大的推动作用。生态示范区是我国提出的与生态城市相关的概念，其宗旨是以生态经济学原理为指导，以协调经济、社会、环境建设为基本手段，在一定行政区域内实现生态系统良性循环及经济社会的全面、健康、持续发展。

1996年，原国家环保局确定了全国首批生态示范区建设试点单位，对这些地区的公共绿地、自然保护区、垃圾处理、污水处理等基础设施的建设从生态农业、清洁生产、生态旅游等产业发展提出了较高的要求，并要求这些城市或地区将生态示范区建设纳入国民经济和社会发展规划之中。可以看出，生态示范区主要从环境的角度来理解“生态”，仍然没有充分考虑“生态”的人文意义，但是“生态示范区”的建设具有显著的现实意义。

经过几年的努力，这些城市或地区的生态环境得到有效保护和明显改善，有力地推动了城市或地区物质文明和精神文明的发展；并在生态住宅建设、太阳能利用及设备生产、生态农业、生态旅游、绿色食品基地、生态工业、农村新能源开发、生物多样性保护、水土保持、环境污染治理等方面涌现出一大批示范性工程，为生态城市的建设打下了良好的基础。

同样，生态社区也是生态城市建设的一个重要方面，也可看做是生态城市建设初级阶段的一种尝试。生态社区有3个方面的意义：一是环境方面的，主要指周边的自然环境和自身的绿化环境，这是生态社区的自然基础；二是硬件设施方面的，主要是指社区内要有完善配套的各种生活设施和基础设施，包括废水、垃圾回收利用和处理设施；三是社会文化意义上的，即生态社区要为居民创造一种和谐的社会生活氛围。

目前，我国的不少城市已提出要建设生态城市的设想，做了大量的理论研究和实际推动工作，并积极采取步骤加以实施。例如，长沙提出要建设生态经济市，江西提出要建设生态经济区，云南提出要建设绿色经济省，上海、北京、天津、大连、株洲等要建设生态城市。深圳市政府把生态城市建设作为一项重要的政府职能，规划将全市土地中的一半以上作为旅游休闲、自然生态和水源保护区用地，严格控制高能耗、高物耗、高污染的传统工业项目的发展，强调科技先导、资源节约、内涵发展的产业发展理念，调整优化产业结构，将低能耗、低物耗、低污染的高新技术产业作为战略重点，同时加快发展现代金融业、物流业等服务业，从源头上缓解经济高速发展对城市生态环境的压力；创建宏观生态、道路绿化和社区园林3个层次的景观，构建绿色网络，坚持不懈地提高城市绿化率，改进绿化效能和景观效果，强调市民参与，创建“环境文明小区”，形成全社会关心和参与生态城市建设的良好风尚。

3.2.5 生态城市的特点

生态城市与传统城市相比有本质的不同，主要有以下几大特点。

1. 和谐性

生态城市的和谐性，不仅反映在人与自然的关系上，更重要的是在人与人的关系上。人类活动促进了经济增长，却没能实现人类自身的同步发展。生态城市是营造满足人类自身进化所需求的环境，充满人情味，文化气息浓郁，拥有强有力的互帮互助的群体，富有生机与活力。文化是生态城市最重要的功能，文化个性和文化魅力是生态城市的灵魂。这种和谐性是生态城市的核心内容。

2. 高效性

生态城市一改现代城市“高能耗”、“非循环”的运行机制，提高一切资源的利用效率，物尽其用，地尽其利，人尽其才，各施其能，各得其所。物质、能量得到多层次分级利用，废弃物循环再生，各行业、各部门之间的共生关系协调。

3. 持续性

生态城市是以可持续发展思想为指导的，兼顾不同时间、空间，合理配置资源，公平地满足现代与后代在发展和环境方面的需要，不因眼前的利益而用“掠夺”的方式促进城市暂时的繁荣，保证其发展的健康、持续、协调。

4. 整体性

生态城市不单单追求环境优美或自身的繁荣，而是兼顾社会、经济和环境三者的整体效益，不仅重视经济发展与生态环境协调，更注重人类生活质量的提高，是在整体协调的新秩序下寻求发展。

5. 区域性

生态城市作为城乡统一体，其本身即为一区域概念，是建立在区域平衡基础之上的，而且城市之间是相互联系、相互制约的，只有平衡协调的区域才有平衡协调的生态城市，其广义的区域观念就是全球观念。

3.2.6 生态县、生态市和生态省建设指标

2007年12月，为推进生态文明建设，为贯彻落实党的十七大精神，进一步深化生态县(市、省)建设，原国家环保局组织修订了《生态县、生态市、生态省建设指标》。

1. 生态县(含县级市)建设指标

1) 基本条件

(1) 制订了《生态县建设规划》，并通过县人大审议、颁布实施。国家有关环境保护法律、法规、制度及地方颁布的各项环保规定、制度得到有效的贯彻执行。

(2) 有独立的环保机构。环境保护工作纳入乡镇党委、政府领导班子实绩考核内容，并建立相应的考核机制。

(3) 完成上级政府下达的节能减排任务。3年内无较大环境事件，群众反映的各类环境问题得到有效解决。外来入侵物种对生态环境未造成明显影响。

(4) 生态环境质量评价指数在全省名列前茅。

(5) 全县80%的乡镇达到全国环境优美乡镇考核标准并获命名。

2) 建设指标

生态县(含县级市)建设指标见表3-1。

表3-1 生态县(含县级市)建设指标

	序号	名称	单位	指标	说明
经济发展	1	农民年人均纯收入 经济发达地区 县级市(区) 县 经济欠发达地区 县级市(区) 县	元/人	≥8000 ≥6000 ≥6000 ≥4500	约束性指标
	2	单位GDP能耗	吨标煤/万元	≤0.9	约束性指标
	3	单位工业增加值新鲜水耗 农业灌溉水有效利用系数	立方米/万元	≤20 ≥0.55	约束性指标
	4	主要农产品中有机、绿色及无公害产品种植面积的比重	%	≥60	参考性指标
生态环境保护	5	森林覆盖率 山区 丘陵区 平原地区 高寒区或草原区林草覆盖率	%	≥75 ≥45 ≥18 ≥90	约束性指标
	6	受保护地区占国土面积比例 山区及丘陵区 平原地区	%	≥20 ≥15	约束性指标
	7	空气环境质量	—	达到功能区标准	约束性指标

续表

	序号	名称	单位	指标	说明
生态环境保护	8	水环境质量 近岸海域水环境质量	—	达到功能区标准，且省控以上断面过境河流水质不降低	约束性指标
	9	噪声环境质量	—	达到功能区标准	约束性指标
	10	主要污染物排放强度 化学需氧量(COD) 二氧化硫(SO_2)	千克/万元(GDP)	<3.5 <4.5 且不超过国家总量控制指标	约束性指标
	11	城镇污水集中处理率 工业用水重复率	%	≥80 ≥80	约束性指标
	12	城镇生活垃圾无害化处理率 工业固体废物处置利用率	%	≥90 ≥90 且无危险废物排放	约束性指标
	13	城镇人均公共绿地面积	m^2	≥12	约束性指标
	14	农村生活用能中清洁能源所占比例	%	≥50	参考性指标
	15	秸秆综合利用率	%	≥95	参考性指标
	16	规模化畜禽养殖场粪便综合利用率	%	≥95	约束性指标
	17	化肥施用强度(折纯)	千克/公顷	<250	参考性指标
	18	集中式饮用水源水质达标率 村镇饮用水卫生合格率	%	100	约束性指标
	19	农村卫生厕所普及率	%	≥95	参考性指标
	20	环境保护投资占GDP的比重	%	≥3.5	约束性指标
社会进步	21	人口自然增长率	‰	符合国家或当地政策	约束性指标
	22	公众对环境的满意率	%	>95	参考性指标

2．生态市(含地级行政区)建设指标

1）基本条件

(1）制订了《生态市建设规划》，并通过市人大审议、颁布实施。国家有关环境保护法律、法规、制度及地方颁布的各项环保规定、制度得到有效的贯彻执行。

(2）全市县级(含县级)以上政府(包括各类经济开发区)有独立的环保机构。环境保护工作纳入县(含县级市)党委、政府领导班子实绩考核内容，并建立相应的考核机制。

(3）完成上级政府下达的节能减排任务。3年内无较大环境事件，群众反映的各类环境问题得到有效解决。外来入侵物种对生态环境未造成明显影响。

(4）生态环境质量评价指数在全省名列前茅。

(5）全市80％的县(含县级市)达到国家生态县建设指标并获命名；中心城市通过国家环保模范城市考核并获命名。

2）建设指标

生态市(含地级行政区)建设指标见表3-2。

表3-2 生态市(含地级行政区)建设指标

	序号	名称	单位	指标	说明
经济发展	1	农民年人均纯收入 经济发达地区 经济欠发达地区	元/人	≥8000 ≥6000	约束性指标
	2	第三产业占GDP比例	％	≥40	参考性指标
	3	单位GDP能耗	吨标煤/万元	≤0.9	约束性指标
	4	单位工业增加值新鲜水耗 农业灌溉水有效利用系数	立方米/万元	≤20 ≥0.55	约束性指标
	5	应当实施强制性清洁 生产企业通过验收的比例	％	100	约束性指标
生态环境保护	6	森林覆盖率 山区 丘陵区 平原地区 高寒区或草原区林草覆盖率	％	≥70 ≥40 ≥15 ≥85	约束性指标
	7	受保护地区占国土面积比例	％	≥17	约束性指标
	8	空气环境质量	—	达到功能区标准	约束性指标
	9	水环境质量 近岸海域水环境质量	—	达到功能区标准， 且城市无劣Ⅴ类水体	约束性指标
	10	主要污染物排放强度 化学需氧量（COD） 二氧化硫（SO_2）	千克/万元 （GDP）	＜4.0 ＜5.0 不超过国家总量控制指标	约束性指标

续表

	序号	名称	单位	指标	说明
生态环境保护	11	集中式饮用水源水质达标率	%	100	约束性指标
	12	城市污水集中处理率 工业用水重复率	%	≥85 ≥80	约束性指标
	13	噪声环境质量	—	达到功能区标准	约束性指标
	14	城镇生活垃圾无害化处理率 工业固体废物处置利用率	%	≥90 ≥90 且无危险废物排放	约束性指标
	15	城镇人均公共绿地面积	平方米/人	≥11	约束性指标
	16	环境保护投资占GDP的比重	%	≥3.5	约束性指标
社会进步	17	城市化水平	%	≥55	参考性指标
	18	采暖地区集中供热普及率	%	≥65	参考性指标
	19	公众对环境的满意率	%	>90	参考性指标

3. 生态省建设指标

1）基本条件

（1）制订了《生态省建设规划纲要》，并通过省人大常委会审议、颁布实施。国家有关环境保护法律、法规、制度及地方颁布的各项环保规定、制度得到有效的贯彻执行。

（2）全省县级(含县级)以上政府(包括各类经济开发区)有独立的环保机构。环境保护工作纳入市(含地级行政区)党委、政府领导班子实绩考核内容，并建立相应的考核机制。

（3）完成国家下达的节能减排任务。3年内无重大环境事件，群众反映的各类环境问题得到有效解决。外来入侵物种对生态环境未造成明显影响。

（4）生态环境质量评价指数位居国内前列或不断提高。

（5）全省80%的地市达到生态市建设指标并获命名。

2）建设指标

生态省建设指标见表3-3。

表3-3 生态省建设指标

	序号	名称	单位	指标	说明
经济发展	1	农民年人均纯收入 东部地区 中部地区 西部地区	元/人	 ≥8000 ≥6000 ≥4500	约束性指标

续表

	序号	名称	单位	指标	说明
经济发展	2	城镇居民年人均可支配收入 东部地区 中部地区 西部地区	元/人	 ≥16 000 ≥14 000 ≥12 000	约束性指标
	3	环保产业比重	%	≥10	参考性指标
生态环境保护	4	森林覆盖率 山区 丘陵区 平原地区 高寒区或草原区林草覆盖率	%	 ≥65 ≥35 ≥12 ≥80	约束性指标
	5	受保护地区占国土面积比例	%	≥15	约束性指标
	6	退化土地恢复率	%	≥90	参考性指标
	7	物种保护指数	—	≥0.9	参考性指标
	8	主要河流年水消耗量 省内河流 跨省河流	—	 <40% 不超过国家分配的水资源量	参考性指标
	9	地下水超采率	%	0	参考性指标
	10	主要污染物排放强度 化学需氧量（COD） 二氧化硫（SO_2）	千克/万元（GDP）	 <5.0 <6.0 且不超过国家总量控制指标	约束性指标
	11	降水pH值年均值 酸雨频率	 %	≥5.0 <30	约束性指标
	12	空气环境质量	—	达到功能区标准	约束性指标
	13	水环境质量 近岸海域水环境质量	—	达到功能区标准，且过境河流水质达到国家规定要求	约束性指标
	14	环境保护投资占GDP的比重	%	≥3.5	约束性指标
社会进步	15	城市化水平	%	≥50	参考性指标
	16	基尼系数	—	0.3～0.4	参考性指标

3.2.7 生态城市建设评价

生态城市指标体系构建城市生态系统是一个大系统，包含的因子极多，对它进行生态学评价不可能包罗无遗，必须在其中选择若干因子作为评价指标。指标选择的原则应注意因子的综合性、代表性、层次性、合理性以及现实性。《生态县、生态市、生态省建设指标》中提出了生态县、生态市、生态省建设指标，但对生态建设未做系统评价。城市生态系统是一个多目标、多功能、结构复杂的综合系统，因此，必须建立一套多目标综合评价的指标体系，并且这个体系在系统中应具有评价和控制的双重功能。

目前，我国生态城市建设仍处于起步阶段，还未形成一个真正意义上的生态城市。国内关于生态城市的研究主要侧重于其内涵、规划设计原则、方法的讨论，而对于生态城市的指标体系研究较少，也没有形成统一的评价指标及指标体系。因此，尽快建立起一套统一、有效的生态城市指标体系，科学度量现阶段生态城市的规划建设，将对推动我国生态城市的建设管理，促进城市可持续发展具有重大意义。

1. 生态城市评价原则

1）科学性

生态城市可持续发展评价指标体系应该建立在科学的基础之上，指标的物理意义必须明确，测定方法标准，统计方法规范，能够度量和反映城市生态系统结构和功能的现状以及发展趋势，并能反映可持续发展的内涵和目标的实现程度。尤其指标体系的设置、构成、层次等要建立在客观、合理、科学的基础上，有利于对生态城市可持续发展状态进行动态检测与分析研究，使信息输出系统能够客观、真实地反映其发展变化过程与系统输出功能。要做到这一点，必须要注意以下几个方面：①在评价模型的选取上，要把函数法和比值法结合起来。②在权重系数的确定上，要把战略需要和层次分析结合起来。③在建设标准的制定上，要把国际先进水平和具体生态城市发展的实际结合起来。

2）系统性

生态城市可持续发展评价指标体系是人们利用过去和现在的各类知识对构成生态城市的“自然—社会—经济”复合系统进行高度的抽象和描述。系统的复杂性决定了组成生态城市可持续发展指标体系的各类指标以及各层次之间具有内在的相关性。因此，建立的可持续发展评价指标体系必须覆盖整个生态城市系统，并能反映不同层次和不同子系统之间各要素的有机构成，使指标体系能够准确、充分、科学地反映可持续发展综合系统及各子系统的变化趋势。同时，各层次的指标还必须隐含着系统的目的性、整体性和层次性，这样才能使评价指标体系内部结构合理。

3）可操作性

对生态城市可持续发展评价指标的描述必须遵守生态城市的发展规律以及相应的经济、社会发展规律，而且指标要具有可测性、可比性、适用性、前瞻性、定量性、完备性、独立性、针对性、代表性、可感知性、贴切性和合理性，只有这样，所建立的指标体系才能适用于生态城市系统，不仅仅停留在科学研究论文的水平。

2. 城市生态评价的内容

城市建设的目标是在一定的社会经济条件下，为人们提供安全、清洁的工作场所和健康、舒适的生活环境，把城市建设成为一个结构合理、功能高效和关系协调的生态城市。城市生态评价一般从城市生态系统的结构、功能和协调度3个方面着手进行。

1）城市生态系统的结构

城市生态系统的结构是指系统内各组分的数量、质量及其空间格局。它包括城市人群、无机的物理环境(包括城市人工构筑物)以及有机的生物环境等。一个生态化的城市要有适度的人口密度、合理的土地利用、良好的环境质量、完善的绿地系统、完备的基础设施和有效的生物多样性保护。

2）城市生态系统的功能

城市生态系统的功能包括生活功能、生产功能和还原功能。生活功能是指城市作为人的生存的地方，首先要为居民提供基本生活条件和人性发展的外部环境，它决定着城市吸引力的大小，并体现着城市发展水平。生产功能是指为社会提供丰富物质和信息产品。其特点是空间利用率高，能流、物流密集，系统输入输出量大；主要消耗不可再生资源，能源利用率低；系统内生产量大于自我消耗量；食物链呈线状。还原功能是指保证城乡自然资源的永久利用和社会、经济、环境的平衡发展，通过自然净化和人工调节来恢复。3种功能之间贯穿着能量、物质和信息的流动，维持并推动着城市生态系统的存在和发展。

3）城市生态系统的协调度

城市生态系统的协调功能是指人类活动和周围环境间相互关系的协调。它包括资源利用和资源承载力的相互匹配、可更新资源的利用与再生、不可更新资源的消耗与供给、环境胁迫和环境容量的相互匹配、三废与自净能力、城乡关系协调正反馈与负反馈相协调等。

3. 评价指标体系的建立

评价指标体系是指由若干个相互联系的评价指标组成的有机整体，它全面、系统、科学和准确地反映一定时期内区域多个侧面的变化特征和发展规律。评价指标体系作为一个系统，其结构和组成要素的科学组合会直接影响系统功能的发挥，根据其组成要素的性质、功能等可能有不同的分类，每一个分类都可以组成一个结构不同的评价指标体系。每个城市的情况不同，指标体系也有所不同。

指标体系的构建可采用层次分析方法，首先确定城市生态评价的主要方面，然后分解为能体现该项指标的亚指标，按此原则再次进行分解，形成一个三层次的生态城市评价指标结构的框架，用以评价城市的生态化程度，如图3-7所示。

其中最高级(0级)综合指标为生态综合指数(ECI)，用以评价城市的生态化程度。一级指标由结构、功能和协调度3个方面组成。二级指标是根据前述评价指标选择原则，选择若干因子所组成的；三级指标又是在二级指标下选择若干因子组成整个评价指标体系。由于城市生态系统的结构、功能和协调度都是由许多因子组成的，其中有些因子可以定量并且容易定量，而有些因子是难以定量或者难以取得定量数据的。因此，对二级指标，特别是二、三级指标只能根据评价指标建立的原则加以选择，不可避免地存在着不完备的缺

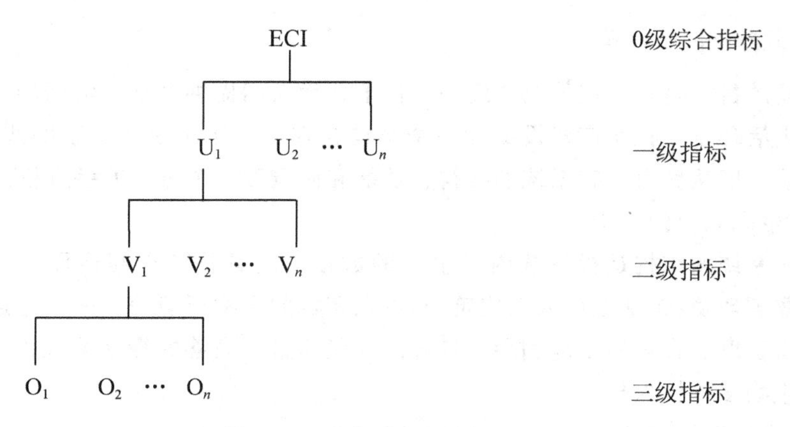

图 3-7 生态城市评价指标结构

陷。随着对城市生态系统研究的发展和日益深入以及统计资料的不断完备，对二级指标，特别是三级指标还可以进行不断修改和补充。目前采用的三级指标见表 3-4。这仅仅是生态城市评价指标体系框架图，对于不同的城市，根据实际情况，可进行调整。

表 3-4 生态城市评价指标体系框架

0 级综合指标	一级指标	二级指标	三级指标
生态综合指数	结构	人口结构	人均密度
			人均期望寿命
			万人中拥有高等学历人数
		基础设施	人均道路面积
			人均住房面积
			人均病床数
		城市环境	污染控制综合得分
			空气质量
			环境噪声
		城市绿化	人均公共绿地面积
			城市绿地覆盖率
			自然保留地面积
	功能	物质还原	固体废弃物无害化处理率
			废水处理率
			工业废气处理率
		资源分配	电话普及率
			人均生活用水
			人均用电

续表

0级综合指标	一级指标	二级指标	三级指标
生态综合指数	功能	生产效率	人均GDP
			万元产值能耗
			土地产出率
	协调度	社会保险	人均保险费
			失业率
			劳保福利占工资比重
		城市文明	万人拥有藏书量
			城市卫生达标率
			刑事案件发生率
		可持续发展	环保投资占GDP的比重
			科教投入占GDP的比重
			城乡投入比

4. 城市生态评价的程序与方法

1）评价的一般程序

城市生态评价的一般程序可以归纳为以下几个步骤。

（1）资料收集和实地调查。

（2）城市生态系统组成因子的分析。

（3）评价指标筛选和指标体系设计。

（4）专家咨询。

（5）确定指标标准，选择评价方法。

（6）进行单项和综合评价，向专家咨询和进行民意测验。

（7）修改评价。

（8）论证与验证。

（9）提出评价报告。

2）评价标准的制定

对城市生态的评价离不开对各项评价指标标准值的确定。有些指标，如大气环境、水环境、土壤环境等已经有了国家的或国际的、经过研究确定的标准，对于这些指标可以直接使用规定的标准进行评价；但是有些指标，如人均期望寿命、万人拥有高等学历人数、土地产出率、人均保险费、环保投资占GDP比重等并没有一定标准，而且有的指标也并非越多越好，或越少越好。

为了适应当前评价的要求，现拟定以下几项原则供制定标准时参考。

（1）凡已有国家标准的或国际标准的指标尽量采用规定的标准值。

（2）参考国外具有良好城市生态的城市的现状值作为标准值。

(3) 参考国内城市的现状值做趋势外推，确定标准值。

(4) 依据现有的环境与社会、经济协调发展的理论，力求将标准值定量化。

(5) 对那些目前统计数据不十分完整，但在指标体系中又十分重要的指标，在缺乏有关指标统计前，暂用类似指标标准替代。

3) 标准值的计算

(1) 三级指标指数是生态城市综合评价指标体系的基础，其计算如下。

当指标数值越大越好时 $Q_i = 1 - \dfrac{S_i - C_i}{S_i - \min S}$

当指标数值越小越好时 $Q_i = 1 - \dfrac{C_i - S_i}{\max S - S_i}$

其中，Q_i 为某个三级指标的指数值；S_i 为某个三级指标的标准值；C_i 为根据评价城市选取的某个三级指标的现状值；$\max S$ 为所选相关城市指标的最大值乘以 1.05；$\min S$ 为所选相关城市指标的最小值除以 1.05。

(2) 二级指标指数的计算如下。

$$V_i = \sum_i^m Q_i / m$$

其中，V_i 为某个二级指标指数值；Q_i 为某个三级指标指数值；m 为该二级指标所属三级指标的项数。

(3) 一级指标指数的计算如下。

$$U_i = \sum_i^n W_i V_i$$

其中，U_i 为某个一级指标的指数值；V_i 为该一级指标下某个二级指标的指数值；W_i 为该一级指标下某个二级指标的权重；n 为该一级指标下所属二级指标的个数。

(4) 生态综合指数的计算如下。

采用加权叠加的方法，计算公式：$\mathrm{ECI} = \sum_i^n W_i U_i$

其中，U_i 为某一级指标的指数值；W_i 为某一级指标的权重；N 为一级指标项数。

(5) 权值确定如下。

采用特尔斐法和语义变量分析法相结合来确定权值。

3.3 生态园林城市建设

生态园林城市是由原国家建设部提出的，强调自然生态化、社会生态化和经济生态化的一体化建设。生态园林城市建设的核心是以自然生态化模式，促进社会生态化和经济生态化进一步发展，其建设的本质是生态环境系统的生态化，通过对环境与发展进行整体性思考，用生态学和生态经济学的原理来规划、设计和组织人类的城市建设活动，将生态建设、环境保护与经济建设、社会发展融为一体，遵循自然规律，充分保护和发挥生态功能对人类社会活动的支撑作用；其建设的目的是营造最适合人居住的环境，坚持以人为本，建设生态文化，追求人与自然、人与人的协调与和谐的人居环境。

创建“国家生态园林城市”，不仅是满足人民生活水平不断提高的需要，也是落实十七大提出“建设生态文明，基本形成节约能源资源和保护生态环境的产业结构、增长方式、消费模式”的重要组成部分。“园林城市”以人均公共绿地、绿地率、绿地覆盖率为评选的基本指标，主要以绿化指标作为园林城市评判指标。“生态园林城市”以城市生态环境、城市生活环境、城市基础设施等为评估指标。需要进一步完善城市绿地系统，有效防治和减少城市大气污染、水污染、土壤污染、噪声污染和各种废弃物，实施清洁生产、绿色交通、绿色建筑，促进城市中人与自然的和谐，使环境更加清洁、安全、优美、舒适，努力为广大市民创造一个优美、舒适、健康、方便的生活居住环境。

3.3.1 生态园林城市标准的一般性要求

生态园林城市标准的一般性要求有以下几项。

(1) 应用生态学与系统学原理来规划建设城市，城市性质、功能、发展目标定位准确，编制科学的城市绿地系统规划并纳入城市总体规划，制定完整的城市生态发展战略、措施和行动计划。城市功能协调，符合生态平衡要求；城市发展与布局结构合理，形成与区域生态系统相协调的城市发展形态和城乡一体化的城镇发展体系。

(2) 城市与区域协调发展，有良好的市域生态环境，形成完整的城市绿地系统；自然地貌、植被、水系、湿地等生态敏感区域得到有效保护，绿地分布合理，生物多样性趋于丰富；大气环境、水系环境良好，并具有良好的气流循环，热岛效应较低。

(3) 城市人文景观和自然景观和谐融通，继承城市传统文化，保持城市原有的历史风貌，保护历史文化和自然遗产，保持地形地貌、河流水系的自然形态，具有独特的城市人文、自然景观。

(4) 城市各项基础设施完善。城市供水、燃气、供热、供电、通信、交通等设施完备、高效、稳定，市民生活工作环境清洁安静，生产、生活污染物得到有效处理；城市交通系统运行高效，开展创建绿色交通示范城市活动，落实优先发展公交政策；城市建筑(包括住宅建设)广泛采用建筑节能、节水技术，普遍应用低能耗环保建筑材料。

(5) 具有良好的城市生活环境。城市公共卫生设施完善，达到较高的污染控制水平，建立相应的危机处理机制。市民能够普遍享受健康服务。城市具有完备的公园、文化体育等各种娱乐和休闲场所。住宅小区、社区的建设功能俱全、环境优良。居民对本市的生态环境有较高的满意度。

(6) 社会各界和普通市民能够积极参与涉及公共利益政策和措施的制定和实施，对城市生态建设、环保措施具有较高的参与度。

(7) 模范执行国家和地方有关城市规划、生态环境保护的法律法规，持续改善生态环境和生活环境。3年内无重大环境污染和生态破坏事件，无重大破坏绿化成果行为，无重大基础设施事故。

3.3.2 生态园林城市标准的基本指标要求

生态园林城市给出了在城市生态环境、城市生活环境、城市基础设施的各项指标下，要求达到的相应标准值和基本指标。其中城市生态环境类指标包括综合物种指数、本地植物指数、建成区道路广场用地中透水面积的比重、城市热岛效应程度、建成区绿化覆盖率、建成区人均公共绿地面积和建成区绿地率7项考核内容；城市生活环境类指标包括每年城市空气污染指数不大于100的天数、城市水环境功能区水质达标率、城市管网水水质年综合合格率、环境噪声达标区覆盖率和公众对城市生态环境的满意度5项考核内容；城市基础设施指标类包括城市基础设施系统完好率、自来水普及率、城市污水处理率、再生水利用率、生活垃圾无害化处理率、万人拥有病床数和主次干道平均车速7项考核内容，见表3-5。

表3-5 生态园林城市基本指标要求

目标层次	序号	指标	标准值
城市生态环境指标	1	综合物种指数	≥0.5
	2	本地植物指数	≥0.7
	3	建成区道路广场用地中透水面积的比重	≥50%
	4	城市热岛效应程度/℃	≤2.5
	5	建成区绿化覆盖率/%	≥45
	6	建成区人均公共绿地面积/m^2	≥12
	7	建成区绿地率/%	≥38
城市生活环境指标	8	每年城市空气污染指数小于等于100的天数	≥300
	9	城市水环境功能区水质达标率/%	100
	10	城市管网水水质年综合合格率/%	100
	11	环境噪声达标区覆盖率/%	≥95
	12	公众对城市生态环境的满意度/%	≥85
城市基础设施指标	13	城市基础设施系统完好率/%	≥85
	14	自来水普及率/%	100，实现24小时供水
	15	城市污水处理率/%	≥70
	16	再生水利用率/%	≥30
	17	生活垃圾无害化处理率/%	≥90
	18	万人拥有病床数/(张/万人)	≥90
	19	主次干道平均车速/(km/h)	≥40

3.3.3 基本指标计算及要求

1. 综合物种指数

物种多样性是生物多样性的重要组成部分，是衡量一个地区生态保护、生态建设与恢复水平的较好指标。本指标选择代表性的动植物(鸟类、鱼类和植物)作为衡量城市物种多样性的标准。物种指数的计算方法如下。

综合物种指数：$H=\frac{1}{n}\sum P_i$， $n=3$

单项物种指数：$p_i=N_{bi}/N_i$（$i=1$，2，3，分别代表鸟类、鱼类和植物）

其中，P_i为单项物种指数，N_{bi}为城市建成区内该类物种数，N_i为市域范围内该类物种总数。

综合物种指数为单项物种指数的平均值。

注意：鸟类、鱼类均以自然环境中生存的种类计算，人工饲养者不计。

2. 本地植物指数

本地植物指数指城市建成区内全部植物物种中本地物种所占比例。

3. 建成区道路广场用地中透水面积的比重

建成区道路广场用地中透水面积的比重指城市建成区内道路广场用地中，透水性地面(径流系数小于0.60的地面)所占比重。

4. 城市热岛效应程度

城市热岛效应是城市出现市区气温比周围郊区高的现象。采用城市市区6～8月日最高气温的平均值和对应时期区域腹地(郊区、农村)日最高气温平均值的差值(℃)表示。

5. 建成区绿化覆盖率

建成区绿化覆盖率指在城市建成区的绿化覆盖面积占建成区面积的百分比。绿化覆盖面积是指城市中乔木、灌木、草坪等所有植被的垂直投影面积。

6. 建成区人均公共绿地面积

建成区人均公共绿地指在城市建成区的公共绿地面积与相应范围城市人口之比。

7. 建成区绿地率

建成区绿地率指在城市建成区的园林绿地面积占建成区面积的百分比。

8. 每年城市空气污染指数小于等于100的天数

城市空气污染指数(API)为城市市区每日空气污染指数，其计算方法按照《城市空气质量日报技术规定》执行。

9. 城市水环境功能区水质达标率

城市水环境功能区水质达标率指城市市区地表水认证点位监测结果按相应水体功能标

准衡量，不同功能水域水质达标率的平均值。沿海城市水域功能区水质达标率是地表水功能区水质达标率和近岸海域功能区水质达标率的加权平均；非沿海城市水域功能区水质达标率是指各地表水功能区水质达标率平均值。

10. 城市管网水水质年综合合格率

城市管网水水质年综合合格率指管网水达到一类自来水公司国家生活饮用水卫生标准的合格程度。

11. 环境噪声达标区覆盖率

环境噪声达标区覆盖率指城市建成区内，已建成的环境噪声达标区面积占建成区总面积的百分比。计算方法为：

噪声达标区覆盖率＝噪声达标区面积之和/建成区总面积×100%。

12. 公众对城市生态环境的满意度

公众对城市生态环境的满意度指被抽查的公众(不少于城市人口的千分之一)对城市生态环境满意(含基本满意)的人数占被抽查的公众总人数的百分比。

13. 城市基础设施系统完好率

城市基础设施系统完好率是衡量一个城市社会发展、城市基础建设水平及预警应急反应能力的重要指标。城市基础设施系统包括：供排水系统、供电线路、供热系统、供气系统、通信信息系统、交通道路系统、消防系统、医疗应急救援系统、地震等自然灾害应急救援系统。完好率最高为1，前5项以事故发生率计算，每条生命线每年发生10次以上扣0.1，100次以上扣0.3，1000次以上为0；交通线路每年发生交通事故死亡5人以上扣0.1，死亡10人扣0.3，死亡30人以上扣0.5，死亡50人以上则为0。后3项以是否建立了应急救援系统为准，若已建立则为1，未建立则为0。

计算公式：基础设施完好率＝ $\sum p_i/9\times100\%$，式中 P_i 为各基础设施完好率。

14. 自来水普及率

自来水普及率指城市用水人口与城市人口的比率。

15. 城市污水处理率

城市污水处理率指城市污水处理量与污水排放总量的比率。

16. 再生水利用率

再生水利用率指城市污水再生利用量与污水处理量的比率。

17. 生活垃圾无害化处理率

生活垃圾无害化处理率指经无害化处理的城市市区生活垃圾数量占市区生活垃圾产生总量的百分比。

18. 万人拥有病床数

万人拥有病床数指城市人口中每万人拥有的病床数。

19. 主次干道平均车速

考核主次干道上机动车的平均车速，平均行程车速是指车辆通过道路的长度与时间之比。

阅读材料

全球10大最著名环保建筑

在哥斯达黎加建造了一个令人难以置信的海滩别墅，如图3-8所示。这所房子坐落在海平面上的一座小山上，远离任何城镇至少有20km。房子自己可持续的存在对于建筑师是一个最大的挑战，房子也不得不独立地存在于一个潮湿的环境中。

图3-8 Robles Arquitectos

如图3-9所示的建筑出自于伊朗建筑师格伦，位于加州洛杉矶威尼斯运河。挑战的项目是为了户外空间最大化，创造一个似乎倒着盘旋在地面上的建筑。

图3-9 Hover House

自然之屋坐落在山顶，如图 3－10 所示，这个房子提供的景色是美不胜收的俄罗斯河谷。建造这个房屋，建筑师道林考虑使用了最可持续材料和节能系统。

图 3－10　自然之屋

如图 3－11 所示的美丽而且精致的房屋来自皮埃特罗拉索，建筑旁有着催眠一般的风景。这个房屋基于绿色、可持续发展的特点而建造。

图 3－11　Ecomo

如图 3－12 所示的建筑位于丹麦的阿胡斯，是一个环保的建筑，注重低能耗和低碳。让人们吃惊的是，这个建筑生产的能量多于消耗的能量。

很多人都害怕太阳能电池板会在建筑的设计上产生负面的作用。如图 3－13 所示的建筑，它的电池板是独立的，这是人们最常规的解决办法。它位于华盛顿，由 Prentiss 设计。

如图 3－14 所示的奇特的建筑建造在瑞士的乡村，有两层楼，主要特点是注重居民的隐私和阳光。

如图 3－15 所示的房子在欧洲是被公众所熟悉的，它坐落于德国，因为能很好地利用太阳能而闻名。它由 Rosenheim 大学的应用科学系所建造。这个项目的能量产品超过了其需求。它使用了各种绿色技术，如太阳能电池板、真空保温板、高效的机械系统和自然通风。

图 3－12 Home for Life

图 3－13 Chuckanut Ridge House

图 3－14 Crooked House

图 3-15 IKAROS House

如图 3-16 所示的房子是非常有趣的和可持续建筑项目，建立在意大利的博岑附近，海拔 1200m。其设计方案的根本在于绿色环保、低能耗。Fincube 房屋面积 47 万 m^2，类似于一间小公寓的生存空间。它的内部设计是很小的，但它却有一切城市生活提供的设施。

图 3-16 Fincube

如图 3-17 所示的建筑来自于建筑师罗伯托·卓柯瑞，坐落于一个非传统的环境中，在葡萄牙公园的深处。拥有者要求居住在这样的环境中，这些建筑师们也尊重他的要求。在建造该建筑的过程中，没有一棵树被砍伐，非常环保，它的外面虽然简陋，里面却是现代舒适的。

图 3-17 Casa No Gere

思 考 题

1. 辨析城市生态规划、城市规划、城市环境规划三者之间的关系。

2. 查阅文献资料，分析我国城市生态安全建设的必要性及措施。

3. 试述国、内外典型的生态城市建设实践。

4. 根据所学知识，怎样理解在我国现阶段生态园林城市建设是生态城市建设的阶段性目标?

5. 简述城市生态规划的内容。

第4章 城市环境问题

内容提要及要求

本章介绍了环境、环境科学的基本知识、阐述了当前世界的环境问题和我国的主要环境问题，使学生认识和理解当今环境问题产生的主要原因。揭示环境问题产生的根源，帮助学生正确认识人口、资源、发展和环境间的辩证关系，树立科学、正确的人口观、资源观、环境观、价值观，养成良好的环境保护意识。

城市化的发展使社会发展的速度进一步加快，工业和经济的增长变得更为便利和快捷。但与此同时，城市化的高速发展也产生了一系列环境问题，给人类的生存环境造成了严重影响。

4.1 环境的概念及要素

4.1.1 环境的概念

所谓环境总是相对于某项中心事物而言的，对人们来讲，中心事物是人，环境就是以人类为主体的外部世界的总称，指人类赖以生存与发展的全部条件的总和。环境包括自然环境和人工环境。前者可以概括为生物圈、大气圈、水圈和岩石圈及其运动的影响，后者指人类自身活动所形成的物质、能量、精神文明、各种社会关系及其产生的作用。

《中华人民共和国环境保护法》中明确指出："本法所称环境，是指影响人类生存和发展的各种天然的和经过人工改造的自然因素的总体，包括大气、水、海洋、土地、矿藏、森林、草原、野生生物、自然遗迹、人文遗迹、风景名胜区、自然保护区、城市和乡村等。"在这里，"自然因素的总体"有两层含义，一是包括了各种天然的和经过人工改造的；二是并不泛指人类周围的所有自然因素(整个太阳系的，甚至整个银河系的)，而是指对人类的生存和发展有明显影响的自然因素的总体。

随着人类社会的发展，环境的范畴也会相应地改变。月球是距地球最近的星体，它对地球上海水、潮汐等都有影响，但对人类生存和发展的影响现在还很小，所以现阶段还没有把月球视为人类的生存环境，也没有哪一国的环境保护法把其归于人类生存环境范畴。但是，随着宇宙航行和空间技术科学的发展，将来会有一天人类不仅要在月球上建立空间实验站，还要开发月球上的资源，人类将来往于月球和地球之间。到那时，月球当然就会成为人类生存环境的重要组成部分。因此，要用发展的眼光来认识环境，界定环境的范畴。

4.1.2 环境要素及基本属性

1. 环境要素

环境要素是指构成环境整体的各个独立的、性质不同而又服从总体演化规律的基本物质组分，也称环境基质。它可分为自然环境要素和人工环境要素两种。自然环境是指人类出现之前就存在的，是人类目前赖以生存、生活和生产所必需的自然条件和自然资源的总称，是阳光、温度、气候、地磁、空气、水、岩石、土壤、动植物、微生物以及地壳的稳定性等自然因素的总和，用一句话概括就是"直接或间接影响到人类的一切自然形成的物质、能量和自然现象的总称"，简称环境，它对人类的影响是根本性的。自然环境的构成如图 4－1 所示。

人工环境指人们生活的社会经济制度和上层建筑的环境条件，如构成社会的经济基础及其相应的政治、法律、宗教、艺术、人工构筑物、文化、哲学的观点和机构等，它是人类物质文明和精神文明发展的标志。人工环境的构成如图 4－2 所示。环境要素不仅制约着各环境要素间互相联系、互相作用的基本关系，而且是认识环境、评价环境、改造环境的基本依据。

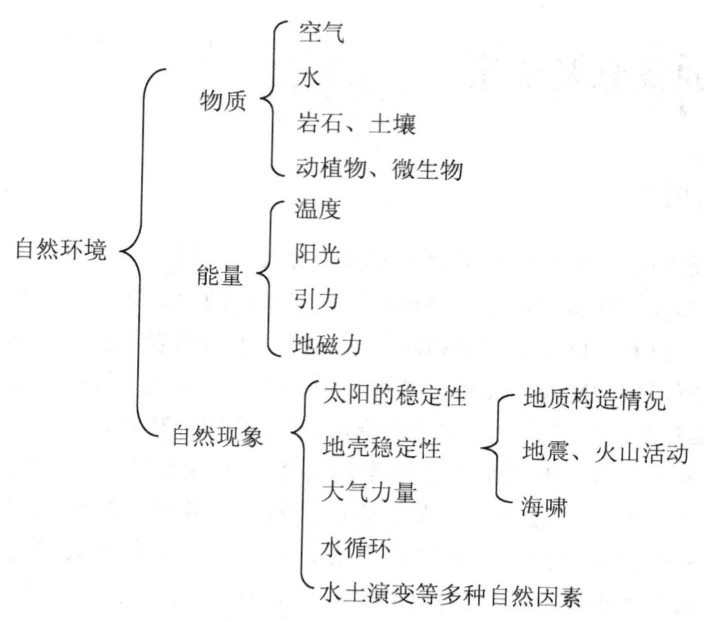

图 4-1 自然环境的构成

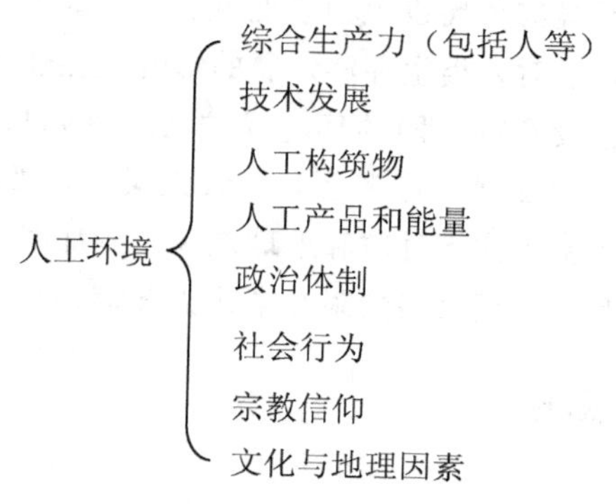

图 4-2 人工环境的构成

2. 环境要素的属性

1）环境整体大于诸要素之和

一个环境的性质，不等于组成该环境各个要素的性质之和，而是比这种“和”丰富得多，复杂得多。环境诸要素互相联系、互相作用所产生的集体效应，是个体效应基础上质的飞跃。研究环境要素不但要研究单要素的作用，还要探讨整个环境的作用机制，综合分析和归纳整体效应的表现。

2）环境要素的相互依赖性

环境诸要素是相互联系、相互作用的。环境诸要素间的相互作用和制约，一方面，是通过能量流，即通过能量在各要素之间的传递，或以能量形式在各要素之间的转换来实现的；另一方面，通过物质循环，即物质在环境要素之间的传递和转化，使环境要素相互联系在一起。

3）环境质量的最差限制律

环境质量的一个重要特征是最差限制律，即整体环境的质量不是由环境诸要素的平均状态决定的，而是受环境诸要素中那个“最差状态”的要素控制的，不能够因其他要素处于良好状态而得到补偿。因此，环境诸要素之间是不能相互替代的。例如，一个区域的空气质量优良，声环境质量较好，但水污染严重，连清洁的饮用水也不能保证，则该区域的总体环境质量就由水环境所决定，改善环境质量，首先要改善水质。

4）环境要素的等值性

等值性说明环境要素对环境质量的作用。各个环境要素无论在规模上或数量上存在什么差异，只要它们处于最劣状态，那么对于环境质量的限制作用没有本质的区别，就具有等值性。等值性与最差限制律有着密切联系，前者主要对各个要素的作用进行比较，而后者强调制约环境质量的主导要素。

5）环境要素变化之间的连锁反应

每个环境要素在发展变化的过程中，既受到其他要素的影响，同时也影响其他要素，形成连锁反应。例如，温室效应引起的大气升温，将导致干旱、洪涝、沙暴、飓风、泥石流、土地荒漠化、水土流失等一系列自然灾害。这些现象其中一环发生改变，就可以引起一系列连锁反应。

4.2 环境科学

环境问题由来已久，并随着人类经济和生活的发展而发展。直至20世纪60年代末和70年代初，才形成了环境科学。环境科学作为一门新学科，其发展速度是任何一门其他学科都无法比拟的。

4.2.1 环境科学的研究对象

环境科学的主体是人，与之相对的是围绕着人的生存环境，包括自然界的大气圈、水圈、岩石圈、生物圈。环境科学可定义为“一门研究人类社会发展活动与环境演化规律之间相互作用关系，寻求人类社会与环境协同演化、持续发展途径与方法的科学”，是研究“人类—环境”系统的发生和发展、调节和控制以及改造和利用的科学。

环境科学的研究对象是“人类和环境”这对矛盾之间的关系，其目的是通过调整人类的社会行为，保护、发展和建设环境，从而使环境永远为人类社会持续、协调、稳定地发展提供良好的支持和保证。环境科学的具体研究内容包括人类社会经济行为引起的环境污染和生态破坏，环境系统在人类活动影响下的变化规律；确定环境质量恶化的程度及其与人类社会活动的关系；寻求人类社会与环境协调持续发展的途径和方法，以争取人类社会与自然界的和谐。

4.2.2 环境科学的基本任务

环境科学的研究可以分成宏观和微观两个层次。

宏观上，环境科学研究人和环境相互作用的规律，由此揭示社会、经济和环境协调发展的基本规律。这就是可持续发展的思路，因此环境科学发展之后，必然要提出可持续发展问题。

微观上，环境科学要研究环境中的物质，尤其是人类活动产生的污染物，其在环境中的产生、迁移、转变、积累、归宿等过程及其运动规律，为人们保护环境的实践提供科学基础。环境科学还要研究环境污染综合防治技术和管理措施，寻求环境污染的预防、控制、消除的途径和方法。这些都是环境科学的任务，具体表现在以下几个方面。

1）探索全球范围内自然环境演化的规律

全球性的环境包括大气圈、水圈、土壤岩石圈、生物圈，总是在相互作用、相互影响中不断地演化，环境变异也随时随地在发生。在人类改造自然的过程中，为使环境向有利于人类的方向发展，避免向不利于人类的方向发展，就必须了解和掌握环境的变化过程，包括环境系统的基本特征、结构和组成，以及演化的机理等。

2）探索全球范围内人与环境的相互依存关系

环境科学主要探索人与生物圈的相互依存关系。因为人类是生存在生物圈内的，生物圈的状况如何、是否会发生不良变化，是关系到人类生存与发展的大问题。因此，探索和深入认识人与生物圈的相互关系是十分重要的。

其一是研究生物圈的结构和功能，以及在正常状态下生物圈对人类的保护作用、提供资源能源的作用、作为农作物及野生动植物的生长基地的作用，以及为人类提供生存空间和生存发展所必需的一切物质支持的作用等。

其二是探索人类的经济活动和社会行为(生产活动、消费活动)对生物圈的影响，已经产生的和将要产生的影响，好的或坏的影响，以及生物圈结构和特征发生的变化，特别是重大的不良变化及其原因分析，如大面积的酸雨、“温室效应”引发全球性气候变暖、臭氧层破坏以及大面积生态破坏等，如图 4-3 所示。

其三是研究生物圈发生不良变化后，对人类的生存和发展已经造成和将要造成的不良影响，以及应采取的战略对策。

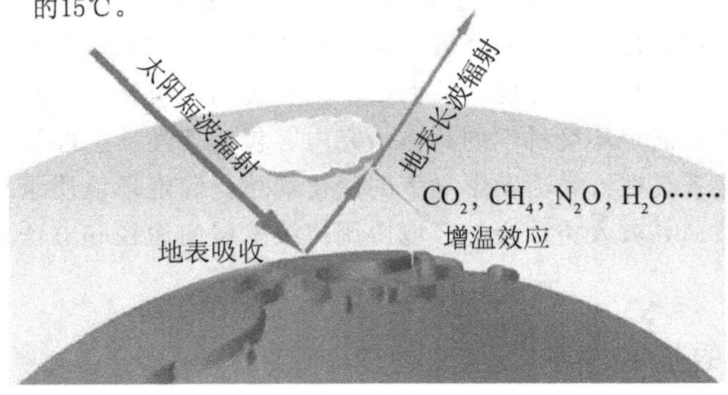

图 4-3 温室效应

3）协调人类的生产、消费活动同生态要求之间的关系

在上述两项探索研究的基础上，需要进一步研究协调人类活动与环境的关系，促进“人类—环境”系统协调稳定地发展。

在生产、消费活动与环境所组成的系统中，尽管物质、能量的迁移转化过程异常复杂，但在物质、能量的输出和输入之间总量是守恒的，最终应保持平衡。生产与消费的增长，意味着取自环境的资源、能源和排向环境的“废物”相应地增加。环境资源是丰富的，环境容量是巨大的，但在一定的时空条件下环境承载力是有限的。盲目地发展生产和消费势必导致资源的枯竭和破坏，导致环境的污染和破坏，削弱人类的生存基础，损害环境质量和生活质量。因此，必须把发展经济和保护环境作为两个不可偏废的目标纳入综合经济决策中。

在“人类—环境”系统中人是矛盾的主要方面，必须主动调整人类的经济活动和社会行为(生产、消费活动的规模和方式)，选择正确的发展战略，以求得人类与环境的协调发展。环境与发展问题已成为当前世界各国关注的焦点，协调发展论、持续发展的理论，从总体上协调人与环境的关系，已成为环境科学研究的重大课题。

4）探索区域污染综合防治的途径

运用工程技术及管理措施(法律、经济、教育及行政手段)，从区域环境的整体上调节控制“人类—环境”系统，利用系统分析及系统工程的方法，寻求解决区域环境问题的最优方案。

4.2.3 环境科学的分支

环境科学主要运用自然科学和社会科学的有关学科的理论、技术和方法来研究环境问题，在与有关学科相互渗透、交叉中形成了许多分支学科。属于自然科学方面的有环境地学、环境生物学、环境化学、环境物理学、环境医学、环境工程学，属于社会科学方面的有环境管理学、环境经济学、环境法学等，如图 4 - 4 所示。

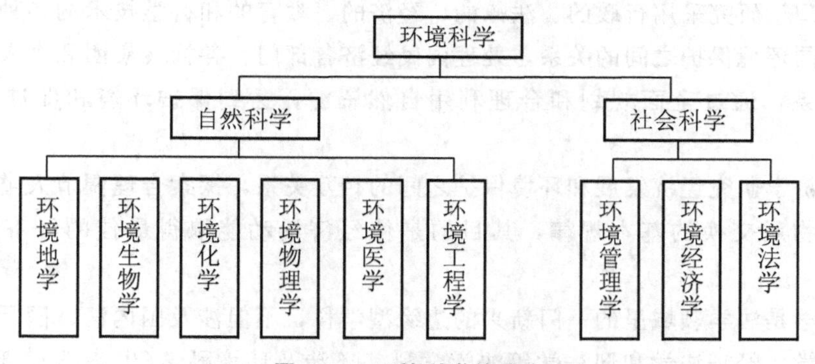

图 4 - 4 环境科学的分支

环境地学以人—地系统为对象，研究它的发生和发展、组成和结构、调节和控制、改造和利用。环境地学的主要研究内容有地理环境和地质环境等的组成、结构、性质和演化，环境质量调查、评价和预测，以及环境质量变化对人类的影响等。环境地学的学科体

系还未完全定型，目前较成熟的分支学科有环境地质学、环境地球化学、环境海洋学、环境土壤学、污染气象学等。

环境生物学研究生物与受人类干预的环境之间的相互作用的机理和规律。它有两个研究领域：一个是针对环境污染问题的污染生态学；另一个是针对环境破坏问题的自然保护。环境生物学以研究生态系统为核心，向两个方向发展：从宏观上研究环境中污染物在生态系统中的迁移、转化、富集和归宿，以及对生态系统结构和功能的影响；从微观上研究污染物对生物的毒理作用和遗传变异影响的机理和规律。

环境化学主要鉴定和测量化学污染物在环境中的含量，研究它们的存在形态和迁移、转化规律，探讨污染物的回收利用和分解成为无害的简单化合物的机理。它有两个分支：环境污染化学和环境分析化学。

环境物理学研究物理环境和人类之间的相互作用。它主要研究声、光、热、电磁场和射线对人类的影响，以及消除其不良影响的技术途径和措施。声、光、热、电、射线为人类生存和发展所必需，但是，它们在环境中的量过高或过低，就会造成污染和危害。

环境医学研究环境与人群健康的关系，特别是研究环境污染对人群健康的有害影响及其预防措施，包括探索污染物在人体内的动态和作用机理，查明环境致病因素和致病条件，阐明污染物对健康损害的早期反应和潜在的远期效应，以便为制定环境卫生标准和预防措施提供科学依据。环境医学的研究领域有环境流行病学、环境毒理学、环境医学监测等。

环境工程学是运用工程技术的原理和方法，防治环境污染，合理利用自然资源，保护和改善环境质量。主要研究内容有大气污染防治工程、水污染防治工程、固体废物的处理和利用、噪声控制等，并研究环境污染综合防治，以及运用系统分析和系统工程的方法，从区域环境的整体上寻求解决环境问题的最佳方案。此外，环境工程学还研究控制污染的技术经济问题，开展技术发展的环境影响评价工作。

环境管理学研究采用行政的、法律的、经济的、教育的和科学技术的各种手段调整社会经济发展同环境保护之间的关系，处理国民经济各部门、各社会集团和个人有关环境问题的相互关系，通过全面规划和合理利用自然资源，达到保护环境和促进经济发展的目的。

环境经济学研究经济发展和环境保护之间的相互关系，探索合理调节人类经济活动和环境之间的物质交换的基本规律，其目的是使经济活动能取得最佳的经济效益和环境效益。

环境法学是法学领域里的一门新兴的边缘型学科，不但涉及国内法、国际法以及法理学、行政法学、经济法学和刑法学等法学学科，还涉及环境科学(生态学)、环境社会学、环境经济学等其他自然科学和社会科学学科。

环境是一个有机的整体，环境污染又是极其复杂的、涉及面相当广泛的问题。因此，在环境科学发展过程中，环境科学的各个分支学科虽然各有特点，但又互相渗透，互相依存，它们是环境科学这个整体的不可分割的组成部分。

4.3 环境问题

4.3.1 环境问题的概念及分类

所谓环境问题是指人为因素所造成的经济、社会发展与环境的关系不协调所引起的问题。环境问题主要有两类：原生环境问题和次生环境问题。

由自然引起的环境问题为原生环境问题，又称第一环境问题。它主要指火山活动、地震、台风、洪涝、干旱、滑坡等自然灾害问题，如图4－5～图4－10所示。目前人类对于该类环境问题的抵御能力还很弱。

图4－5 火山活动

图4－6 地震

图 4-7　台风

图 4-8　洪涝

图 4-9　滑坡

图 4-10 干旱

由人类活动引起的环境问题为次生环境问题，又称第二环境问题，它又可分为环境污染和生态环境破坏两类。

环境污染是指由于人口激增、城市化和工农业高速发展把大量污染物排入环境，对生态系统产生的一系列扰乱和侵害，使环境质量下降，以致危害人体健康，损害生物资源，影响工农业生产。环境污染包括大气污染、水体污染、土壤污染、生物污染、固体废弃物污染、噪声污染、热污染、放射性污染、光污染、电磁辐射污染等。

生态环境破坏是指人类开发利用自然环境和自然资源的活动超过了环境的自我调节能力，使环境质量恶化或自然资源枯竭，影响和破坏了生物正常的发育和演化以及可更新自然资源的持续利用，例如，砍伐森林引起的土地沙漠化、水土流失、一些动植物物种灭绝等。

4.3.2 环境问题的产生和发展

环境问题是随着人类社会和经济的发展而发展的。随着人类生产力的提高，人口数量也迅速增长。人口的增长又反过来要求生产力的进一步提高，如此循环作用，直至现代，环境问题发展到十分尖锐的地步。环境问题的历史发展大致可以分为以下 4 个阶段。

1. 第一次工业革命前的萌芽阶段

人类在诞生以后很长的岁月里，只是天然食物的采集者和捕食者，人类对环境的影响不大。当时生产对自然环境的依赖十分突出，人类主要以生活活动、生理代谢过程与环境进行物质和能量转换，主要是利用环境，而很少有意识地改造环境。如果说那时也发生“环境问题”的话，则主要是由于人口的自然增长和盲目的乱采乱捕、滥用资源而造成生活资源缺乏，引起的饥荒问题。为了解决这种环境威胁，随后人类学会了培育植物、驯化动物，开始发展农业和畜牧业，这在生产发展史上是一次大革命。而随着农业和畜牧业的发展，人类改造环境的作用也越来越明显地显示出来，但与此同时也发生了相应的环境问题，如大量砍伐森林、破坏草原、刀耕火种、盲目开荒等，往往引起严重的水土流失、水

旱灾害频繁和沙漠化；如兴修水利、不合理灌溉往往引起土壤的盐渍化、沼泽化以及某些传染病的流行。在第一次工业革命以前虽然已出现了城市化和手工业作坊，但工业生产并不发达，由此引起的环境污染问题并不突出。

2. 环境问题的发展恶化阶段(第一次工业革命至20世纪50年代前)

随着生产力的发展，在18世纪60年代至19世纪中叶，生产发展史上又出现了一次伟大的革命——第一次工业革命。它使建立在个人才能、技术和经验之上的小生产被建立在科学技术成果之上的大生产所代替，大幅度地提高了劳动生产率，增强了人类利用和改造环境的能力，大规模地改变了环境的组成和结构，从而也改变了环境中的物质循环系统，扩大了人类的活动领域，但与此同时也带来了新的环境问题。一些工业发达的城市和工矿区的工业企业，排出大量废弃物污染环境，使污染事件不断发生，如1873年12月、1880年1月、1882年2月、1891年12月、1892年2月，英国伦敦多次发生可怕的有毒烟雾事件；19世纪后期，日本足尾铜矿区排出的废水污染了大片农田；1930年12月，比利时马斯河谷工业区由于工厂排出有害气体，在逆温条件下造成了严重的大气污染事件。如果说农业生产主要是生活资料的生产，它在生产和消费中所排放的“三废”是可以纳入物质的生物循环而迅速净化、重复利用的，那么工业生产除生产生活资料外，还大规模地进行生物资料的生产，把大量深埋在地下的矿物资源开采出来，加工利用投入环境之中，许多工业产品在生产和消费过程中排入的“三废”，都是生物和人类所不熟悉，难以降解、同化和忍受的。总之，由于蒸汽机的发明和广泛使用，大工业日益发展，生产力有了很大的提高，环境问题也随之而逐步恶化。

3. 环境问题的第一次高潮(20世纪50年代至80年代以前)

环境问题的第一次高潮出现在20世纪五六十年代。20世纪50年代以后，环境问题更加突出，震惊世界的公害事件接连不断，世界著名的“八大公害事件”大多数发生在本阶段(表4-1)，形成了第一次环境问题高潮。这主要是由下列原因引起的。首先，人口迅猛增加，都市化的速度加快。其次，工业不断集中和扩大，能源的消耗大增。1900年世界能源消费量还不到10亿吨煤当量，至1950年就猛增至25亿吨煤当量，到1956年石油的消费量也猛增至6亿吨，在能源中所占的比例加大，又增加了新污染。大工业的迅速发展逐渐形成大的工业地带，而当时人们的环保意识还很薄弱。因此，第一次环境问题高潮出现是必然的。

当时，在工业发达国家，环境污染已达到相当严重的程度，直接威胁到人们的生命和安全，成为重大的社会问题，激起广大人民的不满，并且也影响了经济的顺利发展。1972年的斯德哥尔摩人类环境会议就是在这种历史背景下召开的，这次会议对人类认识环境的问题来说是一个里程碑。工业发达国家把环境问题摆上了国家议事日程，包括制定法律、建立机构、加强管理、采用新技术，20世纪70年代中期环境污染得到了有效控制，城市和工业区的环境质量有明显改善。

表 4-1 世界著名的“八大公害事件”

事件	时间、地区和危害	主要污染物
马斯河谷事件	1930年12月1日～5日，比利时马斯河谷的气温发生逆转，工厂排出的有害气体和煤烟粉尖，在近地大气层中积聚。3天后，开始有人发病，一周内，60多人死亡，还有许多家禽死亡。这次事件主要是由于几种有害气体和煤烟粉尘污染的综合作用所致，当时的大气中SO_2浓度高达25～100mg/m^2	粉尘、SO_2、CO
多诺拉事件	1948年10月26日～31日间，美国宾夕法尼亚州的多诺拉小镇持续有雾，致使全镇43%的人口(5911人)相继发病，其中17人死亡。这次事件是由二氧化硫与金属元素、金属化合物相互作用所致，当时大气中SO_2浓度高达0.5×10^{-6}～2.0×10^{-6}mg/m^3，是平时的6倍	SO_2、CO、As、Pb等
伦敦烟雾事件	1952年12月5日～8日，素有“雾都”之称的英国伦敦，突然有许多人患呼吸系统疾病，并有4000多人相继死亡。此后两个月内，又有8000多人死亡。这起事件原因是当时大气中尘粒浓度高达4.46mg/m^3，是平时的10倍，SO_2浓度高达1.34×10^{-6}mg/m^3，是平时的6倍	SO_2、粉尘
洛杉矶光化学烟雾事件	1936年在洛杉矶开采出石油后，刺激了当地汽车业的发展。至20世纪40年代初期，洛杉矶市已有250万辆汽车，每天消耗约1600万升汽油，但由于汽车汽化率低，每天有大量碳氢化合物排入大气中，受太阳光的作用，形成了浅蓝色的光化学烟雾，使这座本来风景优美、气候温和的滨海城市，成为“美国的雾城市”。这种烟雾刺激人的眼、喉、鼻，引发眼病、喉头炎和头痛等症状，致使当地死亡率增高，同时，又使远在百里之外的柑橘减产，松树枯萎	光化学烟雾、O_3、NO、NO_2
水俣病事件	日本一家生产氮肥的工厂从1908年起在日本九州南部水俣市建厂，该厂生产流程中产生的甲基汞化合物直接排入水俣湾。从1950年开始，先是发现“自杀猫”，后是有人生怪病，因医生无法确诊而称之为“水俣病”。经过多年调查才发现，此病是由于食用水俣湾的鱼而引起。水俣湾因排入大量甲基汞化合物，在鱼的体内形成高浓度的积累，猫和人食用了这种被污染的鱼类就会中毒生病	甲基汞($CH_3—Hg$)
骨痛病事件	20世纪50年代日本三井金属矿业公司在富山平原的神通川上游开设炼锌厂，该厂排入神通川的废水中含有金属镉，这种含镉的水又被用来灌溉农田，使稻米含镉。许多人因食用含镉的大米和含镉的水而中毒，全身疼痛，故称“骨痛病”。据统计，在1963年至1968年5月，共有确诊患者258人，死亡人数达128人	Gb等

续表

事件	时间、地区和危害	主要污染物
四日哮喘病事件	20世纪五六十年代日本东部沿四日市设立了多家石油化工厂，这些工厂排出的含SO_2、金属粉尘的废气，使许多居民患上哮喘等呼吸系统疾病而死亡。1967年，有些患者不堪忍受痛苦而自杀，到1970年，患者已达500多人	SO_2、粉尘
米糠油事件	1968年，日本九州爱知县一带在生产米糠油过程中，由于生产失误，米糠油中混入了多氯联苯，致使1400多人食用后中毒，4个月后，中毒者猛增到5000余人，并有16人死亡。与此同时，用生产米糠油的副产品黑油做家禽饲料，又使数十万只鸡死亡	多氯联苯(PCB)

4. 环境问题的第二次高潮(20世纪80年代以后)

第二次高潮是伴随环境污染和大范围生态破坏，在20世纪80年代初开始出现的一次高潮。人们共同关心的影响范围大且危害严重的环境问题有3类：一是全球性的大气污染，如温室效应、臭氧层破坏和酸雨；二是大面积生态破坏，如大面积森林被毁、草场退化、土壤侵蚀和荒漠化；三是突发性的严重污染事件迭起。这个时期发生的严重公害事件次数和公害病人数见表4-2。这些全球性大范围的环境问题严重威胁着人类的生存和发展，无论是广大公众还是政府官员，也不论是发达国家还是发展中国家，都普遍对此表示担忧。1992年里约热内卢环境与发展大会正是在这种社会背景下召开的，这次会议是人类认识环境问题的又一里程碑。

表4-2　严重公害事件

事件	发生事件	发生地点	产生危害	产生原因
阿摩柯卡的斯油轮泄油事件	1978年3月	法国西北部布列塔尼半岛	藻类、湖间带动物、海鸟灭绝	油轮角礁，2.2×10^5 t原油入海
三哩岛核电站泄漏事件	1979年3月	美国宾夕法尼亚州	直接经济损失超过10亿美元	核电站反应堆严重失水
威尔士饮用水污染事件	1985年1月	英国威尔士州	200万居民饮用水污染，4%中毒	化工公司将酚排入迪河
墨西哥油库爆炸事件	1984年11月	墨西哥	4200人受伤，400人死亡，10万人要疏散	石油公司油库爆炸
博帕尔农药泄漏事件	1984年12月	印度中央邦博帕尔市	2万人严重中毒，1408人死亡	45吨异氰酸甲酯泄漏
切尔诺贝利核电站泄漏事故	1986年4月	苏联	203人受伤，31人死亡，直接经济损失30亿美元	4号反应堆机房爆炸

续表

事件	发生事件	发生地点	产生危害	产生原因
莱茵河污染事件	1986 年 11 月	瑞士巴塞尔市	事故河段生物绝迹，160 千米内鱼类死亡，480 千米内的水不能饮用	化学公司仓库起火，30 吨硫、磷、汞等剧毒物进入河流
莫农格希拉河污染事件	1988 年 11 月	美国	沿岸 100 万居民生活受到严重影响	石油公司油罐爆炸，1.3×10^4 m^3 原油进入河流
埃克森瓦尔迪兹油轮泄露事件	1989 年 3 月	美国阿拉斯加	海域严重污染	漏油 4.2×10^4 吨

前后两次高潮有很大的不同，有明显的阶段性。

其一，影响范围不同。第一次高潮主要出现在工业发达国家，重点是局部性、小环境污染问题，如城市、河流、农田等；第二次高潮则是大范围乃至全球性的环境污染和大面积生态破坏。这些环境问题不仅对某个国家、某个地区造成危害，而且对人类赖以生存的整个地球环境造成危害。这不但包括了经济发达的国家，也包括了众多发展中国家。发展中国家不仅认识到全球性环境问题与自己休戚相关，而且本国面临的诸多环境问题，特别是植被破坏、水土流失和荒漠化等生态恶性循环，是比发达国家的环境污染危害更大、更难解决的环境问题。

其二，就危害后果而言，第一次高潮人们关注的是环境污染对人体健康的影响，环境污染虽然也对经济造成损害，但问题并不突出；第二次高潮不但明显损害人的健康，每分钟因水污染和环境污染而死亡的人数全世界平均达到 28 人，而且全球性的环境污染和生态破坏已威胁到全人类的生存与发展，阻碍经济的持续发展。

其三，就污染源而言，第一次高潮的污染来源尚不太复杂，较易通过污染源调查弄清产生环境问题的来龙去脉。只要一个城市、一个工矿区或一个国家下决心，采取措施，污染就可以得到有效控制。第二次高潮出现的环境问题，污染源和破坏源众多，不但分布广，而且来源杂，既来自人类的经济再生产活动，也来自人类的日常生活活动；既来自发达国家，也来自发展中国家，解决这些问题只靠一个国家的努力很难奏效，要靠众多国家甚至全球人类的共同努力才行，这就极大地增加了解决问题的难度。

其四，第二次高潮的突发性严重污染事件与第一次高潮的“公害事件”也不相同。一是带有突发性；二是事故污染范围大、危害严重、经济损失巨大。例如，印度中央邦博帕尔市农药泄漏事件，受害面积达 40 平方千米，据美国一些科学家估计，死亡人数为 6000～10000 人，受害人数为 10 万～20 万人，其中有许多人双目失明或终生残废，直接经济损失数十亿美元。

4.3.3 当前世界面临的主要环境问题

全球环境问题是指对全球产生直接影响，或具有普遍性，随后又发展为对全球造成危害的环境问题，也就是引起全球范围内生态环境退化的问题，或者说是超越一个以上主权国家的国界和管辖范围的环境污染和生态破坏问题。当前，威胁人类生存的主要环境问题有以下几个。

1. 全球气候变暖

进入 20 世纪 80 年代后，全球气温明显上升。1981～1990 年全球平均气温比 100 年前上升了 0.48℃ 。由于人口的增加和人类生产活动的规模越来越大，向大气释放的二氧化碳(CO_2)、甲烷(CH_4)、一氧化二氮(N_2O)、氯氟碳化合物(CFC)、四氯化碳(CCl_4)、一氧化碳(CO)等温室气体不断增加，导致大气的组成发生变化。大气质量受到影响，气候有逐渐变暖的趋势。由于这些温室气体对来自太阳辐射的短波具有高度的透过性，而对地球反射出来的长波辐射具有高度的吸收性，也就是常说的“温室效应”，导致全球气候变暖。全球气候变暖，将会对全球产生各种不同的影响，较高的温度可使极地冰川融化，海平面每 10 年将升高 6 厘米，因而将使一些海岸地区被淹没，如图 4－11 所示。全球变暖也可能影响到降雨和大气环流的变化，使气候反常，易造成旱涝灾害，这些都可能导致生态系统发生变化和破坏，全球气候变化将对人类生活产生一系列重大影响。

图 4－11　北极熊在日渐消融的冰上

2. 臭氧层破坏

在离地球表面 10～50km 的大气平流层中集中了地球上 90％的臭氧气体，在离地面 25km 处臭氧浓度最大，形成了厚度约为 3mm 的臭氧集中层，称为臭氧层。它能吸收太阳的紫外线，以保护地球上的生命免遭过量紫外线的伤害，并将能量贮存在上层大气，起到调节气候的作用。但臭氧层是一个很脆弱的大气层，如果进入一些破坏臭氧的气体，它们就会和臭氧发生化学作用，臭氧层就会遭到破坏。臭氧层被破坏，将使地面受到紫外线辐射的强度增加，给地球上的生命带来很大的危害。研究表明，紫外线辐射能破坏生物蛋白质和基因物质脱氧核糖核酸，造成细胞死亡，使人类皮肤癌发病率增高；伤害眼睛，导致白内障而使眼睛失明；抑制植物如大豆、瓜类、蔬菜等的生长，并穿透 10m 深的水层，杀死浮游生物和微生物，从而危及水中生物的食物链和自由氧的来源，影响生态平衡和水体的自净能力。

南极的臭氧层空洞，也是臭氧层破坏的一个最显著的标志，如图 4-12 所示。到 1994 年，南极上空的臭氧层破坏面积已达 2400 万 km^2。南极上空的臭氧层是在 20 亿年里形成的，可是在一个世纪里就被破坏了 60%。北半球上空的臭氧层也比以往任何时候都薄，欧洲和北美上空的臭氧层平均减少了 10%～15%，西伯利亚上空甚至减少了 35%。因此科学家警告说，地球上空臭氧层破坏的程度远比一般人想象的要严重得多。

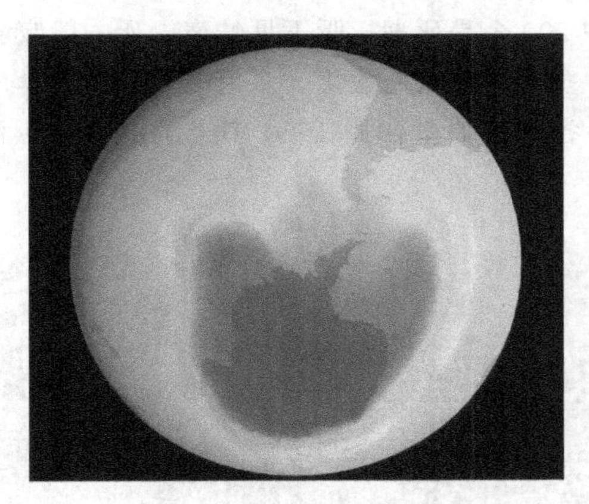

图 4-12　南极臭氧空洞

3. 酸雨的形成与蔓延

酸雨是指大气降水中酸碱度(pH 值)低于 5.6 的雨、雪或其他形式的降水。这是大气污染的一种表现。酸雨对人类环境的影响是多方面的。酸雨降落到河流、湖泊中，会妨碍水中鱼、虾的成长，以致鱼虾减少或绝迹；酸雨还导致土壤酸化，破坏土壤的营养，使土壤贫瘠化，危害植物的生长，造成作物减产，危害森林的生长。此外，酸雨还腐蚀建筑材料，有关资料说明，近十几年来，酸雨地区的一些古迹特别是石刻、石雕或铜塑像的损坏超过以往百年以上，甚至千年以上，如图 4-13 所示。

图 4-13　酸雨损坏的石刻

全球受酸雨危害严重的有欧洲、北美及东亚地区。北美死湖事件和西德森林枯死病事件是著名的酸雨事件。

北美死湖事件：美国东北部和加拿大东南部是西半球工业最发达的地区，每年向大气中排放二氧化硫2500多万吨。其中约有380万吨由美国飘到加拿大，100多万吨由加拿大飘到美国。20世纪70年代开始，这些地区出现了大面积酸雨区。美国受酸雨影响的水域达3.6万km^2，23个州的17 059个湖泊有9400个酸化变质。最强的酸性雨降在弗吉尼亚州，酸度值(pH)为1.4。纽约州阿迪龙达克山区，1930年只有4%的湖泊无鱼，1975年近50%的湖泊无鱼，其中200个是死湖，听不见蛙声，死一般寂静。加拿大受酸雨影响的水域有5.2万km^2，5000多个湖泊明显酸化。多伦多1979年平均降水酸度值(pH)为3.5，比番茄汁还要酸，安大略省萨德伯里四周1500多个湖泊池塘漂浮死鱼，湖滨树木枯萎，如图4－14所示。

图4－14　北美死湖事件

西德森林枯死病事件：原西德共有森林740万公顷，到1983年为止有34%染上枯死病，每年枯死的蓄积量占同年森林生长量的21%以上，先后有80多万公顷森林被毁。这种枯死病来自酸雨之害。在巴伐利亚国家公园，由于酸雨的影响，几乎每棵树都得了病，景色全非。黑森州海拔500m以上的枞树相继枯死，全州57%的松树病入膏肓。巴登符腾堡州的“黑森林”，是欧洲著名的度假胜地，也有一半树染上枯死病，树叶黄褐脱落，其中46万亩完全死亡。汉堡也有3/4的树木面临死亡。当时鲁尔工业区的森林里，到处可见秃树、死鸟、死蜂，该区儿童每年有数万人感染特殊的喉炎症，如图4－15所示。

4. *生物多样性减少*

多种多样的生物是全人类共有的宝贵财富。生物多样性为人类的生存与发展提供了丰富的食物、药物、燃料等生活必需品以及大量的工业原料。生物多样性也维护了自然界的生态平衡，并为人类的生存提供了良好的环境条件。据有关学者估计，世界上每年至少有5万种生物物种灭绝，平均每天消失140个物种。目前物种丧失的速度比人类干预以前的自然灭绝速度要快1000倍。在我国，由于人口增长和经济发展的压力，对生物资源的不

图 4-15 西德森林枯死病事件

合理利用和破坏，生物多样性所遭受的损失也非常严重，大约有 200 个物种已经灭绝；估计约有 5000 种植物在近年内已处于濒危状态，这些约占我国高等植物总数的 20%；大约还有 398 种脊椎动物也处在濒危状态，约占我国脊椎动物总数的 7.7%左右。因此，保护和拯救生物多样性以及这些生物赖以生存的生活条件，同样是摆在我们面前的重要任务。

5. 海洋污染

全世界 60%的人口挤在离大海不到 100km 的地方，沿海地区受到了巨大的人口压力，这种人口拥挤状况正在使非常脆弱的海洋生态失去平衡。人类活动使近海区的氮和磷增加 50%～200%；过量营养物导致沿海藻类大量生长；波罗的海、北海、黑海、我国东海等出现赤潮、黑潮等，破坏了红树林、珊瑚礁、海草，使近海鱼虾锐减，渔业损失惨重。

同时，由于人类不断向大海排放污染物，大量建设海上旅游设施等，近年来发生在近海水域的污染事件不断增多。海洋污染主要有原油泄漏污染、漂浮物污染和有机化合物污染及赤潮。原油泄漏造成的红树林死亡如图 4-16 所示。过度捕捞造成海洋渔业资源正在

图 4-16 原油泄漏所造成的红树林死亡

以令人可怕的速度减少。在某些海域，由于大量捕捞，某些特有的鱼种如大西洋鳕鱼，已达灭绝的程度。更为糟糕的是过度捕捞严重影响海洋生产力和生物多样性，海洋生态系统遭到严重破坏。

6. 危险性废物越境转移

危险性废物是指除放射性废物以外，具有化学活性或毒性、爆炸性、腐蚀性和其他对人类生存环境存在有害特性的废物。因其数量和浓度较高，可能造成或导致人类死亡率上升，或引起严重的难以治愈疾病或致残的废物。工业带给人类的文明曾令多少人陶醉，但同时带来的数百万种化合物存在于空气、土壤、水、植物、动物和人体中，即使作为地球上最后的大型天然生态系统的冰盖也受到了污染。那些有机化合物、重金属、有毒产品，都集中存在于整个食物链中，并将最终威胁到人类的健康，引起癌症，导致土壤肥力减弱。有毒有害废弃物使自然环境不断退化，土壤和水域不断被污染，垃圾处置填埋场地越来越少，居民抗议声越来越大，发达国家开始以公开或伪装的方式向发展中国家转移危险废弃物。

7. 水体污染及水资源危机

地球表面虽然2/3被水覆盖，但是97%为无法饮用的海水，只有不到3%是淡水，其中又有2%封存于极地冰川之中。然而，在这样一个缺水的世界里，水却被大量滥用、浪费和污染。加之，区域分布不均匀，致使世界上缺水现象十分普遍，全球淡水危机日趋严重。目前世界上100多个国家和地区缺水，其中28个国家被列为严重缺水的国家和地区。预测再过20～30年，严重缺水的国家和地区将达46～52个，缺水人口将达28～33亿人。

水是人们日常最需要，也是接触最多的物质之一，然而就是水如今也成了危险品。人们将未经处理的工业废水、生活污水和其他废物直接或间接地排入江河湖海，使地表水和地下水的水质恶化，造成水体的富营养化和严重的赤潮，使水中生物死亡，威胁人类饮用水安全。

8. 土地荒漠化

土地荒漠化是指在干旱、半干旱和某些半湿润、湿润地区，由于气候变化和人类活动等各种因素所造成的土地退化，它使土地生物和经济生产潜力减少，甚至基本丧失。荒漠化，如图4-17所示，每年吞噬近2100万km^2的耕地，使世界每年至少损失420亿美元。到20世纪末，全球因荒漠化损失约1/3的耕地。在人类当今诸多的环境问题中，荒漠化是最为严重的灾难之一。对于受荒漠化威胁的人们来说，荒漠化意味着他们将失去最基本的生存基础——有生产能力的土地的消失。

9. 森林锐减

森林是地球生物圈的重要组成部分，是陆地上最大的生态系统，是人类赖以生存的基础。森林不仅提供木材和林业副产品，更重要的是它具有涵养水分、保持水土、防风固沙、调节气候、保障农业牧业生产、保存森林生物物种、维持生态平衡和净化环境等生态功能。

图 4-17 土地荒漠化吞噬耕地

由于世界人口的增长，对耕地、牧场、木材的需求量日益增加，导致对森林的过度采伐和开垦，使森林受到前所未有的破坏。在今天的地球上，森林正以平均每年 4000km^2 的速度消失。森林的减少使其涵养水源的功能受到破坏，造成了物种的减少和水土流失，对二氧化碳的吸收减少进而又加剧了温室效应。

10. 大气污染

大气污染，如图 4-18 所示，是指大气的组分和结构，状态和功能发生了不利于人类生存发展的改变。大气污染的主要因子为悬浮颗粒物、一氧化碳、臭氧、二氧化碳、氮氧化物、铅等。它的污染源有工业污染源、农业污染源、交通运输和生活污染源等。大气污染导致每年有 30 万～70 万人因烟尘污染提前死亡，2500 万的儿童患慢性喉炎，400 万～700 万的农村妇女儿童受害。

图 4-18 工业生产引起的大气污染

4.3.4 当前我国面临的主要环境问题

1. 大气环境

目前的空气质量总体较好，但部分城市污染较重，全国酸雨分布区域保持稳定，但酸雨污染仍较重。长期以来，我国的大气污染以煤烟型污染为主，主要污染物为烟尘和二氧化硫，其中工业二氧化硫排放量约占70%。

2010年，全国471个县级及以上城市开展环境空气质量监测，监测项目为二氧化硫、二氧化氮和可吸入颗粒物。其中3.6%的城市达到一级标准，79.2%的城市达到二级标准，15.5%的城市达到三级标准，1.7%的城市劣于三级标准。

2010年，监测的494个市(县)中，出现酸雨的市(县)249个，占50.4%。全国酸雨分布区域主要集中在长江沿线及以南和青藏高原以东地区，主要包括浙江、江西、湖南、福建的大部分地区，长江三角洲、安徽南部、湖北西部、重庆南部、四川东南部、贵州东北部、广西东北部及广东中部地区。

近年来，随着城市机动车保有量快速增加，机动车尾气排放已成为大城市空气污染的重要来源。汽车是机动车污染物总量的主要贡献者，其排放的一氧化碳和碳氢化合物超过70%，氮氧化物和颗粒物超过90%。

2010年5月11日，国务院办公厅转发环境保护部等9个部门《关于推进大气污染联防联控工作改善区域空气质量指导意见》，明确了我国今后一段时间内大气污染防治的指导思想、工作目标和重点措施，它是中国第一个综合性大气污染防治政策。2010年11月9日，环境保护部下发《关于编制“十二五”重点区域大气污染联防联控规划的通知》，决定在长三角、珠三角、京津冀三大区域和成渝、辽宁中部、山东半岛、武汉、长株潭、海峡西岸6个城市群(简称“三区六群”)启动“十二五”重点区域大气污染联防联控规划编制工作。

2. 水资源和水环境

我国广大的北方和沿海地区水资源严重不足，据统计我国北方缺水区总面积达58万km^2。全国500多座城市中，有300多座城市缺水，每年缺水量达58亿m^3，这些缺水城市主要集中在华北、沿海和省会城市、工业型城市。然而，随着地球上人口的激增，生产迅速发展，水已经变得比以往任何时候都要珍贵。一些河流和湖泊的枯竭，地下水的耗尽和湿地的消失，不仅给人类生存带来严重威胁，而且许多生物也正随着人类生产和生活造成的河流改道、湿地干化和生态环境恶化而灭绝。

2010年，长江、黄河、珠江、松花江、淮河、海河和辽河七大水系总体为轻度污染。204条河流409个地表水国控监测断面中，Ⅰ～Ⅲ类、Ⅳ～Ⅴ类和劣Ⅴ类水质的断面比例分别为59.9%、23.7%和16.4%。主要污染指标为高锰酸盐指数、五日生化需氧量和氨氮。其中，长江、珠江水质良好，松花江、淮河为轻度污染，黄河、辽河为中度污染，海河为重度污染。

26个国控重点湖泊(水库)中，满足Ⅱ类水质的1个，占3.8%；Ⅲ类的5个，占

19.2%；Ⅳ类的4个，占15.4%；Ⅴ类的6个，占23.1%；劣Ⅴ类的10个，占38.5%，如图4-19所示。主要污染指标是总氮和总磷。大型水库水质好于大型淡水湖泊和城市内湖。26个国控重点湖泊(水库)中，营养状态为重度富营养的1个，占3.8%；中度富营养的2个，占7.7%；轻度富营养的11个，占42.3%；其他均为中营养，占46.2%。

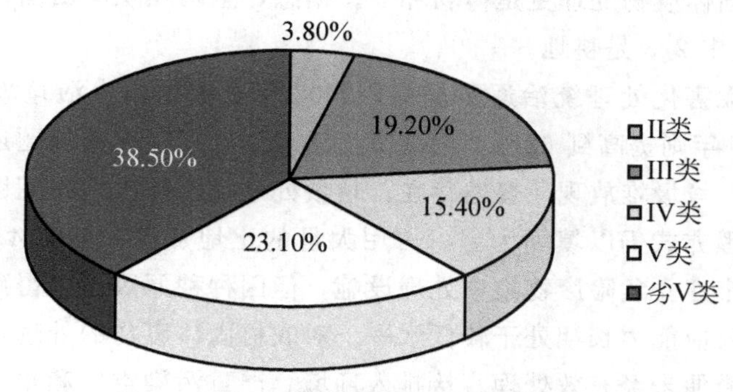

图4-19 湖泊水质所占比例

我国地表水最常见的污染是有机污染、富营养化污染、重金属污染及这些污染共存的复合污染。我国大多数河流属于有机污染，大量工业和生活排放的有机污染物使水体COD、BOD_5浓度增高，溶解氧含量不足，出现黑臭现象。另外，种类繁多的持久性难降解有机物(如多氯联苯、多环芳烃等)在水体中长期存在，在低浓度水平下也可能对人体健康有直接危害。中国主要淡水湖泊都已出现富营养化现象，其主要原因是接纳了大量工业废水和生活污水以及农田径流中的植物营养物质，使藻类大量繁殖，恶化水质。

我国水体重金属污染问题也十分突出，如黄浦江干流表层沉积物中镉超背景值2倍，铅超1倍，汞含量明显增加，水体重金属污染严重影响儿童和成人的身体健康乃至生命。近年来，重大突发性水污染事件频频爆发，如沱江水污染事件、松花江水污染事件、湘江镉污染、云南富宁县危险化学品翻车污染事故、云南阳宗海砷污染事故等，其影响程度和范围均达到前所未有的水平。

“十一五”期间，水专项重点围绕“控源减排”的阶段目标，突破了典型化工行业清洁生产、轻工行业废水达标排放、冶金重污染行业节水、纺织印染行业控源与减毒、制药行业高浓度有机物削减等关键技术214项，在70项大型工程中得到验证，在辽河、海河、松花江等重点流域开展示范。在典型城市开展城市污水深度脱氮除磷、污泥处理处置、工业园区清洁生产与污染控制等领域关键技术研发与工程示范，推广应用于500座城市污水处理厂升级改造，规模近1500万吨/天，每年削减化学需氧量16万吨、氨氮5.4万吨和总磷1.4万吨。突破了受污染原水净化处理、管网安全输配等40多项饮用水安全保障关键技术，为自来水厂达标改造和应对水污染突发事件提供了支撑。针对水环境监测、污泥处理处置、水处理等设备国产化率低等问题，重点研发了50项国家急需的产业化关键技术和设备，培育环保产业产值约40亿元。在重点流域初步形成流域水污染治理与管理两大技术体系，研发并系统集成结构减排、工程减排和管理减排等关键技术，为重点流域主要污染物减排和水体污染趋势得到控制提供了技术支持。

3. 固体废弃物

近年来，工业固体废弃物综合利用和处置问题突出，工业企业生产过程中产生的废渣越积越多，长期得不到有效处理，给周围环境带来严重危害。许多省市的铬渣危害尤为突出，乡镇企业工业固体废物处理更是薄弱环节。据悉，全国堆积矿山固体废物占用或破坏土地达 900km^2，其中 2/3 是耕地。

城市生活垃圾无害化处理统治逐步提高，2003 年全国城市生活垃圾无害化处理率仅为 50.8%，而 2007 年则提高到 62%。但城市生活垃圾处理存在的问题还比较多，大多数垃圾仍是混合收集，垃圾堆放现象普遍存在，垃圾处理场的二次污染问题比较严重，垃圾处理水平较低，处理方式仍以填埋为主，占用大量的土地资源，如图 4－20 所示。目前，全国只有十几个城市建立危险废物集中处理设施，但因种种原因还未得到充分利用，危险废物紧急事故快速反应能力长期处于较低水平。对农村固体废物的处理，大多数地区还没有提上日程，畜禽粪便未经有效处理直接排入环境，严重污染空气和水体，农村大量的生活垃圾基本没有得到处理。

图 4－20 固体废弃物污染

4. 环境噪声

2010 年，全国 73.7%的城市区域声环境质量处于好和较好水平，环境保护重点城市区域声环境质量处于好和较好水平的占 72.5%。全国 97.3%的城市道路交通声环境质量为好和较好，环境保护重点城市道路交通声环境质量处于好和较好水平的占 97.3%。全国城市各类功能区噪声昼间达标率为 88.4%，夜间达标率为 72.8%。

2010 年 12 月 15 日，环境保护部等 11 个部门联合发布《关于加强环境噪声污染防治工作改善城乡声环境质量的指导意见》，从“加大重点领域噪声污染防治力度、强化噪声排放源监督管理、加强城乡声环境质量管理、强化监管支撑能力建设、夯实基础保障条件、抓好评估检查和宣传教育”六大方面，提出了当前和今后一段时期噪声污染防治工作的任务和举措。

5. 土地资源

我国人均耕地面积为0.085公顷，是世界人均的1/5；全国耕地面积以每年平均30万公顷左右的速度递减，主要原因是基本建设占用耕地上升。全国耕地有机质含量平均已降到1%，明显低于欧美国家2.5%～4%的水平。东北黑土地带土壤有机质含量由刚开垦时的8%～10%已降为目前的1%～5%；盐碱化、沙化、水土流失在继续吞噬大量耕地。目前全国受盐碱化威胁的耕地约有1亿亩，受沙漠化威胁的农田近6千万亩，如图4－21所示；全国约有1/3的耕地受到水土流失的危害，每年流失的土壤约50亿吨，相当于在全国的耕地上刮去1cm厚地表土，所流失的养分相当于全国一年生产的化肥氮磷钾含量。水土流失的主要原因很大部分是由于不合理耕作和植被破坏造成的，如图4－22所示；我国遭受工业“三废”污染的农田达1亿多亩。被重金属镉污染的耕地有20余万亩，涉及11个省25个地区。被汞污染的耕地有48万亩，涉及15个省21个地区；大量使用农药使土壤有毒物质含量加大，同时也杀死了大量害虫天敌和有益动物；由于农用薄膜的大量使用，用后不加回收，废膜已成为我国新的土壤污染物。

图4－21 受沙漠化威胁的农田

图4－22 被水土流失破坏的黑土地

6. 草原资源

全国草原面积4亿公顷，约占国土面积的41.7%。内蒙古、广西、云南、西藏、青海、新疆、陕西、甘肃、宁夏、重庆、四川和贵州西部草原面积约3.3亿公顷，占全国草原总面积的84.4%；辽宁、吉林和黑龙江草原面积约0.17亿公顷，占全国草原总面积的4.3%；其他省(直辖市)草原面积约0.45亿公顷，占全国草原总面积的11.3%。我国草场资源退化严重，许多草场由于过度放牧及管理不善而严重退化，如图4-23所示。

图4-23 退化的草场

7. 森林资源

根据第7次全国森林资源清查(2004～2008年)结果，全国森林面积19 545.22万公顷，森林覆盖率20.36%，活立木总蓄积149.13亿m^3，森林蓄积137.21亿m^3。乔木林平均每公顷蓄积量85.88m^3。我国森林面积列世界第5位，森林蓄积列世界第6位，人工林面积居世界首位。

各地积极开展全国绿化模范单位、国家森林城市、国家园林城市(区、县、镇)创建活动。全国城市建成区绿化覆盖面积已达149.45万公顷、绿地面积133.81万公顷、公园绿地面积40.16万公顷；建成区绿化覆盖率38.22%、绿地率34.17%。截至2010年年底，共设立了63个国家重点公园和41个国家城市湿地公园。2010年表彰了335个全国绿化模范单位(城市21个、县89个、单位225个)。截至2010年，命名了180个国家园林城市、7个国家园林城区、61个国家园林县城、15个国家园林城镇，以及22个国家森林城市。

积极推进国家级沙化土地封禁保护区建设和区域性防沙治沙工作。有效应对重大沙尘暴灾害，最大限度地减轻灾害损失，如图4-24所示。制定出台《关于进一步加快发展沙产业的意见》，科学指导和规范沙产业健康发展；以履行《联合国防治荒漠化公约》为平台，积极开展合作与交流。据不完全统计，2010年全国共完成沙化土地治理137.28万公顷。

图 4-24 防沙治沙换来绿地沙退

8. 近海环境

我国的近岸海域已受到不同程度的污染和生态破坏，特别是与大中城市毗连的海域、海湾、入海河口处的污染与生态破坏已经比较严重，入海污染物中来自陆上的占 80%以上；渤海、黄海、东海和南海四海区中，近岸海域石油类污染普遍严重，并存在不同程度的有机物污染和富营养化(图 4-25)，部分近岸海域水质和底质的重金属污染也比较严重。海洋环境污染和生态破坏导致了沿岸、近海渔业资源衰退，生物种类减少，水产品质量下降，养殖滩涂大片荒废，海水养殖污染损害事故不断发生，造成经济损失几亿元。近岸海域以有机物污染和石油类污染为主要类型的污染有加重趋势，沿海乡镇企业的进一步发展，将加速海洋环境污染由沿海城市毗连海域向沿海农村近岸海域扩散；我国近海长期过度捕捞渔业资源致使一些传统经济鱼类种群生态衰退，如不采取有力措施加以保护和休养生息，中国近海渔业资源将难以恢复其再生增殖能力。南海的珊瑚礁和红树林近年来被开

图 4-25 水体富营养化

采砍伐，不仅破坏了这些宝贵的资源，而且使红树林和珊瑚礁鱼类失去生存环境和营养供应地，种群也在消退；若对江豚、海豹、海龟及玳瑁等珍稀动物不采取有效的保护措施，它们有在我国近海逐渐消退的危险。

9. 生物多样性与物种保护

我国是世界上动植物种类最多的国家之一，生物多样性居全球第8位。我国有高等植物32 800种，占世界总种数的12%，仅次于马来西亚和巴西，居世界第3位。其中，被子植物24 500多种，裸子植物236种，苔藓植物约2000种，蕨类植物2600余种，植物药材4773种，淀粉原料植物300种，纤维原料植物500种，油脂植物800种，香料植物350种，已开发利用的真菌800种。我国特有的植物约有200个属(万余种)，银杉、水杉、水松、金钱松、台湾松、银杏、珙桐、水青树、钟萼木、香果树等都是我国特有的珍贵树种。我国是世界三大栽培植物起源中心之一，水稻、大豆、谷子、黄麻等20余种作物起源于我国。我国拥有大量栽培植物的野生亲缘种，如野核桃、野板栗、野荔枝、野龙眼、野杨梅、野生稻、野生大麦、野生大豆、野生茶叶、野苹果等，是珍贵的野生植物资源。

我国动物种类约10.45万，占世界总数的10%。脊椎动物4400多种，占世界总种数的10%以上，其中两栖类210种、爬行类320种、鸟类1186种、兽类500种、鱼类2200余种。

由于人口的急剧增长，不合理的资源开发活动，以及环境污染和自然生态破坏，我国的生物多样性损失严重，动植物种类中已有总物种数的15%～20%受到威胁，高于世界10%～15%的水平。在《濒危野生动植物种国际贸易公约》所列640物种中，我国就占156物种；近50年来，我国约有200种植物已经灭绝，高等植物中濒危和受威胁的高达4000～5000种，约占总种数的15%～20%。许多重要药材如野人参、野天麻等濒临灭绝。

《中国珍稀濒危保护植物名录》确定珍稀濒危植物354种，其中，一级8种，二级143种，三级203种。我国近百年来，约有10余种动物绝迹，如高鼻羚羊、麋鹿、野马、犀牛、新疆虎等。目前，大熊猫、金丝猴、东北虎、雪豹、白鳍豚等20余种珍稀动物又面临灭绝的危险。

《国家重点保护野生动物名录》确定国家重点保护动物275种，其中一级96种，二级161种。丹顶鹤、台湾猴、扭角羚、白唇鹿、华南虎、褐马鸡、黑颈鹤、绿尾红雉、扬子鳄、中华鲟等属于我国100多种珍稀动物之列；全国自然保护区763多处，珍稀濒危动物人工繁殖场106个，珍稀植物引种栽培场73个。自然保护区面积达6618.4万公顷，占国土面积的6.8%。

10. 气候变暖与自然灾害

近40年来我国的气候存在着变暖的总趋势，气温增高可增大地表水的蒸发量，从而加重我国华北和西北的干旱、土地沙化、碱化以及草原退化的危害；我国东南沿海地区由于受高温季风气候的影响，可能导致台风侵袭沿海的频率和强度增加，从而加重沿海地区的风灾和暴风洪涝灾害；气候变暖可能对我国西北、华北、东北、西南、华中的夏季气候造成影响，使农业病虫害频繁产生；气候变暖将会造成海平面上升，这对三角洲地带和平原沿岸危害最大，而这些地区都是我国经济密集、比较发达的地区，海平面上升，必将对我国的社会、经济发展产生巨大影响。

11. *石漠化严重*

石漠化是指在热带、亚热带湿润、半湿润气候条件和岩溶极其发育的自然背景下，受人为活动干扰，使地表植被遭受破坏，导致土壤严重流失，基岩大面积裸露或砾石堆积的土地退化现象，也是岩溶地区土地退化的极端形式。石漠化被称为“土地癌症”，如图 4-26 所示。

图 4-26　我国典型石漠化

导致石漠化的主要因素是由于长期以来自然植被不断遭到破坏，大面积的陡坡开荒，造成地表裸露，加上喀斯特石山区土层薄，基岩出露浅，暴雨冲刷力强，大量的水土流失后岩石逐渐凸现裸露，呈现“石漠化”现象，并且随着时间的推移，“石漠化”的程度和面积也在不断加深和发展。“石漠化”发展最直接的后果就是土地资源的丧失，又由于石漠化地区缺少植被，不能涵养水源，往往伴随着严重的人畜饮水困难。水土资源不断流失后呈现的“石漠化”现象，不仅恶化了农业生产条件和生态环境，而且将使群众失去赖以生存的基本条件，许多地方不得不考虑“生态移民”。石漠化地区极易发生山洪、滑坡、泥石流，加上地下岩溶发育，导致水旱灾害频繁发生，几乎连年旱涝相伴。同时，石漠化山地岩石裸露率高，土壤少，贮水能力低，岩层漏水性强，极易引起缺水干旱，而大雨又会导致严重水土流失。由于水土流失严重，我国西南大部分地区缺土，一些地方还存在着工程性缺水现象。

2012 年 4 月，国土资源部发布全国土地石漠化报告显示，我国石漠化的总面积达到了 11.35 万 km^2，每年因为石漠化损失的耕地面积为 30 万亩。90%的石漠化地区集中在云南、贵州和广西。我国计划到 2015 年，完成 7 万 km^2 的石漠化治理，而整个石漠化治理涉及 2.2 亿人，占全国总人口的 15%以上，这是一项极其艰巨的工程，也是一项非做不可的工程。

4.4 城市环境问题

4.4.1 城市环境的组成

城市环境是指影响城市人类活动的各种自然的或人工的外部条件的总和。城市环境由城市物理环境、城市社会环境、城市经济环境和城市景观环境组成。

1. 城市物理环境

城市物理环境包括自然环境(阳光、大气、土地、气候、生物、水和其他资源、能源等)和人工环境(房屋、道路、基础设施、废弃物、噪声等)。

2. 城市社会环境

城市社会环境体现了城市这一区域满足人类在城市中各类活动方面所提供的条件，包括人口分布与结构、社会服务、文化娱乐、社会组织等。

3. 城市经济环境

城市经济环境是城市生产功能的集中表现，反映了城市经济发展的条件和潜势，包括物质资源、经济基础、科技水平、市场、商业、交通、金融及投资环境等。

4. 城市景观环境

城市景观环境是指城市形象、城市气质和韵味的外在表现和反映，包括自然景观、人文景观、建筑特色、文化古迹等。

4.4.2 城市环境的特点

1. 有相对明确的界限

城市有明确的行政管理界限及范围。城市分为城区和郊区，城区内部又划分为不同的行政管理区。

2. 高度人工化

城市是人类对自然环境施加影响最为强烈的地方。城市人口集中、经济活动频繁，对自然环境的改造力强、影响力大。这种影响又会受到自然规律的制约，导致一系列城市环境问题，如城市热岛、城市污染、酸雨、地下水污染、地下水漏斗区等。

3. 城市环境结构复杂、功能多样

城市环境的构成除了自然环境因素外，还有人工环境因素、社会环境因素、经济环境因素、美学因素。城市环境构成多样使其结构复杂，复杂的结构又能保证其发挥多种功能，使得一个城市在一个国家社会经济发展中起的作用越来越大，远远超过了其本身的地域范围。

4. 城市环境受多种因素制约

城市系统是开放系统，直接受外部环境制约，生产生活资料必须由外部输入，同时必须把产品及废物转送到外部去，如果中间出现了中断或梗阻，后果不堪设想。城市环境还受到社会环境、经济环境的制约，国际、国内政治形势及国家宏观发展战略的取向与调整，也会对城市环境产生直接、间接影响。

5. 城市环境系统脆弱

城市越是现代化，功能越复杂，系统内外和系统内部各因素之间的相关性和依赖性越强，一旦一个环节发生问题，将会使整个环境系统失去平衡。如当城市供电发生故障，会造成工厂停产、给排水停顿、城市交通混乱、商业和其他行业出现问题。城市中的任何主要环节出现问题而不能解决，都可能导致城市的困扰和运转失常，甚至会瘫痪，可见城市环境系统具有相当的脆弱性。城市环境越是远离自然状态，其自律性越差，越显脆弱性。

4.4.3 城市环境容量

1. 城市环境容量的概念

环境容量是在自然生态结构和正常功能不受损害、人类生存环境质量不下降的前提下，能容纳的污染物的最大负荷量。其影响因素有环境空间大小、各环境要素的特性和净化能力、污染物的理化性质等。

城市环境容量是指环境对于城市规模及人的活动提出的限度。具体指在城市特定区域内，环境所能容纳污染物的最大负荷，即城市对污染物的净化能力，或为保持某种生态环境标准所允许的污染物排放总量。城市环境的影响因素有自然环境条件、物质因素、经济技术因素等。

2. 城市环境容量的类型

城市环境容量包括城市人口容量、城市大气环境容量、城市水环境容量、城市土壤环境容量、城市工业容量、城市交通容量等。

1）城市人口容量

城市人口容量是指在特定时期内，城市在维持一定生态环境、社会环境质量的前提下，所能容纳的具有一定活动强度的人口数量。它在城市环境容量中起决定性作用，是确定用地规模的依据。城市人口容量受自然因素、生产力和科技发展水平、生存空间质量等因素的影响。

城市人口容量计算可近似用以下公式表示。

$$P=bs$$

其中，P 为城市人口规模（万人）；b 为城市用地规模（km^2）；s 为城市平均人口密度（万人/km^2）。

2）城市大气环境容量

城市大气环境容量是指在满足大气环境的目标值的条件下，某区域大气环境所能承纳污染物的最大能力，或所能允许排放的污染物的总量。城市大气环境容量是指大气环境目标值与本底值之差，取决于区域内大气环境的自净能力以及自净介质的总量。

3）城市水环境容量

城市水环境容量是指在满足城市居民安全卫生使用水资源的前提下，城市水环境所能承纳的最大污染物质负荷量。城市水环境容量与水环境的量及状态、污染物的特性、人及生物机体对该污染物的忍受能力等。

城市水环境容量的计算公式如下

$$W_i = C_{oi}QK$$

其中，W_i为i污染物的环境容量；C_{oi}为i污染物的环境标准；Q为环境单元的体积。

4）城市土壤环境容量

城市土壤环境容量是指土壤对污染物质的承受能力或负荷量，取决于污染物的性质和土壤净化能力的大小。

5）城市工业容量

城市工业容量是指城市自然环境、资源能源、交通区位条件与经济科技发展水平等对城市工业发展规模的限度。

6）城市交通容量

城市交通容量是指现有或规划道路面积所能容纳的车辆数。城市交通容量首先要受城市道路网形式及面积的影响，此外，还要受机动车与非机动车占路网面积比重、出车率、出行时间及有关折减系数的影响。

4.4.4 新时期的城市环境问题及防治对策

1. 新时期的城市环境问题

1）消费型环境污染不断增加

经过近30年的努力，城市的工业污染防治取得了良好的成效。然而随着城市化进程的加快和城市功能、结构的转化，城市常住人口和流动人口将继续保持快速增长的态势，城市面临的人口压力将更突出。水资源短缺，生活污水、垃圾等废弃物产生量的大幅度增加，机动车污染加剧，城市自然生态系统加速退化等一系列城市环境问题，给城市环境保护工作带来了新的挑战。

近10年来，我国城市生活污水排放量以每年5%的速度递增、生活垃圾产生量以5%～8%的速度增加。与此同时，城市生活污水和垃圾处理设施严重不足，缺口很大。大量的生活污水未经处理就直接排入城市河道，导致90%的城市河段受到严重污染。另外，城市垃圾的处理水平较低，大量垃圾未经合理、安全的处置就堆放在城市的周边地区，不仅占用了大量土地，还造成了严重的土壤、水体污染。垃圾安全处置问题将是我国未来城市环境保护的一个难题。

可以预见，随着城市化的快速发展和人口的不断增加，生活源将替代工业源成为城市首要污染源，消费行为和生活方式对城市环境的影响还将进一步显现，我国城市环境问题将产生根本性的变化。

2）城市环境污染边缘化问题日益显现

在城市工业污染防治过程中，许多城市，特别是大中城市的城区普遍实行了“退二进三”战略，关闭了一批污染严重的企业，并利用地价杠杆把一些污染企业迁出城区，在实行技术改造和污染集中控制的基础上对城市工业布局进行了调整。

通过实施“退二进三”战略，一方面调整了城市的功能和布局，改善了城区的环境质量；另一方面也客观上造成了城市工业布局向城市周边发展，出现城市工业污染边缘化趋势。同时，保证城市生活供给的集约化养殖、种植等现代农业也多集中分布在城市的周边地区，养殖业粪、化肥、农药等对城市周边地区的土壤和水体造成的污染问题也越来越突出，严重影响城市周边地区的环境质量。此外，城市周边地区更多地承担着来自中心城区生产、生活所产生的污水、垃圾、工业废气等污染，城市周边地区的水体、土壤、大气污染问题更为突出。由于以往城市环境保护战略更多地关注城市中心区域，城市周边地区的环境保护工作没有受到足够的重视，导致城市环境问题的边缘化问题日益严重，严重影响城市区域和城乡的协调发展。

3）机动车污染问题将更为严峻

从大气环境来看，由于机动车数量的快速增加，机动车尾气已经成为大城市空气污染的主要来源。2009 年环境监测显示，全国 113 个环保重点城市中 1/3 的城市空气质量不达标，很多城市尤其是大中城市空气污染已经呈现出煤烟型和汽车尾气复合型污染的特点，加剧了大气污染治理的难度。同时，我国一些地区酸雨、灰霾和光化学烟雾等区域性大气污染问题频繁发生，部分地区甚至出现了每年 200 多天的灰霾天气，这些问题的产生都与机动车排放的氮氧化物、细颗粒物等污染物直接相关。

据专家预计，汽车和摩托车未来保有量将持续高速增长。机动车保有量的高速增长导致的城市空气污染将是城市发展，特别是大城市发展面临的严峻问题。1980～2009 年，汽车保有量发展趋势如图 4－27 所示。

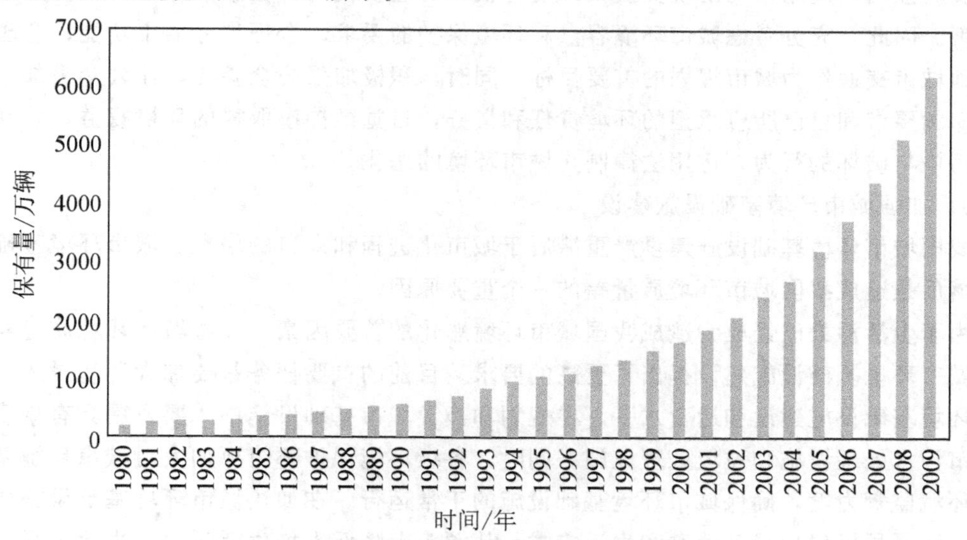

图 4－27　全国汽车保有量发展趋势

4）城市生态失衡问题严重

现代城市，特别是大都市被钢筋水泥的建筑所统治，城市的自然生态系统受到了严重的破坏，生态失衡问题严重，例如，我国许多城市普遍存在地下水超采问题，由此引起的一系列城市生态环境问题十分严重。自然绿地减少、“城市热岛”、“城市荒漠”等问题十分突出。同时，城市自然生态系统的退化进一步降低了城市自然生态系统的环境承载力，加剧了资源环境供给和城市社会经济发展的矛盾。伴随城市人口的增加和城市规模的不断扩张，城市的自然生态系统将受到更为严重的威胁，如果不从城市发展规划上进行相应的管理和调整，合理开发和利用土地，城市的生态环境问题将更加严重。

2. 城市环境问题防治

1）确立我国城市的环境战略和目标规划

根据国家经济发展速度要求，全国城市分布特征、地区经济的不平衡和因地理条件带来城市环境条件和环境要求的差异，综合城市经济发展和环境保护要求，确立按层次分类的城市发展的环境战略，建立健全城市环境法规和城市环境审计制度，指导城市经济建设和环境的协调发展。按照新的城市发展环境战略，制定不同类别城市发展环境目标规划，用于修订和完善城市建设总体规划中环境保护目标要求和相应的对策和措施，确保城市建设与环境保护同步行动，达到城市经济效益、社会效益和环境效益的统一。

2）建立合理的城市体系

建立合理的城市体系和城市结构，严格控制大城市规模和人口增长，合理开发中等城市，积极并加快发展小城市。制定严格的城市规划和科学的城市环境综合整治规划，依法实施，加强产业结构调整，严格控制资源能源消耗高、污染严重的工业在城市的发展，转变消费观念和消费模式，改变落后的城市能源和资源利用方式。继续深化城市环境综合整治，总体改善城市环境。在城市化快速推进过程中，特别要重视城市发展的合理规划与布局。

实践证明，规划布局出现失误，即使花很大的经济代价，也难以改变对环境造成的长久损害。因此，充分考虑城市环境容量和环境保护的要求，合理划分城市功能、合理布局工业和城市交通作为城市规划的首要目标。同时，积极加强公众参与，让公众更加了解环境法律的要求和自己所应承担的环境责任和义务，自觉维护应取得的环境权益，公众监督环境污染与破坏的行为，运用法律制止城市环境的恶化。

3）加强城市环境基础设施建设

我国城市环境基础设施建设严重滞后于城市化进程和人口的增长。城市环境基础设施建设落后是造成我国城市环境质量差的一个重要原因。

由于生活污染已经成为造成我国城市环境恶化的首要因素，改善城市环境质量实际上就对城市环境基础设施建设提出了更高的要求。目前的首要任务是要加大环境投入，提高城市环境基础设施建设和运营水平。在规划和建设城市基础设施中，要发展具有规模效益的城市污水处理设施和垃圾处理设施。同时，各级环境保护部门要加大对城市环境基础设施的环境监管力度，确保城市环境基础设施的正常运行。在加快城市环境基础设施建设的同时，还要积极倡导绿色消费和生活方式，从源头上降低人均生活污水、生活垃圾等的排放量，减轻人口增长对城市资源、环境的压力。要尽快推进垃圾的分类收集和回收系统，促进城市废旧资源的再生利用，减少生活垃圾的无害化处理量。

4）实施城乡一体化的城市环境保护战略

针对日益严重的城市环境问题边缘化的趋势，城市环境保护战略必须进行相应的调整，城市居民和城市周边地区的群众享用同等的环境权益。此外，城市生态系统是一个整体，局部的改善是不可能实现整个城市生态环境的改善。因此，我国城市环境保护的战略要向城乡一体化方向发展，利用城市资金、技术和人才等优势，实施城市反哺农村的战略。统筹城乡的污染防治工作，合理使用城市环境基础设施，共同推进城乡污水和垃圾处理水平的提高。同时，在城市环境管理工作中，要制定有针对性的管理手段和考核指标，推进各地的城乡环境保护一体工作，改善城市周边地区环境质量。

5）城市环境管理要实施分类指导

我国的城市环境问题具有分异性强的特点。首先，城市中心地区与城市周边地区的环境问题差异显著。中心城市的突出环境问题将逐步发展到以机动车尾气污染、噪声污染和“城市荒漠”和“城市热岛”等城市生态环境问题为主，而城市周边地区由于受城市工业、农业和生活污水、垃圾的影响，水体、土壤、大气等传统污染问题比较严重。其次，不同规模的城市环境问题也存在显著差异。在城市化推进过程中，城市的社会经济分工和职能也在不断地进行着调整，大中城市逐渐淡去了工业中心的色彩而逐渐成为商业、金融、交通、科技文化中心，城市交通、生活等污染问题和城市生态失衡问题突出；而中小城市则承接了发展工业的职能，传统型的大气、水等环境污染问题有加重的趋势。此外，我国南方、北方城市在自然条件上有显著的差异，东部和西部城市在经济发展水平和城市化发展阶段上也存在较大的差距。

因此要重视城市之间、城市内部环境问题的差异，实施城市环境管理分类指导。南北部城市和东西部城市在环境管理战略上应有不同的要求。西部城市要在保护环境的前提下给城市发展留出一定的环境空间；对东部发达地区的城市在环境保护上要高标准要求，要逐步实施环境优先的发展战略，严格环境准入，在改善城市环境的同时带动周围地区的环境保护工作，促进区域的经济与环境协调、健康、可持续发展。

大城市的环境保护工作重点要突出机动车污染、城市环境基础设施建设、城市生态功能恢复等城市生态环境问题，强调城市合理规划和布局，发展综合城市交通系统。城市周边地区则要加大工业污染控制和集约农业污染控制，加快城乡地区环境基础设施建设，加快城乡环境保护一体化建设。中小城镇要加大工业污染治理力度，加快城市基础设施建设步伐，促进城乡协调发展。

6）要转变经济增长方式，推进循环经济，实施清洁生产，降低污染物排放强度

有研究表明，如果保持现在的环境质量水平，要实现小康目标，污染物排放强度至少应减少到现在的1/4，要使环境质量得到改善，排放强度要是现在的1/7～1/6。因此推进循环经济，实施清洁生产，促进城市经济增长方式的转变应该成为城市环境综合整治的重要内容。同时，限制小汽车数量，完善并健全城市公共交通体系，开发利用电能、磁能及天然气等清洁能源，逐步取代汽油。

7）要注重城市生态系统的保护和恢复

一方面，要在城市开发中重视保护城市的自然生态系统，尽可能多地保留城市自然生态系统的原貌，对一些重要城市自然生态系统要实施重点和抢救性保护；另一方面，要积极推行以绿化、美化为主体的城市生态环境建设，建立和恢复野生生物的生境，加强旧城、城市废弃土地的生态恢复，建设立体绿化示范工程，增加城市绿地面积。在快速推进城市化进程中努力实现和谐社会的发展目标。要将城市环境管理的重心放低，关心和解决对群众生活关系密切的环境问题。对涉及群众切身利益的环保规划、政策和项目，应当充分听取各方面意见，切实维护人民群众的环境权益。要更多地公布城乡环境质量、企业污染治理和政府环保工作等方面的信息，疏通人民群众参与环境监督的渠道。充分发挥新闻媒体的作用，加强对城市环境保护工作情况的报道和宣传，引导和加强社会舆论对各级城市政府履行环境保护职责的监督。

8）运用生态工程手段

1962 年美国学者 H. T. Odum 首先使用了生态工程一词，并将其定义为人类运用少量的辅助能，对那种以自然能为主的系统进行的环境控制。我国著名生态学家马世骏从 20 世纪 50 年代就开始了生态工程的研究与实践，并于 1979 年将生态工程定义为应用生态系统中物种共生与物质循环再生原理、结构与功能协调原则，结合系统分析的最优化方法设计的促进分层多级利用物资的生产工艺系统。生态工程的目标就是在促进自然界良性循环的前提下，充分发挥资源的生产潜力，防止环境污染，达到经济效益与生态效益同步发展。自此，形成了具有中国特色的生态工程研究领域及独立的学科，并在研究与应用实践中获得了蓬勃发展。

王如松等对其定义做了进一步阐述，生态工程是根据整体、协调、循环、再生的生态控制论原理去系统设计、规划和调控人工生态系统的结构要素、工艺流程、信息反馈关系及控制机构，在系统范围内获取高的经济和生态效益，着眼于生态系统可持续发展能力的整合工程技术。生态工程的最终目的是实现财富、健康与文明的辩证统一。生态工程的应用面与涉及面相当广泛，既包含了具体生产过程中的微观工艺，也包含了宏观的恢复、保护与建设工程，既涉及工农业生产，也涉及城市基础建设、污染防治与自然保护。

目前已实施的具体内容主要有生态工艺与物质循环利用、水污染防治及污水资源化、废弃物污染防治及其资源化、生物多样性恢复与建设、废弃地的生态恢复、湿地的生态恢复、园林绿地建设、自然保护与建设工程、交通生态设计、旅游生态设计、社区生态设计、生态住宅建设等。生态工程着眼于生态系统的自我设计原理和自我调节能力，强调的是资源的综合利用与获取高的生态效益，其表现形式是先进工艺技术的系统组合和不同学科与不同产业的边缘交叉与横向结合。这些特点表明生态工程不同于终端治理的环境工程技术，它是一类低消耗、多效益、可持续的工程体系，因而在城市生态建设中具有巨大的发展潜力和良好的应用前景。

环境一号C星发射成功

2012年11月19日，我国在太原卫星发射中心用“长征二号丙”运载火箭，将环境一号卫星C星成功送入太空，如图4-28所示。本次发射的环境一号卫星C星是我国环境与灾害监测预报小卫星星座3颗卫星中的1颗合成孔径雷达小卫星。环境一号C星如图4-29所示。

图4-28　环境一号C星发射

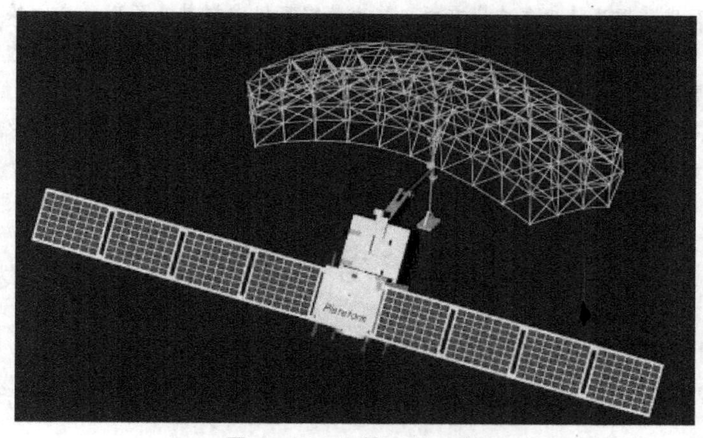

图4-29　环境一号C星

环境与灾害监测预报小卫星星座是我国第一个专门用于环境与灾害监测预报的小卫星星座，也是我国第一个多星多载荷民用对地观测系统。环境与灾害监测预报小卫星星座是2002年9月国务院批准立项，由两颗光学小卫星(HJ-1A、B)和1颗合成孔径雷达小卫星(HJ-1C)组成的“2+1”星座，简称“环境一号”(代号HJ-1)。环境一号A、B星已于2008年9月6日在太原卫星发射中心成功发射，现运行正常。

环境一号C星将与环境一号A、B星两颗光学星正式形成环境一号小卫星星座，初步满足环境监测预警对时间、空间、光谱分辨率以及全天候、全天时的观测需求，同时也将大幅度提高我国大尺度水环境、生态环境、环境监管以及突发环境事件应急响应的监测能力和遥感应用总体水平。

环境一号C星SAR数据可以在以下几个重要的环境保护领域发挥作用。

水环境监测：在水污染监测方面，雷达数据可以辅助光学数据对近岸海域进行赤潮、浒苔遥感监测；对渤海、黄海等重点海域可以进行溢油污染监测、预警和评价。

在饮用水源地保护区监测方面，可以对饮用水源地保护区内的围网养殖进行有效识别，确定其范围、规模及其变化，为饮用水源地保护提供信息支持。

生态环境监测：在土地利用/土地覆盖分类方面，综合应用雷达影像与光学影像数据，可以进行中尺度土地利用、土地覆盖与生态系统分类，拓展分类体系，提高效率和精度。

在生态环境参数反演方面，雷达数据可以敏感地反映土壤水分、森林生物量等生态参数的变化，从而对生态系统质量的综合评估提供辅助参考信息。

在生态环境质量评价方面，可以辅以其他地面监测等数据，从生态安全、生态系统健康、生态环境承载力等方面进行环境质量评价、变化趋势分析等。

环境监管：在矿山资源开发方面，可以对如南方稀土开发、露天铁矿、露天煤矿进行遥感监管，识别其位置、范围、动态及其对周围环境的影响。

在自然保护区人类干扰监管方面，可以识别出自然保护区内的人类活动，并评价其影响程度。

在多类型固废堆场监管方面，可以对如锰渣、磷石膏、粉煤灰、煤矸石等固废堆场进行监管，辅助光学数据识别其点位、范围及其可能的环境风险。

在核电站与电磁辐射监管方面，利用雷达数据对在建、运行设施的穿透性及对高压线塔的监测能力，监测核电站建设和运行情况及高压线塔的空间分布，为核电站与辐射监管提供信息支持。

在水电开发、基础设施建设、大型工程建设、区域环境影响评价等方面，可以对敏感目标进行识别并分析其变化情况，为区域、项目的环境影响与环境风险评估提供信息支持。

环境应急：在突发环境事件应急响应方面，雷达数据可以发挥其全天时、全天候的优势，在多云多雨等恶劣气象条件下获取有效数据，从而弥补光学数据在类似条件下无法获取数据的不足，为应急监测与响应及时提供重要参考信息。

另外，C星也将在减灾领域中，如洪涝灾害监测、旱灾监测、雪灾监测、滑坡及泥石流监测、冰凌监测和海冰监测中发挥重要作用。

思 考 题

1. 试述我国城市环境的主要问题有哪些。

2. 查阅文献资料，简述我国最近发生的重大环境污染事故，并分组讨论其形成的原因。

3. 什么是城市热岛效应？城市热岛效应的形成原因是什么？

4. 谈谈你通过什么渠道了解城市环境问题。在了解城市环境问题时查阅了哪些中文和外文期刊？

第5章 城市污染及其防治

内容提要及要求

本章介绍了大气污染、固体废物污染、水污染、城市噪声污染、光染污、电磁辐射污染、热污染防治等相关知识，使学生掌握相城市各类污染的基本理论和防治知识，并了解城市污染控制的相关法律、法规及标准。

随着科学技术水平的发展和人民生活水平的提高，城市污染也在增加，环境污染问题越来越成为世界各个国家的共同课题之一。每一个环境污染的实例，可以说都是大自然对人类敲响的一声警钟。为了保护生态环境，为了维护人类自身和子孙后代的健康，必须积极防治环境污染。

5.1 大气污染及其防治

5.1.1 大气的组成

大气是自然环境的重要组成部分，是人类及一切生物赖以生存的基础。根据国际标准化组织(ISO)的定义，大气是指地球环境周围所有空气的总和，环境空气是指人类、植物、动物和建筑物暴露于其中的室外空气。可见从自然科学角度来看，大气和空气没有实质性的差别，常用作同义词，其区别在于大气的范围更广一些。

自然环境中的大气是由干洁空气、水汽和多种悬浮颗粒物质所组成的混合物，并可分为不可变气体成分、可变气体成分、不定气体成分 3 种类型。

不可变气体成分主要包括氮、氧、氩 3 种气体以及微量的惰性气体氖、氦、氪、氙等，这几种气体成分之间维持固定的比例，基本上不随时间、空间而变化。可变气体成分以水蒸气、二氧化碳和臭氧为主，其比例随时间、地点及人们的生产和生活活动的影响而变化，其中水蒸气的变化幅度最大，二氧化碳和臭氧所占比例最小，但对气候影响较大，硫、碳和氮的各种化合物还影响到人类生存的环境。不定气体成分是指由自然界的火山爆发、森林火灾等灾难所引起的尘埃、硫氧化物、氮氧化物等成分或由人类社会生产等人为因素而使大气中增加或增多的成分。

含不可变气体成分和可变气体成分的大气，人们认为是纯洁清净的大气，包括干洁大气和水蒸气。不定气体成分就是人们通常所说的微粒杂质和新的污染物。干洁空气是指大气中除水蒸气、液体和固体微粒以外的整个混合气体，它的主要成分是氮、氧、氩、二氧化碳等，其含量占全部干洁空气的 99.99%以上，其余还有少量的氢、氖、氪、氙、臭氧等。干洁大气成分见表 5－1。

表 5－1　干洁大气主要成分

气体	体积分数/$\times 10^{-6}$
氮	780 900
氧	209 400
氩	9300
二氧化碳	315
氖	18
甲烷	1.0～1.2
氪	1
一氧化碳	0.5
氢	0.5
氙	0.08

5.1.2 大气结构

根据大气垂直方向上的热状况和运动状况，大气可分为对流层、平流层、中间层、热成层和散逸层5层，如图5-1所示。

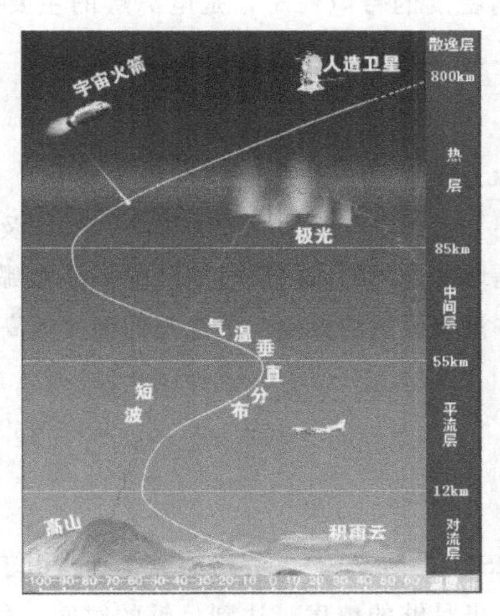

图5-1 大气垂直结构

1. 对流层

对流层是大气的最底层，其厚度随纬度和季节而变化。在赤道附近为16～18km；在中纬度地区为10～12km，两极附近为8～9km。这一层的显著特点是气温随高度升高而递减，大约每上升100m，温度降低0.65℃。由于贴近地面的空气受地面发射出来的热量的影响而膨胀上升，上面冷空气下降，所以在垂直方向上形成强烈的对流，对流层也正是因此而得名。其次对流层密度大，大气总质量的3/4以上集中在此层，排入大气的绝大部分污染物以及主要天气过程如雨、雪、雹的形成均出现在此层，对流层和人类的关系最密切。

2. 平流层

从对流层顶到约50km的大气层为平流层。在平流层下层，即30～35km以下，温度随高度降低变化较小，气温趋于稳定，所以又称同温层。在30～35km以上，温度随高度升高而升高。平流层的特点一是空气没有对流运动，平流运动占显著优势；二是空气比下层稀薄得多，水汽、尘埃的含量甚微，很少出现天气现象；三是在高约15～35km范围内，有厚约20km的一层臭氧层，因为臭氧具有吸收太阳光短波紫外线的能力，所以使平流层的温度升高。

3. 中间层

从平流层之上离地表50～80km的区域称中间层。这一层空气更为稀薄，温度随高度增加而降低。

4. 热成层

从中间层之上到 800km 以上的大气层称为热成层。这一层温度随高度增加而迅速增加，层内温度很高，昼夜变化很大，可达摄氏几百度。在太阳辐射的作用下，大部分气体分子发生电离，而且有较高密度的带电粒子，是电离层的主要分布层，可以反射无线电波，对无线通讯有重大意义。

5. 散逸层

热成层以上的大气层称为散逸层。散逸层空气极为稀薄，其密度几乎与太空密度相同，因而又常称为外大气层。由于空气受地心引力极小，气体及微粒可以从这层飞出地球引力场进入太空。散逸层是地球大气的最外层，该层的上界在哪里还没有一致的看法。实际上地球大气与星际空间并没有截然的界限。散逸层的温度随高度增加而增加。

5.1.3 大气污染

1. 大气污染的定义

按照国际标准化组织(ISO)的定义，“大气污染通常是指由于人类活动或自然过程引起某些物质进入大气中，呈现出足够的浓度，达到足够的时间，并因此危害了人体的舒适、健康和福利或环境污染的现象”。

大气污染物目前已知的约有 100 多种，有自然因素如森林火灾、火山爆发、海啸、雷电、土壤和岩石的风化、动植物尸体的腐烂以及大气圈空气的运动等引起的；有人为因素如工业废气、生活燃煤、汽车尾气等。以人为因素为主要大气污染，尤其是工业生产和交通运输所造成的污染。

2. 大气污染物

大气污染物的种类很多，根据不同的原则，将其进行分类。

根据与污染源的关系，可将其分为一次污染物与二次污染物。若大气污染物是从污染源直接排出的物质，进入大气后其性质没有发生变化，则称其为一次污染物；若由污染源排出的一次污染物与大气中原有成分或几种一次污染物之间发生了一系列的化学变化或光化学反应，形成了与原污染物性质不同的新污染物，则所形成的新污染物称为二次污染物。按污染源存在形式，大气污染分为固定污染源和移动污染源；按污染物排放形式可分为点源、线源和面源；根据污染物存在的形成，可分为颗粒污染物与气态污染物，也是较常用的分类形式。

1）颗粒污染物

颗粒污染物是指悬浮在空气中的固体或液体颗粒物，因对生物和人体健康会造成危害而称之为颗粒物污染。颗粒物的种类很多，一般指 0.01～100μm 之间的尘粒、粉尘、雾尘、烟、化学烟雾和煤烟。

总悬浮颗粒物：指能悬浮在空气中，空气动力学当量直径小于等于 100μm 的颗粒物。主要来自建筑工地、道路扬尘、燃煤锅炉废气排放、水泥制造业粉尘排放等。

尘粒：一般指粒径大于 75μm 的颗粒物。这类颗粒物由于粒径较大，在气体分散介质中具有一定的沉降速度，因而易于沉降到地面。

粉尘：如在固体物料的输送、粉碎、分级、研磨、装卸等机械过程中产生的颗粒物，或由于岩石、土壤的风化等自然过程中产生的颗粒物，分为降尘和飘尘。降尘颗粒较大，粒径在 10μm 以上，靠重力可以在短时间内沉降到地面。飘尘粒径小于 10μm，不易沉降，能长期在大气中飘浮。

烟尘：在燃料的燃烧、高温熔融和化学反应等过程中所形成的颗粒物，飘浮于大气中称为烟尘。烟尘粒子粒径很小，一般均小于 1μm。

雾尘：小液体粒子悬浮于大气中的悬浮体的总称。粒子粒径小于 10μm 的水雾、酸雾、碱雾、油雾都属于雾尘。

烟雾：固、液混合的气溶胶，具有烟和雾的二重性，即当烟和雾同时形成时就构成烟雾，如硫酸烟雾和硝酸烟雾。

PM10：指直径大于 2.5μm、等于或小于 10μm，可以进入人的呼吸系统的颗粒物。

PM2.5：指大气中直径小于或等于 2.5μm 的颗粒物，也称为可入肺颗粒物。它的直径还不到人的头发丝粗细的 1/20。虽然 PM2.5 只是地球大气成分中含量很少的组分，但它对空气质量和能见度等有重要的影响。与较粗的大气颗粒物相比，PM2.5 粒径小，富含大量的有毒、有害物质且在大气中的停留时间长、输送距离远，因而对人体健康和大气环境质量的影响更大，如图 5-2 所示。

图 5-2　低浓度 PM2.5 天气(左)和高浓度 PM2.5 天气(右)

环境空气污染物基本项目浓度限值和环境空气污染物其他项目浓度限值分别见表 5-2 和表 5-3。

表 5-2　环境空气污染物基本项目浓度限值

序号	污染物项目	平均时间	浓度限值		单位
			一级	二级	
1	二氧化硫(SO_2)	年平均	20	60	μg/m^3
		24 小时平均	50	150	
		1 小时平均	150	500	
2	二氧化氮(NO_2)	年平均	40	40	
		24 小时平均	80	80	
		1 小时平均	200	200	
3	一氧化碳(CO)	24 小时平均	4	4	mg/m^3
		1 小时平均	4	4	
4	臭氧(O_3)	日最大 8 小时平均	100	160	μg/m^3
		1 小时平均	160	200	
5	颗粒物(粒径小于等于 10μm)	年平均	40	70	
		24 小时平均	50	150	
6	颗粒物(粒径小于等于 2.5μm)	年平均	15	35	
		24 小时平均	35	75	

表 5-3　环境空气污染物其他项目浓度限值

序号	污染物项目	平均时间	浓度限值		单位
			一级	二级	
1	总悬浮颗粒物(TSP)	年平均	80	200	μg/m^3
		24 小时平均	120	300	
2	氮氧化物(NO_X)	年平均	50	50	
		24 小时平均	100	100	
		1 小时平均	250	250	
3	铅(Pb)	年平均	0.5	0.5	
		季平均	1	1	
4	笨并[a]芘(BaP)	年平均	0.001	0.001	
		24 小时平均	0.002 5	0.002 5	

注：环境空气功能分为两类，一类区为自然保护区、风景名胜区和其他需要特殊保护的区域；二类区为居住区、商业交通居民混合区、文化区、工业区和农村地区。

2）气态污染物

(1) 含硫化合物：含硫化合物主要指 SO_2、SO_3、H_2S 等，其中以 SO_2 的数量最大、危害也最大，也是影响城市大气质量的主要气态污染物。SO_2 排放源为煤和石油为燃料的火力发电厂、工业锅炉、垃圾焚烧、生活取暖、柴油发动机、金属冶炼厂、造纸厂等。

SO_2可形成工业烟雾，高浓度时使人呼吸困难，是著名的伦敦烟雾事件的元凶；进入大气层后，氧化为硫酸，在云中形成酸雨，对建筑、森林、湖泊、土壤危害大，形成悬浮颗粒物，又称气溶胶，随着人的呼吸进入肺部，对肺有直接损伤作用。

1952年伦敦烟雾事件是1952年12月5日～9日发生在伦敦的一次严重大气污染事件。这次事件造成多达12 000人因为空气污染而丧生，并推动了英国环境保护立法的进程。

1952年12月5日开始，逆温层笼罩伦敦，城市处于高气压中心位置，垂直和水平的空气流动均停止，连续数日空气寂静无风。当时伦敦冬季多使用燃煤采暖，市区内还分布有许多以煤为主要能源的火力发电站。由于逆温层的作用，煤炭燃烧产生的CO_2、CO、SO_2、粉尘等气体与污染物在城市上空蓄积，引发了连续数日的大雾天气。

当时，伦敦正在举办一场牛展览会，参展的牛只首先对烟雾产生了反应，350头牛有52头严重中毒，14头奄奄一息，1头当场死亡。不久伦敦市民也对毒雾产生了反应，许多人感到呼吸困难、眼睛刺痛，发生哮喘、咳嗽等呼吸道症状的病人明显增多，进而死亡率陡增，据史料记载从12月5日到12月8日的4天里，伦敦市死亡人数达4000人。根据事后统计，在发生烟雾事件的一周中，48岁以上人群死亡率为平时的3倍；1岁以下人群的死亡率为平时的2倍，在这一周内，伦敦市因支气管炎死亡704人，冠心病死亡281人，心脏衰竭死亡244人，结核病死亡77人，分别为前一周的9.5、2.4、2.8和5.5倍，此外肺炎、肺癌、流行性感冒等呼吸系统疾病的发病率也有显著性增加。

12月9日之后，由于天气变化，毒雾逐渐消散，但在此之后两个月内，又有近8000人因为烟雾事件而死于呼吸系统疾病。

发生1952年伦敦烟雾事件的直接原因是燃煤产生的SO_2和粉尘污染，间接原因是开始于12月4日的逆温层所造成的大气污染物蓄积。燃煤产生的粉尘表面会大量吸附水，形成烟雾的凝聚核，这样便形成了浓雾。另外燃煤粉尘中含有FE_2O_3成分，可以催化另一种来自燃煤的污染物SO_2氧化生成SO_3，进而与吸附在粉尘表面的水化合生成硫酸雾滴。这些硫酸雾滴吸入呼吸系统后会产生强烈的刺激作用，使体弱者发病甚至死亡。

(2) 氮氧化合物：氮氧化合物主要是指NO和N_2O的混合物，用NO_X表示。其排放源为以煤和石油为燃料的火力发电厂、水泥、陶瓷、化工、食品加工等行业锅炉、垃圾焚烧、使用汽油的汽车等。

氮氧化合物的主要危害是刺激人的眼、鼻、喉和肺，增加病毒感染的发病率，引起导致支气管炎和肺炎的流行性感冒，诱发肺细胞癌变，形成城市的烟雾，影响可见度，破坏树叶的组织，抑制植物生长，在空中形成硝酸小滴，产生酸雨。

(3) 碳氧化物：碳氧化物主要是CO和CO_2。CO是大气中排量极大的污染物，主要来源于汽车尾气。CO_2主要来源于生物呼吸和矿物燃料的燃烧，能引起温室效应。CO极易与血液中运载氧的血红蛋白结合，结合速度比氧气快250倍，因此，在极低浓度时就能使人或动物遭到缺氧性伤害。轻者眩晕，头疼，重者脑细胞受到永久性损伤，甚至窒息死亡，对心脏病、贫血和呼吸道疾病的患者伤害性大，引起胎儿生长受损和智力低下。

(4) 碳氢化合物：碳氢化合物包括烷烃、烯烃和芳烃等复杂多样的含碳和氢的化合物，是形成光化学烟雾的主要成分。大气中碳氢化合物中70%左右是甲烷，其温室效应比同量的CO_2大20倍。

(5) 含卤素化合物：大气中的含卤素化合物主要是卤代烃以及其他含氯、溴、氟的化合物。大气中卤代烃包括卤代芳烃和卤代脂肪烃，如DDT、六六六以及多氯联苯(PCB)等。

(6) 硫酸烟雾：硫酸烟雾是指大气中SO_2等硫氧化物，在相对湿度比较高，气温比较低并有颗粒气溶胶存在时而发生一系列化学或光化学反应所形成硫酸盐颗粒物造成的大气污染现象，属于二次污染。硫酸烟雾引起的刺激作用和生理反应等危害要比SO_2气体大的多。1952年12月5日开始，逆温层笼罩伦敦，如图5-3所示，城市处于高气压中心位置，垂直和水平的空气流动均停止，连续数日空气寂静无风。当时伦敦冬季多使用燃煤采暖，市区内还分布有许多以煤为主要能源的火力发电站。由于逆温层的作用，煤炭燃烧产生的CO_2、CO、SO_2、粉尘等气体与污染物在城市上空蓄积，引发了连续数日的大雾天气。期间由于毒雾的影响，不仅大批航班取消，甚至白天汽车在公路上行驶都必须打开大灯。

图5-3　伦敦受硫酸烟雾笼罩

(7) 光化学烟雾：光化学烟雾是指在阳光照射下，大气中的氮氧化物、碳氢化合物和氧化剂之间发生一系列光化学反应而生成的蓝色烟雾(有时带有些紫色或黄褐色)，其主要成分有臭氧、PAN、酮类和醛类等，属于二次污染，其危害比一次污染大得多，其形成过程如图5-4所示。光化学烟雾发生时，大气能见度降低，眼睛和喉黏膜有刺激感，呼吸困难，橡胶制品开裂，植物叶片受损、变黄甚至枯萎。世界著名的有洛杉矶光化学烟雾事

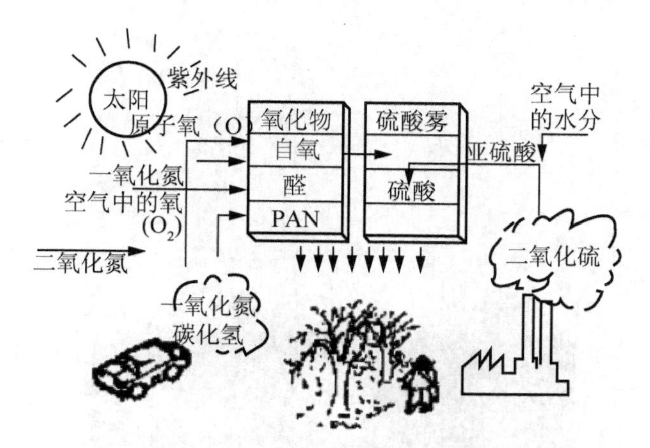

图 5-4 光化学烟雾的形成过程

件如图 5-5 所示，我国早在 20 世纪 70 年代末就在兰州西固石油化工区首次发现了光化学烟雾，并开展了大气物理和大气化学的大规模综合研究，1986 年夏季在北京也发现了光化学烟雾的迹象。随着经济的高速发展，我国中、南部特别是沿海城市均已发生或面临光化学烟雾的威胁，上海、广州、深圳等城市也频繁观测到光化学烟雾污染的现象。

图 5-5 洛杉矶光化学烟雾事件

(8) 酸雨：环境科学中将 pH＜5.6 的雨、雪等大气降水统称为酸雨。酸雨属于二次污染，它是由于人类活动的影响，使大量的 SO_2、NO_X 等酸性氧化物经过一系列化学作用转化成硫酸和硝酸，使降水的 pH 值降低。

酸雨可使儿童免疫功能下降，慢性咽炎、支气管哮喘发病等增加，使老人眼部、呼吸道患病率增加。酸雨还可使农作物大幅度减产，对森林和其他植物危害也较大，导致叶子枯黄、病虫害加重，最终造成大面积死亡。

酸雨能加速金属腐蚀，使其出现空洞和裂缝，强度降低，桥梁损坏，如重庆的嘉陵江大桥，锈蚀速度每年为 0.16mm，远超过瑞典斯德哥尔摩每年 0.03mm 的速度，如图 5-6 所示。

图 5-6　酸雨对嘉陵江大桥的危害

20 世纪 80 年代初，重庆南山风景区就有 2.7 万亩马尾松突然死亡 1 万亩，这是我国首次发现酸雨造成的急性伤害事件。紧接着在 1982 年的 3 个月内，西南某地区连续降了 4 次酸雨，雨水的 pH 值为 3.6～4.6，致使大面积的农作物受害。20 世纪 80 年代，我国的酸雨也都还主要发生在以重庆、贵阳和柳州为代表的川、黔和两广地区。到了 20 世纪 90 年代中期，酸雨已经攻陷了长江以南、青藏高原以东的广大地区，沦陷范围达 270 多万 km^2，我国的降水 pH 年均值等值线分布状况如图 5-7 所示。

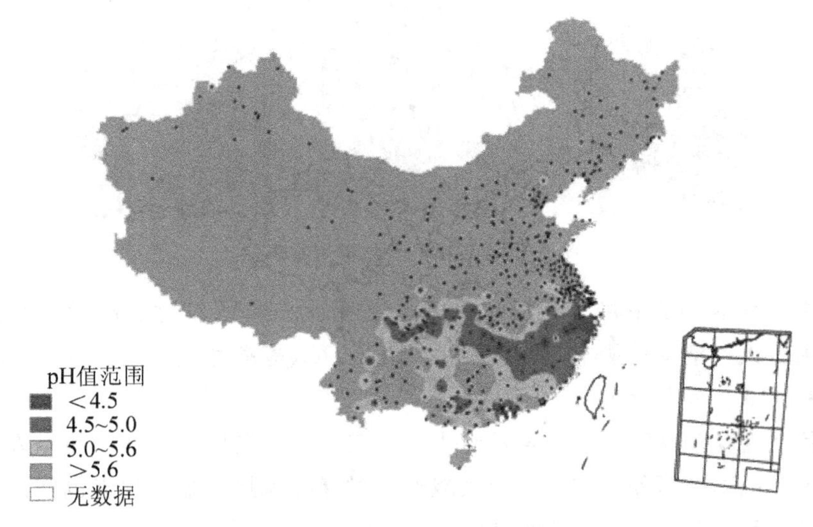

图 5-7　我国降水 pH 年均值等值线

3. 大气污染防治

大气的污染物，无论是颗粒状污染物或是气体状污染物，都有能够在大气中扩散、污染的特点，大气污染带有区域性和整体性的特征。大气污染的程度要受到该地区的自然条件、能源构成、工业结构和布局、交通状况以及人口密度等多种因素的影响。

所谓大气污染的综合防治，就是从区域环境的整体出发，充分考虑该地区的环境特征，对所有能够影响大气质量的各项因素作全面、系统的分析，充分利用环境的自净能力，综合运用各种防治大气污染的技术措施，并在这些措施的基础上制定最佳的防治措施，以达到控制区域性大气环境质量、消除或减轻大气污染的目的。

1）全面规划，合理布局

大气污染综合防治，必须从协调地区经济发展和保护环境之间的关系出发，对该地区各污染源所排放的各类污染物质的种类、数量、时空分布做全面的调查研究，并在此基础上，制定控制污染的最佳方案。

工业生产区应设在城市主导风向的下风向。在工厂区与城市生活区之间，要有一定间隔距离，并植树造林、减轻污染危害。对已有污染重，资源浪费，治理无望的企业要实行关、停、并、转、迁等措施。

2）改善能源结构，提高能源有效利用率

我国当前的能源结构以煤炭为主，在煤炭燃烧过程中放出大量的 SO_2、NO_X、CO 以及悬浮颗粒等污染物。因此，如从根本上解决大气污染问题，首先必须从改善能源结构入手，例如使用天然气及二次能源，如煤气、液化石油气、电等，还应重视太阳能、风能、地热等所谓清洁能源的利用。我国能源的平均利用率仅 30%，提高能源利用率的潜力很大。

随着机动车保有量的增加，机动车排放污染物对环境的影响日趋严重，给城市和区域空气质量带来巨大压力。鉴于目前机动车尾气排放已成为我国大气污染的主要来源之一，环境保护部今后将进一步加大工作力度，不断完善新生产机动车、在用机动车环境监管，全力削减机动车污染物排放总量；同时与有关部门密切协作，从行业发展规划、城市公共交通、清洁燃油供应等方面采取综合措施，缓解机动车尾气排放对大气环境的影响。

3）区域集中供热

分散于千家万户的燃煤炉灶，市内密集的矮小烟囱是烟尘的主要污染源。发展区域性集中供暖供热，设立规模较大的热电厂和供热站，用以代替千家万户的炉灶，是消除烟尘的有效措施。这样还具有以下各项效益：①提高热能利用率；②便于采用高效率的除尘器；③采用高烟囱排放；④减少燃料的运输量。

4）植树造林、绿化环境

绿化造林是大气污染防治的一种经济有效的措施。植物有吸收各种有毒有害气体和净化空气的功能。植物是空气的天然过滤器。茂密的丛林能够降低风速，使气流夹带的大颗粒灰尘下降。树叶表面粗糙不平，多绒毛，某些树种的树叶还分泌粘液，能吸附大量飘尘。蒙尘的树叶经雨水淋洗后，又能够恢复吸附、阻拦尘埃的作用，使空气得到净化。

植物的光合作用放出氧气，吸收二氧化碳，因而树林有调节空气成分的功能，一般 1 公顷的阔叶林，在生长季节，每天能够消耗约 1t 的二氧化碳，释放出 0.75 吨的氧气。以成年人考虑，每天需吸入 0.75kg 的氧气，排出 0.9kg 的二氧化碳，这样，每人平均有 $10m^2$ 面积的森林，就能够得到充足的氧气。

4. 大气污染控制标准

大气污染物排放标准是为了控制污染物的排放量，使空气质量达到环境质量标准，对排入大气中的污染物数量或浓度所规定的限制标准。经有关部门审批和颁布，具有法律约束力。除国家颁布的标准外，各地、各部门还可根据当地的大气环境容量、污染源的分布和地区特点，在一定经济水平下实现排放标准的可行性，制定适用于本地区、本部门的排放标准。我国现行的大气环境保护标准有大气环境质量标准(表 5-4)、大气污染物排放标准(表 5-5)。

表 5-4　大气环境质量标准

标准名称	标准编号	发布时间	实施时间
环境空气质量标准	GB 3095—2012	2012-2-29	2016-1-1
乘用车内空气质量评价指南	GB/T 27630—2011	2011-10-27	2012-3-1
室内空气质量标准	GB/T 18883—2002	2002-11-19	2003-3-1
环境空气质量标准	GB 3095—1996	1996-1-18	1996-10-1
保护农作物的大气污染物最高允许浓度	GB 9137—98	1998-4-30	1998-10-1

表 5-5　大气污染物排放标准

标准名称	标准编号	发布时间	实施时间
炼焦化学工业污染物排放标准	GB 16171—2012	2012-6-27	2012-10-1
铁合金工业污染物排放标准	GB 28666—2012	2012-6-27	2012-10-1
轧钢工业大气污染物排放标准	GB 28665—2012	2012-6-27	2012-10-1
炼钢工业大气污染物排放标准	GB 28664—2012	2012-6-27	2012-10-1
炼铁工业大气污染物排放标准	GB 28663—2012	2012-6-27	2012-10-1
钢铁烧结、球团工业大气污染物排放标准	GB 28662—2012	2012-6-27	2012-10-1
铁矿采选工业污染物排放标准	GB 28661—2012	2012-6-27	2012-10-1
火电厂大气污染物排放标准	GB 13223—2011	2011-7-29	2012-1-1
摩托车和轻便摩托车排气污染物排放限值及测量方法(双怠速法)	GB 14621—2011	2011-5-12	2011-10-1
稀土工业污染物排放标准	GB 26451—2011	2011-1-24	2011-10-1
钒工业污染物排放标准	GB 26452—2011	2011-4-2	2011-10-1
平板玻璃工业大气污染物排放标准	GB 26453—2011	2011-4-2	2011-10-1
橡胶制品工业污染物排放标准	GB 27632—2011	2011-10-27	2012-1-1
陶瓷工业污染物排放标准	GB 25464—2010	2010-9-27	2010-10-1
铝工业污染物排放标准	GB 25465—2010	2010-9-27	2010-10-1
铅、锌工业污染物排放标准	GB 25466—2010	2010-9-27	2010-10-1

续表

标准名称	标准编号	发布时间	实施时间
铜、镍、钴工业污染物排放标准	GB 25467—2010	2010-9-27	2010-10-1
镁、钛工业污染物排放标准	GB 25468—2010	2010-9-27	2010-10-1
硝酸工业污染物排放标准	GB 26131—2010	2010-12-30	2011-3-1
硫酸工业污染物排放标准	GB 26132—2010	2010-12-30	2011-3-1
非道路移动机械用小型点燃式发动机排气污染物排放限值与测量方法(中国第一、二阶段)	GB 26133—2010	2010-12-30	2011-3-1
煤层气(煤矿瓦斯)排放标准(暂行)	GB 21522—2008	2008-4-2	2008-7-1
电镀污染物排放标准	GB 21900—2008	2008-6-25	2008-8-1
合成革与人造革工业污染物排放标准	GB 21902—2008	2008-6-25	2008-8-1
储油库大气污染物排放标准	GB 20950—2007	2007-6-22	2007-8-1
加油站大气污染物排放标准	GB 20952—2007	2007-6-22	2007-8-1
煤炭工业污染物排放标准	GB 20426—2006	2006-9-1	2006-10-1
水泥工业大气污染物排放标准	GB 4915—2004	2004-12-29	2005-1-1
火电厂大气污染物排放标准	GB 13223—2003	2003-12-30	2004-1-1
锅炉大气污染物排放标准	GB 13271—2001	2001-11-12	2002-1-1
饮食业油烟排放标准(试行)	GB 18483—2001	2001-11-12	2002-1-1
工业炉窑大气污染物排放标准	GB 9078—1996	1996-3-7	1997-1-1
炼焦炉大气污染物排放标准	GB 16171—1996	1996-3-7	1997-1-1
大气污染物综合排放标准	GB 16297—1996	1996-4-12	1997-1-1
恶臭污染物排放标准	GB 14554—1993	1993-8-6	1994-1-15
重型车用汽油发动机与汽车排气污染物排放限值及测量方法(中国Ⅲ、Ⅳ阶段)	GB 14762—2008	2008-4-2	2009-7-1
摩托车污染物排放限值及测量方法(工况法，中国第Ⅲ阶段)	GB 14622—2007	2007-4-3	2008-7-1
轻便摩托车污染物排放限值及测量方法(工况法，中国第Ⅲ阶段)	GB 18176—2007	2007-4-3	2008-7-1
非道路移动机械用柴油机排气污染物排放限值及测量方法(中国Ⅰ、Ⅱ阶段)	GB 20891—2007	2007-4-3	2007-10-1
汽油运输大气污染物排放标准	GB 20951—2007	2007-6-22	2007-8-1
摩托车和轻便摩托车燃油蒸发污染物排放限值及测量方法	GB 20998—2007	2007-7-19	2008-7-1
车用压燃式发动机和压燃式发动机汽车排气烟度排放限值及测量方法	GB 3847—2005	2005-5-30	2005-7-1

续表

标准名称	标准编号	发布时间	实施时间
装用点燃式发动机重型汽车曲轴箱污染物排放限值	GB 11340—2005	2005-4-15	2005-7-1
装用点燃式发动机重型汽车燃油蒸发污染物排放限值	GB 14763—2005	2005-4-15	2005-7-1
车用压燃式、气体燃料点燃式发动机与汽车排气污染物排放限值及测量方法(中国Ⅲ、Ⅳ、Ⅴ阶段)	GB 17691—2005	2005-5-30	2007-1-1
点燃式发动机汽车排气污染物排放限值及测量方法(双怠速法及简易工况法)	GB 18285—2005	2005-5-30	2005-7-1
轻型汽车污染物排放限值及测量方法(中国Ⅲ、Ⅳ阶段)	GB 18352.3—2005	2005-4-15	2007-7-1
三轮汽车和低速货车用柴油机排气污染物排放限值及测量方法(中国Ⅰ、Ⅱ阶段)	GB 19756—2005	2005-5-30	2006-1-1
摩托车和轻便摩托车排气烟度排放限值及测量方法	GB 19758—2005	2005-5-30	2005-7-1
车用点燃式发动机及装用点燃式发动机汽车排气污染物排放限值及测量方法	GB 14762—2002	2002-11-18	2003-1-1
农用运输车自由加速烟度排放限值及测量方法	GB 18322—2002	2002-1-4	2002-7-1
车用压燃式发动机排气污染物排放限值及测量方法	GB 17691—2001	2001-4-16	2001-4-16
轻型汽车污染物排放限值及测量方法(Ⅰ)	GB 18352.1—2001	2001-4-16	2001-4-16

5.2 固体废物污染及其防治

5.2.1 固体废物的概念及分类

1. 固体废物的概念

根据《中华人民共和国固体废物污染环境防治法》(以下简称《固体废物污染环境防治法》),固体废物是指在生产、生活和其他活动中产生的丧失原有利用价值或者虽未丧失利用价值但被抛弃或者放弃的固态、半固态和置于容器中的气态的物品、物质以及法律、行政法规规定纳入固体废物管理的物品、物质。

废与不废是相对于使用者而言的,随着人类认识的逐步提高和科学技术的不断发展,认识的和可利用的物质越来越多,昨天的废物有可能成为今天的资源,他处的废物在另外的空间或时间就是资源和财富，一个时空领域的废物在另一个时空领域也许就是宝贵的资源，因此固体废弃物又称之为时空上的错位资源。

2. 固体废物的分类

固体废物种类很多，按其组成可分为有机废物和无机废物；按其形态可分为固态废物、半固态废物和液态(气态)废物；按其污染特性可分为有害废物和一般废物等。

在《固体废物污染环境防治法》中将固体废物分为城市固体废物、工业固体废物和有害废物。

城市固体废物是指在城市居民日常生活中或者为城市日常生活提供服务的活动中产生的固体废物，即城市生活垃圾，主要包括居民生活垃圾、医院垃圾、商业垃圾、建筑垃圾(渣土)。

工业固体废物是指在工业、交通等生产活动中产生的采矿废石，选矿尾矿、燃料废渣、化工生产及冶炼废渣等固体废物，又称工业废渣或工业垃圾。按行业分有如下几类：①矿业固体废物，产生于采、选矿过程，如废石、尾矿等。②冶金工业固体废物，产生于金属冶炼过程，如高炉渣等。③能源工业固体废物，产生于燃煤发电过程，如煤矸石、炉渣等。④石油化工工业固体废物，产生于石油加工和化工生产过程。⑤轻工业固体废物，产生于轻工业生产过程，如废纸、废塑料、废布头等。⑥其他工业固体废物，产生于机械加工过程，如金属碎屑、电镀污泥等。随着行业、产品、工艺、材料不同，污染物产量和成分差异很大。

有害废物又称危险废物，泛指除放射性废物以外，具有毒性、易燃性、反应性、腐蚀性、爆炸性、传染性因而可能对人类的生活环境产生危害的废物。

世界上大部分国家根据有害废物的特性，即急性毒性、易燃性、反应性、腐蚀性、浸出毒性和疾病传染性，均制定了自己的鉴别标准和有害废物名录。联合国环境规划署《控制有害废物越境转移及其处置巴塞尔公约》列出了“应加控制的废物类别”共45类，“需加特别考虑的废物类别”共2类，同时列出了有害废物“危险特性的清单”共13种特性。根据1998年1月4日由中华人民共和国国家环境保护局、国家经济贸易委员会、对外贸易经济合作部和公安部联合颁布，于1998年7月1日实施的《国家有害废物名录》中，我国有害废物共分为47类。其中规定，“凡《名录》所列废物类别高于鉴别标准的属有害废物，列入国家有害废物管理范围；低于鉴别标准的，不列入国家有害废物管理。”

5.2.2 固体废物的特点

1. 资源和废物的相对性

固体废物具有鲜明的时间和空间特征。从时间方面讲，它仅仅是在目前的科学技术和经济条件下无法加以利用，但随着时间的推移，科学技术的发展，以及人们的要求变化，今天的废物可能成为明天的资源。从空间角度看，废物仅仅相对于某一过程或某一方面没有使用价值，并非在一切过程或一切方面都没有使用价值。一种过程的废物，往往可能是另一种过程的原料。固体废物一般具有某些工业原材料所具有的化学、物理特性，且较废水、废气容易收集、运输、加工处理，因而可以回收利用。

2. 富集终态和污染源头的双重作用

固体废物往往是许多污染成分的终极状态。例如，一些有害气体或飘尘通过治理最终富集成为固体废物；一些有害溶质和悬浮物，通过治理最终被分离出来成为污泥或残渣；一些含重金属的可燃固体废物，通过焚烧处理，有害全集于灰烬中。但是，这些“终态”物质中的有害成分，在长期的自然因素作用下，又会转入大气、水体和土壤，故又成为大气、水体和土壤环境的污染“源头”。

3. 危害具有潜在性、长期性和灾难性

固体废物对环境的污染不同于废水、废气和噪声。固体废物呆滞性大、扩散性小，它对环境的影响主要是通过水、气和土壤进行的。其中污染成分可迁移转化，如浸出液在土壤中的迁移，是一个比较缓慢的过程，其危害可能在数十年后才能发现。从某种意义上讲，固体废物，特别是有害废物对环境造成的危害可能要比水、气造成的危害严重得多。

5.2.3 固体废物对环境的危害

1. 污染大气

固体废物对大气的污染表现为3个方面：①废物的细粒被风吹起，增加了大气中的粉尘含量，加重了大气的尘污染。②生产过程中由于除尘效率低，使大量粉尘直接从排气筒排放到大气环境中，污染大气。③堆放的固体废物中的有害成分由于挥发及化学反应等，产生有毒气体，导致大气的污染。

2. 污染水体

大量固体废物排放到江河湖海会造成淤积，从而阻塞河道、侵蚀农田、危害水利工程。有害固体废物进入水体，会使一定的水域成为生物死区。固体废物与水接触，废物中的有毒、有害成分必然被浸滤出来，如图5-8所示，从而使水体发生酸性、碱性、

图5-8 浸出液对水体的危害

富营养化、矿化、悬浮物增加，甚至毒化等变化，危害生物和人体健康。在我国，固体废物污染水的事件已屡见不鲜，如锦州某铁合金厂堆存的铬渣，使近 $20km^2$ 范围内的水质遭受六价铬污染，致使 7 个自然村屯 1800 眼水井的水不能饮用。湖南某矿务局的含砷废渣由于长期露天堆存，其浸出液污染了民用水井，造成 308 人急性中毒、6 人死亡的严重事故。

3. 污染土壤

固体废物露天堆存，不但占用大量土地，而且其含有的有毒有害成分也会渗入到土壤之中，使土壤碱化、酸化、毒化，破坏土壤中微生物的生存条件，影响动植物生长发育。许多有毒有害成分还会经过动植物进入人的食物链，危害人体健康。一般来说，堆存 10000 吨废物就要占地一亩，而受污染的土壤面积往往比堆存面积大 1～2 倍。

4. 影响环境卫生，广泛传染疾病

固体废物在城市大量堆放而又处理不当，不仅影响市容，如图 5－9 所示，而且污染城市的环境。垃圾粪便长期弃往郊外，不作无害化处理，简单地作为堆肥使用，可以使土壤碱度提高，土质受到破坏，还可以使重金属在土壤中富集。被植物吸收进入食物链，还能传播大量的病原体，引起疾病。城市下水道的污泥中含有几百种病菌和病毒，会给人类造成长期威胁。

图 5－9 固体废物对市容的影响

5. 侵占土地

固体废物需要占地堆放。据估算，每堆积 1 万吨废物，占地约需 1 亩。截至 1993 年，我国单是工矿业固体废物历年累计堆存量就达 59.7 亿吨，占地 52.025 公顷。另外随着我国经济和消费的发展，城市垃圾受纳场地日益显得不足，垃圾占地的矛盾日渐突出，例如，根据北京市高空远红外探测的结果显示，北京市区几乎被环状的垃圾堆群所包围。

5.2.4 危险废弃物的污染防治措施

1. 危险废物的减量化

(1) 危险废物减量化适用于任何产生危险废物的工艺过程。各级政府应通过经济和其他政策措施促进企业清洁生产，防止和减少危险废物的产生。企业应积极采用低废、少废、无废工艺，禁止采用《淘汰落后生产能力、工艺和产品的目录》中明令淘汰的技术工艺和设备。

(2) 对已经产生的危险废物，必须按照国家有关规定申报登记，建设符合标准的专门设施和场所妥善保存并设立危险废物标示牌，按有关规定自行处理处置或交由持有危险废物经营许可证的单位收集、运输、贮存和处理处置。在处理处置过程中，应采取措施减少危险废物的体积、重量和危险程度。

2. 危险废物的收集和运输

(1) 危险废物要根据其成分，用符合国家标准的专门容器分类收集。

(2) 装运危险废物的容器应根据危险废物的不同特性而设计，不易破损、变形、老化，能有效地防止渗漏、扩散。装有危险废物的容器必须贴有标签，在标签上详细标明危险废物的名称、重量、成分、特性以及发生泄漏、扩散污染事故时的应急措施和补救方法。

(3) 居民生活、办公和第三产业产生的危险废物(如废电池、废日光灯管等)应与生活垃圾分类收集，通过分类收集提高其回收利用和无害化处理处置，逐步建立和完善社会源危险废物的回收网络。

(4) 鼓励发展安全高效的危险废物运输系统，鼓励发展各种形式的专用车辆，对危险废物的运输要求安全可靠，要严格按照危险废物运输的管理规定进行危险废物的运输，减少运输过程中的二次污染和可能造成的环境风险。

(5) 鼓励成立专业化的危险废物运输公司对危险废物实行专业化运输，运输车辆需有特殊标志。

3. 危险废物的转移

(1) 危险废物的越境转移应遵从《控制危险废物越境转移及其处置的巴塞尔公约》的要求，危险废物的国内转移应遵从《危险废物转移联单管理办法》及其他有关规定的要求。

(2) 各级环境保护行政主管部门应按照国家和地方制定的危险废物转移管理办法对危险废物的流向进行有效控制，禁止在转移过程中将危险废物排放至环境中。

4. 危险废物的资源化

(1) 已产生的危险废物应首先考虑回收利用，减少后续处理处置的负荷。回收利用过程应达到国家和地方有关规定的要求，避免二次污染。

(2) 生产过程中产生的危险废物，应积极推行生产系统内的回收利用。生产系统内无法回收利用的危险废物，通过系统外的危险废物交换、物质转化、再加工、能量转化等措施实现回收利用。

（3）各级政府应通过设立专项基金、政府补贴等经济政策和其他政策措施鼓励企业对已经产生的危险废物进行回收利用，实现危险废物的资源化。

（4）国家鼓励危险废物回收利用技术的研究与开发，逐步提高危险废物回收利用技术和装备水平，积极推广技术成熟、经济可行的危险废物回收利用技术。

5. 危险废物的贮存

（1）对已产生的危险废物，若暂时不能回收利用或进行处理处置的，其产生单位需建设专门的危险废物贮存设施进行贮存，并设立危险废物标志，或委托具有专门危险废物贮存设施的单位进行贮存，贮存期限不得超过国家规定。贮存危险废物的单位需拥有相应的许可证。禁止将危险废物以任何形式转移给无许可证的单位，或转移到非危险废物贮存设施中。危险废物贮存设施应有相应的配套设施并按有关规定进行管理。

（2）危险废物的贮存设施应满足以下要求。

① 应建有堵截泄漏的裙脚，地面与裙脚要用坚固防渗的材料建造。应有隔离设施、报警装置和防风、防晒、防雨设施。

② 基础防渗层为粘土层的，其厚度应在1m以上，渗透系数应小于1.010－7cm/s；基础防渗层也可用厚度在2mm以上的高密度聚乙烯或其他人工防渗材料组成，渗透系数应小于1.010－10cm/s；

③ 需有泄漏液体收集装置及气体导出口和气体净化装置。

④ 用于存放液体、半固体危险废物的地方，还需有耐腐蚀的硬化地面，地面无裂隙。

⑤ 不相容的危险废物堆放区必须有隔离间隔断。

⑥ 衬层上需建有渗滤液收集清除系统、径流疏导系统、雨水收集池。

⑦ 贮存易燃易爆的危险废物的场所应配备消防设备，贮存剧毒危险废物的场所必须有专人24小时看管。

（3）危险废物的贮存设施的选址与设计、运行与管理、安全防护、环境监测及应急措施以及关闭等需遵循《危险废物贮存污染控制标准》的规定。

6. 危险废物的焚烧处置

（1）危险废物焚烧可实现危险废物的减量化和无害化，并可回收利用其余热。焚烧处置适用于不宜回收利用其有用组分、具有一定热值的危险废物。易爆废物不宜进行焚烧处置。焚烧设施的建设、运营和污染控制管理应遵循《危险废物焚烧污染控制标准》及其他有关规定。

（2）危险废物焚烧处置应满足以下要求。

① 危险废物焚烧处置前必须进行前处理或特殊处理，达到进炉的要求，危险废物在炉内燃烧均匀、完全。

② 焚烧炉温度应达到1100℃以上，烟气停留时间应在2.0s以上，燃烧效率大于99.9%，焚毁去除率大于99.99%，焚烧残渣的热灼减率小于5%（医院临床废物和含多氯

联苯废物除外)。

③ 焚烧设施必须有前处理系统、尾气净化系统、报警系统和应急处理装置。

④ 危险废物焚烧产生的残渣、烟气处理过程中产生的飞灰，需按危险废物进行安全填埋处置。

(3) 危险废物的焚烧宜采用以旋转窑炉为基础的焚烧技术，可根据危险废物种类和特征选用其他不同炉型，鼓励改造并采用生产水泥的旋转窑炉附烧或专烧危险废物。

(4) 鼓励危险废物焚烧余热利用。对规模较大的危险废物焚烧设施，可实施热电联产。

(5) 医院临床废物、含多氯联苯废物等一些传染性的、或毒性大、或含持久性有机污染成分的特殊危险废物宜在专门焚烧设施中焚烧。

7. 危险废物的安全填埋处置

(1) 危险废物安全填埋处置适用于不能回收利用其组分和能量的危险废物。

(2) 未经处理的危险废物不得混入生活垃圾填埋场，安全填埋为危险废物的最终处置手段。

(3) 危险废物安全填埋场必须按入场要求和经营许可证规定的范围接收危险废物，达不到入场要求的，需进行预处理并达到填埋场入场要求。

(4) 危险废物安全填埋场需满足以下要求。

① 有满足要求的防渗层，不得产生二次污染。

天然基础层饱和渗透系数小于 1.010 - 7cm/s，且厚度大于 5m 时，可直接采用天然基础层作为防渗层；天然基础层饱和渗透系数为 1.010 - 7～1.010 - 6cm/s 时，可选用复合衬层作为防渗层，高密度聚乙烯的厚度不得低于 1.5mm；天然基础层饱和渗透系数大于 1.010 - 6cm/s 时，需采用双人工合成衬层(高密度聚乙烯)作为防渗层，上层厚度在 2.0mm 以上，下层厚度在 1.0mm 以上。

② 要严格按照作业规程进行单元式作业，做好压实和覆盖。

③ 要做好清污水分流，减少渗沥水产生量，设置渗沥水导排设施和处理设施。对易产生气体的危险废物填埋场，应设置一定数量的排气孔、气体收集系统、净化系统和报警系统。

④ 填埋场运行管理单位应自行或委托其他单位对填埋场地下水、地表水、大气要进行定期监测。

⑤ 填埋场终场后，要进行封场处理，进行有效的覆盖和生态环境恢复。

⑥ 填埋场封场后，经监测、论证和有关部门审定，才可以对土地进行适宜的非农业开发和利用。

(5) 危险废物填埋需满足《危险废物填埋污染控制标准》的规定。

8. 特殊危险废物污染防治

1) 医院临床废物(不含放射性废物)

(1) 鼓励医院临床废物的分类收集，分别进行处理处置。人体组织器官，血液制品，沾染血液、体液的织物，传染病医院的临床废物，病人生活垃圾以及混合收集的医院临床废物宜建设专用焚烧设施进行处置，专用焚烧设施应符合《危险废物焚烧污染控制标准》的要求。

(2) 城市应建设集中处置设施，收集处置城市和城市所在区域的医院临床废物。

(3) 禁止一次性医疗器具和敷料的回收利用。

2) 含多氯联苯废物

(1) 含多氯联苯废物应尽快集中到专用的焚烧设施中进行处置，不宜采用其他途径进行处置，其专用焚烧设施应符合国家《危险废物焚烧污染控制标准》的要求。

(2) 含多氯联苯废物的管理、贮存和处置还需遵循《防止含多氯联苯电力装置及其废物污染环境的规定》的规定。

(3) 对集中封存年限超过 20 年的或未超过 20 年但已造成环境污染的含多氯联苯废物，应限期进行焚烧处置。

(4) 对于新退出使用的含多氯联苯电力装置原则上必须进行焚烧处置，确有困难的可进行暂时性封存，但封存年限不应超过 3 年。暂存库和集中封存库的选址和设计必须符合《含多氯联苯废物的暂存库和集中封存库设计规范》的要求，集中封存库的建设必须进行环境影响评价。

(5) 应加强含多氯联苯危险废物的清查及其贮存设施的管理，并对含多氯联苯危险废物的处置过程进行跟踪管理。

3) 生活垃圾焚烧飞灰

(1) 生活垃圾焚烧产生的飞灰必须单独收集，不得与生活垃圾、焚烧残渣等其他废物混合，也不得与其他危险废物混合。

(2) 生活垃圾焚烧飞灰不得在产生地长期贮存，不得进行简易处置，不得排放，生活垃圾焚烧飞灰在产生地必须进行必要的固化和稳定化处理之后方可运输，运输需使用专用运输工具，运输工具必须密闭。

(3) 生活垃圾焚烧飞灰需进行安全填埋处置。

4) 废电池

(1) 国家和地方各级政府应制定技术、经济政策淘汰含汞、镉的电池。生产企业应按照国家法律和产业政策，调整产品结构，按期淘汰含汞、镉电池。

(2) 在含汞、镉的电池被淘汰之前，城市生活垃圾处理单位应建立分类收集、贮存、处理设施，对废电池进行有效的管理。

(3) 提倡废电池的分类收集，避免含汞、镉废电池混入生活垃圾焚烧设施。

(4) 废铅酸电池必须进行回收利用，不得用其他办法进行处置，其收集、运输环节必须纳入危险废物管理。鼓励发展年处理规模在 2 万吨以上的废铅酸电池回收利用，淘汰小型的再生铅企业，鼓励采用湿法再生铅生产工艺。

5) 废矿物油

(1) 鼓励建立废矿物油收集体系，禁止将废矿物油任意抛洒、掩埋或倒入下水道以及用作建筑脱模油，禁止继续使用硫酸/白土法再生废矿物油。

（2）废矿物油的管理应遵循《废润滑油回收与再生利用技术导则》等有关规定，鼓励采用无酸废油再生技术，采用新的油水分离设施或活性酶对废油进行回收利用，鼓励重点城市建设区域性的废矿物油回收设施，为所在区域的废矿物油产生者提供服务。

6）废日光灯管

（1）各级政府应制定技术、经济政策调整产品结构，淘汰高污染日光灯管，鼓励建立废日光灯管的收集体系和资金机制。

（2）加强废日光灯管产生、收集和处理处置的管理，鼓励重点城市建设区域性的废日光灯管回收处理设施，为该区域的废日光灯管的回收处理提供服务。

9．危险废物处理处置相关的技术和设备

（1）鼓励研究开发和引进高效危险废物收集运输技术和设备。

（2）鼓励研究开发和引进高效、实用的危险废物资源化利用技术和设备，包括危险废物分选和破碎设备、热处理设备、大件危险废物处理和利用设备、社会源危险废物处理和利用设备。

（3）加快危险废物处理专用监测仪器设备的开发和国产化，包括焚烧设施在线烟气测试仪器等。

（4）鼓励研究开发高效、实用的危险废物焚烧成套技术和设备，包括危险废物焚烧炉技术、危险废物焚烧污染控制技术和危险废物焚烧余热回收利用技术等。

（5）鼓励研究和开发高效、实用的安全填埋处理关键技术和设备，包括新型填埋防渗衬层和覆盖材料、填埋专用机具、危险废物填埋场渗沥水处理技术以及危险废物填埋场封场技术。

（6）鼓励研究与开发危险废物鉴别技术及仪器设备，鼓励危险废物管理技术和方法的研究。

（7）鼓励研究开发废旧电池和废日光灯管的处理处置和回收利用技术。

5.3 水污染及其防治

目前，全世界每年约有4200多亿 m^3 的污水排入江河湖海，污染5.56亿 m^3 的淡水，这相当于全球径流总量的14%。经过多年的建设，我国水污染防治工作取得了显著的成绩，但水污染形势仍热十分严峻，许多农村和城市存在水质型缺水问题。再加上近年来频发的水污染事件，越发加重了全国水污染状况。从2001年到2004年，全国共发生水污染事故3988起，平均每年近1000起。2005年发生了松花江水污染、珠江北江镉污染，2007年发生了太湖蓝藻暴发等重大污染事件，水污染加剧了全球的水资源短缺，危及人体健康，严重制约了人类社会、经济与环境的可持续发展。

水体污染是指未经处理的工业废水、生活污水、农业回流水和其他废弃物，直接或间接排入江河湖海，超过水体的自净能力，造成地表水和地下水水质恶化，从而降低水体使用价值和使用功能的现象。

5.3.1　水污染的类型

水污染可根据污染物质的不同而主要分为物理性污染、生物性污染和化学性污染三大类。

1. 物理性污染

1）悬浮物质污染

悬浮物是指悬浮于水中的不溶于水的固体或胶体物质，造成水体浑浊度升高，妨碍水生植物的光合作用，不利于水生生物的生长。悬浮物质污染主要是由生活污水、垃圾、采矿、建筑、冶金、化肥、造纸等工业废水引起的。悬浮物颗粒还容易吸附营养物、有机毒物、重金属等有毒物质，使污染物富集，产生更大的危害。

2）热污染

由热电厂、工矿企业排放高温废水引起水体的局部温度升高，称为热污染。水温升高、溶解氧含量降低、微生物活动增强，水中存在的某些有毒物质的毒性增加等现象，改变了水生生物的生存条件和生态平衡，从而危及鱼类和水生生物的生长。

3）放射性污染

由于原子能工业的发展，放射性矿藏的开采，核试验和核电站的建立以及同位素在医学、工业、研究等领域的应用，使放射性废水、废物显著增加，造成一定的放射性污染，如图 5－9 所示。放射性废水可通过食物链，对人体产生辐射，长期作用可导致肿瘤、白血病和遗传障碍等。

图 5－10　核岛放射性染污水流入海洋

2. 生物性污染

生物性水污染，特别是医院污水和某些工业废水污染水体后，往往可以带入一些病原微生物，随水流传播，对人类健康造成极大的威胁。例如某些原来存在于人畜肠道中的病原细菌，如伤寒、副伤寒、霍乱细菌等都可以通过人畜粪便的污染而进入水体，随水流动而传播。一些病毒，如肝炎病毒、腺病毒等也常在污染水中发现。某些寄生虫病，如阿米巴痢疾、血吸虫病、钩端螺旋体病等也可通过水进行传播。在实际的水体中，各类污染物也是相互作用的，往往有机物含量较高的废水中同时存在病原微生物，对从体产生共同污染。

3. 化学性污染

1）无机污染物质

污染水体的无机污染物质有酸、碱和一些无机盐类。酸碱污染使水体的pH值发生变化，妨碍水体自净作用，还会腐蚀船舶和水下建筑物，影响渔业。酸污染主要来源于制药、钢铁厂及染料工业废水；碱污染主要来源于造纸、炼油、制碱等行业；盐污染主要来源于制药、化工和石油化工等行业。

2）无机有毒物质

污染水体的无机有毒物质主要是重金属等有潜在长期影响的物质，主要有汞、镉、铅、砷等元素。有毒重金属在自然界中可通过食物链而富集，会直接作用于人体而引起严重的疾病或慢性病。闻名世界的日本水俣病就是由于汞污染造成的，骨痛病是由镉污染引起的。

3）有机有毒物质

污染水体的有机有毒物质主要是各种有机农药、酚类化合物、多环芳烃、芳香烃、多氯联苯等。它们大多是人工合成的物质，化学性质很稳定，可长距离迁移，很难被生物所分解。

4）需氧污染物质

生活污水和某些工业废水中所含的碳水化合物、蛋白质、脂肪和酚、醇等有机物质可在微生物的作用下进行分解。在分解过程中需要大量氧气，故称之为需氧污染物质。此类有机物质过多，造成水中溶解氧缺乏，影响水中其他生物的生长。水中溶解氧耗尽后，有机物质进行厌氧分解而产生大量硫化氢、氨、硫醇等物质，使水质变黑变臭，造成环境质量恶化，同时也造成水中的鱼类和其他水生生物的死亡。

5）植物营养物质

生活污水、农田排水及某些工业废水中含有一定量的氮、磷等植物营养物质，排入水体后，使水体中氮、磷含量升高，在湖泊、水库、海湾等水流缓慢水域富集，使藻类等浮游生物大量繁殖，称为“水体的富营养化”。藻类死亡分解后，增加水中营养物质含量，使藻类大量繁殖，使水体呈现藻类颜色，阻断水面气体交换，造成水中溶解氧下降，水质恶化，鱼类死亡，严重时可使水草丛生，湖泊退化，如图5－11所示。

6）油类污染物质

石油及其炼制品(汽油、煤油、柴油等)在开采、炼制、贮运和使用过程中进入海洋环境而造成的污染，是目前一种世界性的严重的海洋污染，尤其海洋采油和油轮事故污染最甚。如海湾战争中造成的海洋石油污染，不但严重破坏了波斯湾的生态环境，还造成洲际规模的大气污染。2010年4月20日，美国路易斯安那州近海的一座钻井平台发生爆炸

图5-11 水体富营养化

并引发大火，平台随后沉入墨西哥湾，其底部油井漏油不止，造成大面积原油污染，如图5-12所示。这场持续性石油泄漏，初步估计有4亿多升石油漏入海中。2010年7月16日，我国大连新港附近一条输油管道起火爆炸，造成附近海域至少50km^{2}的海面被原油污染。

图5-12 墨西哥湾漏油事件

5.3.2 水质指标与标准

1. 水质指标

水质是指水和其中所含的杂质共同表现出来的物理学、化学和生物学的综合特性。水质指标是表示水中杂质的种类、成分和数量，是判断水质的具体衡量标准。水质指标可概括地分为物理指标、化学指标、微生物指标和放射性指标，见表5-6。

表 5-6 水质指标的分类

物理性水质指标	感官物理性状指标	温度、色度、嗅和味、浑浊度、透明度等
	其他物理性水质指标	总固体、悬浮固体、溶解固体、可沉固体、电导率等
化学性水质指标	一般的化学性水质指标	pH、碱度、硬度、各种阳离子、阴离子、总含盐量、一般有机物质等
	有毒的化学性水质指标	各种重金属、氰化物、多环芳烃、各种农药等
	氧平衡指标	溶解氧 DO、化学需氧量 COD、生化需氧量 BOD、总需氧量 TOC 等
生物学水质指标	细菌总数、总大肠菌数、各种病原细菌、病毒	
放射性指标	总 α 射线、总 β 射线、铀、镭、钍等	

2. 水质标准

不同用途的水均应满足一定的水质要求，即水质标准。它规定某类水体的各项水质参数应达到的指标和限值，是环境标准的一种。与水污染防治密切相关的水质标准主要有水环境质量标准(表 5-7)、水污染防治标准(表 5-8)。

表 5-7 水环境质量标准

标准名称	标准编号	发布时间	实施时间
地表水环境质量标准	GB 3838—2002	2002-4-28	2002-6-1
海水水质标准	GB 3097—1997	1997-12-3	1998-7-1
地下水质量标准	GB/T 14848—1993	1993-12-30	1994-10-1
农田灌溉水质标准	GB 5084—1992	1992-1-4	1992-10-1
渔业水质标准	GB 11607—1989	1989-8-12	1990-3-1

表 5-8 水污染物排放标准

标准名称	标准编号	发布时间	实施时间
纺织染整工业水污染物排放标准	GB 4287—2012	2012-10-19	2013-1-1
缫丝工业水污染物排放标准	GB 28936—2012	2012-10-19	2013-1-1
毛纺工业水污染物排放标准	GB 28937—2012	2012-10-19	2013-1-1
麻纺工业水污染物排放标准	GB 28938—2012	2012-10-19	2013-1-1
铁矿采选工业污染物排放标准	GB 28661—2012	2012-6-27	2012-10-1
铁合金工业污染物排放标准	GB 28666—2012	2012-6-27	2012-10-1
钢铁工业水污染物排放标准	GB 13456—2012	2012-6-27	2012-10-1
炼焦化学工业污染物排放标准	GB 16171—2012	2012-6-27	2012-10-1

续表

标准名称	标准编号	发布时间	实施时间
磷肥工业水污染物排放标准	GB 15580—2011	2011-4-2	2011-10-1
稀土工业污染物排放标准	GB 26451—2011	2011-1-24	2011-10-1
钒工业污染物排放标准	GB 26452—2011	2011-4-2	2011-10-1
汽车维修业水污染物排放标准	GB 26877—2011	2011-7-29	2012-1-1
发酵酒精和白酒工业水污染物排放标准	GB 27631—2011	2011-10-27	2012-1-1
橡胶制品工业污染物排放标准	GB 27632—2011	2011-10-27	2012-1-1
弹药装药行业水污染物排放标准	GB 14470.3—2011	2011-4-29	2012-1-1
淀粉工业水污染物排放标准	GB 25461—2010	2010-9-27	2010-10-1
酵母工业水污染物排放标准	GB 25462—2010	2010-9-27	2010-10-1
油墨工业水污染物排放标准	GB 25463—2010	2010-9-27	2010-10-1
陶瓷工业污染物排放标准	GB 25464—2010	2010-9-27	2010-10-1
铝工业污染物排放标准	GB 25465—2010	2010-9-27	2010-10-1
铅、锌工业污染物排放标准	GB 25466—2010	2010-9-27	2010-10-1
铜、镍、钴工业污染物排放标准	GB 25467—2010	2010-9-27	2010-10-1
镁、钛工业污染物排放标准	GB 25468—2010	2010-9-27	2010-10-1
硝酸工业污染物排放标准	GB 26131—2010	2010-12-30	2011-3-1
硫酸工业污染物排放标准	GB 26132—2010	2010-12-30	2011-3-1
杂环类农药工业水污染物排放标准	GB 21523—2008	2008-4-2	2008-7-1
制浆造纸工业水污染物排放标准	GB 3544—2008	2008-7-25	2008-8-1
电镀污染物排放标准	GB 21900—2008	2008-7-25	2008-8-1
羽绒工业水污染物排放标准	GB 21901—2008	2008-7-25	2008-8-1
合成革与人造革工业污染物排放标准	GB 21902—2008	2008-7-25	2008-8-1
发酵类制药工业水污染物排放标准	GB 21903—2008	2008-7-25	2008-8-1
化学合成类制药工业水污染物排放标准	GB 21904—2008	2008-7-25	2008-8-1
提取类制药工业水污染物排放标准	GB 21905—2008	2008-7-25	2008-8-1
中药类制药工业水污染物排放标准	GB 21906—2008	2008-7-25	2008-8-1
生物工程类制药工业水污染物排放标准	GB 21907—2008	2008-7-25	2008-8-1
混装制剂类制药工业水污染物排放标准	GB 21908—2008	2008-7-25	2008-8-1
制糖工业水污染物排放标准	GB 21909—2008	2008-7-25	2008-8-1
皂素工业水污染物排放标准	GB 20425—2006	2006-9-1	2007-1-1
煤炭工业污染物排放标准	GB 20426—2006	2006-9-1	2006-10-1

续表

标准名称	标准编号	发布时间	实施时间
医疗机构水污染物排放标准	GB 18466—2005	2005-7-27	2006-1-1
啤酒工业污染物排放标准	GB 19821—2005	2005-7-18	2006-1-1
柠檬酸工业污染物排放标准	GB 19430-2004	2004-1-18	2004-4-1
味精工业污染物排放标准	GB 19431-2004	2004-1-18	2004-4-1
兵器工业水污染物排放标准火炸药	GB 14470.1—2002	2002-11-18	2003-7-1
兵器工业水污染物排放标准火工药剂	GB 14470.2—2002	2002-11-18	2003-7-1
兵器工业水污染物排放标准弹药装药	GB 14470.3—2002	2002-11-18	2003-7-1
城镇污水处理厂污染物排放标准	GB 18918—2002	2002-11-19	2003-7-1
合成氨工业水污染物排放标准	GB 13458—2001	2001-11-12	2002-1-1
污水海洋处置工程污染控制标准	GB 18486—2001	2001-11-12	2002-1-1
畜禽养殖业污染物排放标准	GB 18596—2001	2001-12-28	2003-1-1
污水综合排放标准	GB 8978-1996	1996-10-4	1998-1-1
烧碱、聚氯乙烯工业水污染物排放标准	GB 15581—1995	1995-6-12	1996-7-1
航天推进剂水污染物排放标准	GB 14374—1993	1993-5-22	1993-12-1
钢铁工业水污染物排放标准	GB 13456—1992	1992-5-18	1992-7-1
肉类加工工业水污染物排放标准	GB 13457—1992	1992-5-18	1992-7-1
纺织染整工业水污染物排放标准	GB 4287—1992	1992-5-18	1992-7-1
海洋石油开发工业含油污水排放标准	GB 4914—1985	1985-1-18	1985-8-1
船舶工业污染物排放标准	GB 4286—1984	1984-5-18	1985-3-1
船舶污染物排放标准	GB 3552—1983	1983-4-9	1983-10-1

5.3.3 水体自净与水环境容量

水体自净是指水体受污染后，污染物在水体的物理、化学和生物学作用下，使污染成分不断稀释、扩散、分解破坏或沉入水底，水中污染物浓度逐渐降低，水质最终又恢复到污染前的状况。

水体的自净能力是有限的，如果排入水体的污染物数量超过某一界限时，将造成水体的永久性污染，这一界限称为水体的自净容量或水环境容量。影响水体自净的因素很多，其中主要因素有受纳水体的地理、水文条件、微生物的种类与数量、水温、复氧能力以及水体和污染物的组成、污染物浓度等。

5.3.4 水污染防治

2008年2月28日全国人民代表大会常务委员会修订通过的《中华人民共和国水污染

防治法》规定了水污染防治应当坚持预防为主、防治结合、综合治理的原则，优先保护饮用水水源，严格控制工业污染、城镇生活污染，防治农业面源污染，积极推进生态治理工程建设，预防、控制和减少水环境污染和生态破坏。国家鼓励、支持水污染防治的科学技术研究和先进适用技术的推广应用，加强水环境保护的宣传教育。

1. 工业水污染防治对策

我国污水排放量中，工业污水排放量占到60%左右，因此工业水污染防治是水污染防治的首要任务。根据国内外工业水污染防治经验，主要可采取以下几个措施。

一是在宏观性控制对策方面，应把水污染防治和保护水环境作为重要的战略目标，优化产业结构与工业结构，合理进行工业布局。应在产业规划与工业发展中，贯穿可持续发展的指导思想，调整产业结构，完成结构的优化，使之与环境保护相协调。应按照“物耗少、能源少、占地少、运量少、技术密集程度高及附加值高”的原则，限制发展能耗大、用水多、污染大的工业，降低单位工业产品或产值的排放量及污染物排放负荷。

二是技术性控制对策，主要包括推行清洁生产、节水减污、实行污染物排放总量控制，加强工业废水处理等。

三是管理性控制对策，进一步完善废水排放标准和相关的水污染控制法规和条例，加大执法力度，严格限制废水的超标排放，健全环境监测网络，在不同层次，如车间、工厂总排出口和收纳水体进行水质监测，并增强事故排放的预测与预防能力。

2. 城市水污染防治对策

我国城市基础设施落后，城市废水的集中处理率目前不足10%。大量未经妥善处理的城市废水肆意排入江河湖海，造成严重的水污染。因此，加强城市废水的治理是十分重要的。

一是将水污染防治纳入城市的总体规划中。各地城市应结合城市总体规划与城市环境总体规划，不断完善下水道系统，将其作为加强城市基础设施建设的重要组成部分予以规划、建设和运行维护。应有计划、有步骤地建设城市废水处理厂，这是解决城市水污染的重要手段。

二是城市废水的防治应遵循集中与分散相结合的原则。建设大型废水处理厂与分散建设小型废水处理厂在不同地区都有各自的利与弊，因此要根据实际，遵循集中与分散相结合的原则，综合考虑确定其建设规模。

三是在缺水地区应积极将城市水污染的防治与城市废水资源化相结合。在水资源短缺地区，考虑城市水污染防治对策时应充分注意与城市废水资源相结合，在消除水污染的同时进行废水再生利用，以缓解城市水资源短缺的局面，这对我国北方缺水城市有重要意义。

四是加强城市地表和地下水源的保护。调查资料表明，我国约17%的居民的饮用水中有机污染物浓度偏高，因此城市水污染的防治规划应将饮用水源的保护放在首位，以确保城市居民安全饮用水的供给。

五是大力开发低耗高效废水处理与回用技术。各地应因地制宜地开发各种高效低耗的新型废水处理与回用技术，如厌氧生物处理技术、生物膜法、天然净化系统等，并尽可能降低基建投资，节省运行费用，以提高城市污水的处理率，有力控制水污染。

六是充分利用雨水资源，由于雨水是珍贵的淡水资源，国外发达国家许多房屋设计时安装了收集雨水的装置，将雨水装到大桶里用来浇花园。世博会中对雨水的收集利用如图5-13所示。日本的雨水收集方式则是通过管道将水引到地下，从而补充地下水的水位。

图5-13　世博会中对雨水的收集利用

3. 农村水污染防治对策

农村的水污染主要是各类面污染源，如农田使用的化肥、农药，会随雨水径流流入到地表水体或渗入地下水体中。畜禽养殖粪尿及乡镇居民生活污水等，其污染源面广面分散，污染负荷也很大，是水污染防治中不容忽视而且较难解决的问题。可以通过以下几种途径解决。

一是发展节水型农业。农业年用水量约占全国用水量的80%，节约灌溉用水，发展节水型农业不仅可以减少农业用水量、减少水资源的使用，同时可以减少化肥和农药随排灌水的流失，从而减少对水环境的污染。

二是合理利用化肥和农药。改善灌溉方式和施肥方式，减少肥料流失；加强土壤和化肥的化验与监测，科学定量施肥；增加有机复合肥的使用；大力推广生物肥料的使用；加强造林、植树、种草，增加地表覆盖，避免水土流失。

三是加强对畜禽排泄物、乡镇企业废水及村镇生活污水的有效处理。对畜禽养殖业要合理布局，控制发展规模；加强畜禽粪尿的综合利用，制定畜禽养殖场的排放标准、技术规范及环保条例；建立示范工程，积累经验逐步推广。对乡镇企业的建设统筹规划，合理布局，并大力推行清洁生产；限期治理某些污染严重的乡镇企业，对不能达到治理目标的工厂，要坚决关、停、并、转，以防止其对环境的污染及危害；在企业及居民住宅集中地区，逐步完善下水道系统，兴建简易的污水处理设施。

4. 人工湿地污水处理

《湿地公约》对湿地的定义是国际公认的，即不论其为天然或人工、长久或暂时性的沼泽地、泥炭地或水域地带，静止或流动、淡水、半咸水、咸水体，包括低潮时水深不超过 6m 的水域。所有季节性或常年积水地带，包括沼泽、泥炭地、湿草甸、湖泊、河流、洪泛平原、河口三角洲、滩涂、珊瑚礁、红树林、盐沼、低潮时水深不超过 6m 的海岸带以及水稻田、鱼塘、盐田、水库和运河等，均属于湿地范畴，如图 5-14 和图 5-15 所示。

图 5-14 若尔盖湿地

图 5-15 无锡湿地公园

人工湿地是模拟自然湿地的人工生态系统，类似自然沼泽地，但由人工建造和监督控制，是一种人为地将石、砂、土壤、煤渣等一种或几种介质按一定比例构成基质，并有选择性地栽培植物的污水处理生态系统。它是一种集物理、化学、生化反应于一体的废水处理技术，是一个独特的土壤、植物、微生物综合生态系统。

人工湿地是由基质、水体、植物、动物和微生物组成的生态系统。生活在土壤中的微生物(细菌和真菌)在有机物的去除中起主要作用，湿地植物的根系将氧气带入周围的土壤，但远离根部的环境处于厌氧状态，形成处理环境的变化带，这就加强了人工湿地去除复杂污染物的能力。大部分有机物的去除是靠土壤中的微生物，但某些污染物如重金属、硫、磷等依赖于土壤和植物的作用。

采用人工湿地系统处理生活污水是20世纪70年代最先由西方发达国家发展起来的生态型污水处理技术。具有净化效果好、工艺设备简单、运转维护管理方便、能耗低、对负荷变化适应性强、工程基建和运行费用低、可实现废水的资源化等诸多优点，目前在我国也正得到越来越多的关注。我国早在20世纪80年代便已开展了对人工湿地的研究，分别在北京昌平、深圳白泥坑、天津等地建成不同处理规模的人工湿地处理工程。人工湿地系统在处理污水的同时，可增加绿地面积、改善和美化环境、种草养鱼，有显著的环境和经济效益。

我国1987年(“七五”)建立了第一个人工湿地系统后，在人工湿地净化机理、系统控制、设计及运行参数等方面均取得可喜的进展。近10年来，人工湿地技术在我国被广泛应用于农业面源污染控制及生活污水、垃圾场渗滤液、采油废水、啤酒废水、制浆造纸废水等的处理。20世纪末建成的成都活水公园更展示了人工湿地污水处理新工艺用“绿叶鲜花装饰大地，把清水活鱼送还自然”的魅力。随着研究逐渐深入，人工湿地还被用于改善饮用水源水质，如利用人工湿地改善北京官厅水库水质，出水基本满足地面水Ⅲ类标准。目前，人工湿地还被广泛用于新兴领域，如利用人工湿地生态系统去除水体中的藻类效果显著，这说明人工湿地系统在污水深度处理或者在减少水体富营养化、抑制藻类疯长等方面都有其独特的作用。

国外，人工湿地广泛用于处理各种类型污水，如城市生活污水、酸性矿山废水、农业污水等，还被用于淡水回用水深度处理、净化富营养化水、自然保护、处理硝酸盐污染的地下含水层。目前，在美国有600多处人工湿地工程用于处理市政、工业和农业废水，在丹麦、德国、英国各国至少有200处人工湿地(主要为地下潜流湿地)系统在运行。新西兰也有80多处人工湿地系统被投入使用。

5.4 城市噪声及其防治

5.4.1 噪声的概念与来源

凡是不需要的、使人厌烦并干扰人的正常生活、工作和休息的声音统称为噪声。噪声具有针对一定的时间、区域、人群而言的相对性，如图5-16所示。

噪声的来源很多，按照声源的不同，可分为交通噪声(主要指汽车、拖拉机、飞机、火车等交通工具产生的噪声)、建筑工程噪声(主要是指在进行城市道路、工厂、建筑施工时，采用大量打桩机、空压机等大型建筑施工设备产生的噪声)、生活噪声(主要是由商业、娱乐歌舞厅、体育及人群的喧哗引起的噪声等)及工业噪声(主要是由工厂机械如空压机、印刷机、纺织机、电锯、锻压、铆接引起的噪声)等。

图 5-16 噪声污染

5.4.2 噪声的单位与标准

噪声的单位用分贝(dB)表示。根据《声环境质量标准》(GB 3096—2008)声环境功能区分为以下 5 种类型。

0 类声环境功能区：指康复疗养区等特别需要安静的区域。

1 类声环境功能区：指以居民住宅、医疗卫生、文化体育、科研设计、行政办公为主要功能，需要保持安静的区域。

2 类声环境功能区：指以商业金融、集市贸易为主要功能，或者居住、商业、工业混杂，需要维护住宅安静的区域。

3 类声环境功能区：指以工业生产、仓储物流为主要功能，需要防止工业噪声对周围环境产生严重影响的区域。

4 类声环境功能区：指交通干线两侧一定区域之内，需要防止交通噪声对周围环境产生严重影响的区域，包括 4a 类和 4b 类两种类型。4a 类为高速公路、一级公路、二级公路、城市快速路、城市主干路、城市次干路、城市轨道交通(地面段)、内河航道两侧区域；4b 类为铁路干线两侧区域。

各类声环境功能区的环境噪声等效声极值见表 5-9。

表 5-9 环境噪声限值 (单位：dB(A))

<table>
<tr><th colspan="2" rowspan="2">声环境功能区类别</th><th colspan="2">时段</th></tr>
<tr><th>昼间</th><th>夜间</th></tr>
<tr><td colspan="2">0 类</td><td>50</td><td>40</td></tr>
<tr><td colspan="2">1 类</td><td>55</td><td>45</td></tr>
<tr><td colspan="2">2 类</td><td>60</td><td>50</td></tr>
<tr><td colspan="2">3 类</td><td>65</td><td>55</td></tr>
<tr><td rowspan="2">4 类</td><td>4a 类</td><td>70</td><td>55</td></tr>
<tr><td>4b 类</td><td>70</td><td>60</td></tr>
</table>

5.4.3 区域环境噪声控制措施

1. 制订噪声控制小区建设计划，逐步扩大噪声控制小区覆盖率

(1) 确定城市噪声控制小区的原则。根据控制噪声，保障居民身体健康和正常休息的原则，噪声控制小区应优先选择城市的居民区、混合区。对于以下几种情况分别考虑。

① 人口密度过低、工业生产点与住宅房犬牙交错的现象严重、厂群矛盾激烈、治理难度很大的街道、地区，暂时不宜选做控制小区。

② 人口密度适中、开发建设基本定型的工商业与居民住宅混合区，有一定的工厂企业或厂群矛盾户，治理有难度，但经过强化管理，基本上可以达到要求的地区，根据噪声控制小区目标要求，可作为备选区域。

③ 人口密度高，主要以居住为主的区域，应优先考虑建设噪声控制小区。

(2) 噪声控制小区的确定。依据上述原则，并结合噪声控制小区建设的投资，确定控制小区建设的先后顺序，并填表 5-10。

表 5-10 城市噪声控制小区建设先后顺序

区域名称	区域面积	区域人口数	现状噪声值/dB(A)	噪声控制值/dB(A)	小区标准要求/dB(A)	估价投资/万元	优先顺序

(3) 根据噪声控制小区目标要求，确定规划小区建设项目。

2. 规定工厂和建筑工地与其他区域的边界噪声值，超标的要限期治理

1) 对混杂在居民区的工厂

(1) 对严重扰民的噪声源，必须治理，可分别采用隔声、吸声、减振、消声等技术，无法治理的要转产或搬迁。

(2) 厂内可以通过合理调整布局解决噪声问题。如对噪声大、离居民区很近的噪声源，可迁至厂区适当位置，减少对居民区的干扰。

(3) 工厂与居民区间之间应留有一定间隔，应用间隔的绿化来防噪。工厂与居民点防噪距离的关系可以参考表5-11。

表5-11 工厂与居民点防噪距离概值

声源点的噪声级/dB(A)	距居民点距离/m
100～110	300～500
90～100	150～300
80～90	50～150
70～80	30～100
60～70	20～50

2) 对混杂在工业区的住区

从长远规划考虑，应限制工业区中的居住区的发展，并应制定逐步将居民迁出工业区的计划。

短期内，必须在居民区四周设置绿化隔离林带，根据噪声防治的要求，选择绿化树种、绿化带宽度。

5.4.4 交通噪声综合整治措施

交通噪声综合整治措施应该由环保局会同城市规划部门、房屋开发部门、公安交通大队、车辆管理所、城市园林部门等共同制定，所确定的措施应明确对噪声控制目标的贡献大小和措施所需的资金，在优化的基础上进行决策。

5.5 其他污染及其防治

5.5.1 电磁辐射污染

1. 电磁辐射污染的概念

电磁辐射污染，又称电磁波污染，当高压线、变电站、电台、电视台、雷达站、电磁波发射塔和电子仪器、医疗设备、办公自动化设备和微波炉、收音机、电视机、电脑以及手机等家用电器工作时，都会产生各种不同波长频率的电磁波，这些电磁波充斥空间，人体如果长期暴露在超过安全辐射剂量的环境中，细胞就会被大面积杀伤或杀死，所以这种污染就被成为电磁辐射污染。

2. 电磁辐射的危害

电磁辐射在给人类带来具大方便的同时，也造成一些危害，主要表现在以下几个方面。

1）引发意外重大事故

电磁辐射可使电爆装置，易燃、易爆气体混合物等发生意外爆炸、燃烧事故或者引发火箭发射失败、卫星失控等。

2）干扰信号

电磁辐射可影响电子设备、仪器仪表的正常工作，造成信息失真、控制失灵，如会引起火车、飞机、导弹或人造卫星的失控，干扰医院的脑电图、心电图和血相图信号，使之无法正常工作。

3）危害人体健康

随着电磁波的波长缩短，对人体的危害程度加大。经常接受高频辐射的人会出现头晕、头痛、乏力、失眠多梦、记忆力减退等为主的神经衰弱症状，还有人会食欲不振、脱发、多汗、心悸等；少数人出现血压升高或下降、心律不齐等。除上述症状外，还可能造成眼睛损伤等更严重的伤害。

3. 电磁辐射的防护

电磁辐射的防护主要通过屏蔽技术、吸收技术、区域控制及绿化、个人防护等措施进行防护，使辐射危害降低到最小。

5.5.2 光污染

1. 光污染的概念

光污染指过量的光辐射对人类生活和生产环境造成不良影响的现象，包括可见光、红外线和紫外线造成的污染。

2. 光污染的类型

1）可见光污染

(1) 眩光污染：人类接触较多的，如电焊时产生的强烈眩光，在无防护情况下会对人的眼睛造成伤害；夜间迎面驶来的汽车头灯的灯光，会使人视线极度不清，造成事故，如图 5－17 所示；长期工作在强光条件下，视觉受损；车站、机场、控制室过多闪动的信号等也属于眩光污染，使人视觉不舒服。

(2) 灯光污染：城市夜间灯光不加控制，使夜空高度增加，影响天文观测；路灯控制不当或建筑工地安装的聚光灯，影响居民休息，都属于灯光污染。

(3) 其他可见光污染：如现代城市的商店、写字楼、大厦等，外墙全部用玻璃或反光玻璃装饰，如图 5－18 所示。在阳光或强烈灯光照射下，所发生的反光，会扰乱驾驶员或行人的视觉，成为交通事故的隐患。

图 5-17 眩光污染

图 5-18 玻璃幕墙引起的光污染

2）红外光污染

近年来，红外线在军事、科研、工业、卫生等方面应用日益广泛，由此可产生红外线污染。红外线通过高温灼伤人的皮肤，还可透过眼睛角膜对视网膜造成伤害，波长较长的红外线还能伤害人眼的角膜，长期的红外照射可以引起白内障。

3）紫外光污染

波长为250～320nm的紫外光，对人具有伤害作用，主要伤害表现为角膜损伤和皮肤的灼伤。

5.5.3 热污染

热污染是指现代工业生产和生活中排放的废热所造成的环境污染。热污染可以污染水体和大气。

1. 热污染的类型

1）水体热污染

火力发电厂、核电站和钢铁厂的冷却系统排出的热水，以及石油、化工、造纸等工厂排出的生产性废水中均含有大量废热。这些废热排入地表水体之后，能使水温升高。水温升高，会导致水中溶解的氧减少，引起水中鱼虾等水生物死亡。水中处于缺氧状态，还可使厌氧菌大量繁殖，有机物腐败加重，进而影响周围环境的生态平衡。如1965年澳大利亚曾流行一种脑膜炎，其罪魁祸首是一种能引起脑膜炎的变形原虫。这是因为该地的发电厂排出的热水使河水温度增高，导致这种变形原虫大量孳生，造成水源污染，从而引起这种脑膜炎的流行。

2）大气热污染

废热不仅可以污染水体，更严重的是对大气的污染。随着人口的增长、消耗量的增加，被排入大气的热量日益增多，大气中的二氧化碳含量不断增加，使得温室效应加剧，全球气候变暖，大量冰川融化，海水水位上升，其中，热岛效应是人们最为关注的一种。废热也使地面反射太阳热能的反射率增高，吸收太阳辐射热减少。这就使得地面上升的气流相对减弱，阻碍云、雨的形成，进而影响正常的气候，造成局部地区炎热、干旱、少雨，甚至造成更严重的自然灾害。

此外，热污染还会使臭氧层遭到破坏，使太阳光和其他放射线长驱直入，直接到达地面，导致人类皮肤癌等疾病。现代研究表明，许多流行性疾病，如流感、伤寒、流行性出血热等，在一定程度上都与热污染有关。因为热污染常会引起一些致病微生物的孳生繁殖，给人类健康造成严重危害。

2. 热污染的防治

1）改进热能利用技术、提高热能利用率

改进现有能源利用技术，提高热力装置的热利用率是非常重要的，既节约了能源，又减轻了对环境的热污染。在工业生产中，有些窑体要加强保温、隔热措施，以降低热损失，如水泥窑筒体用硅酸铝毡、珍珠岩等高效保温材料，既减少热散失，又降低水泥熟料热耗。

2）废热综合利用

废热综合利用的基本出发点是把废物作为宝贵的资源和能源来对待。在某一处排放的废热可作另一处的能源。充分利用工业的余热，是减少热污染的最主要措施。

3）开发不污染或少污染的新能源

利用水能、风能、地能、潮汐能和太阳能等新能源，这些新能源的推广应用将成为减少热污染的重要途径。特别是太阳能的利用上，各国都投入大量人力和财力进行研究，取得了一定的效果。风能和太阳能的利用分别如图 5-19 和图 5-20 所示。

图 5-19 风能发电

图 5-20 太阳能路灯

4）增加森林覆盖面积

植物具有美化自然环境、调节气候、截留飘尘、吸收大气中有害气体成分等功能，在大面积范围内可长时间连续对大气进行净化作用，特别是大气中污染物浓度低、分布面广时更显成效。在城市和工业区有计划地利用空闲地种植并扩大绿化面积，对包括控制热污染在内的大气污染综合防治、改善城市居民生活环境等方面都是十分有利的。

阅读材料

中国十大水污染事件

1. 淮河水污染事件震惊中外

1994年7月，淮河上游因突降暴雨而采取开闸泄洪的方式，将积蓄于上游一个冬春的2亿m^3水放下来。水经之处河水泛浊，河面上泡沫密布，顿时鱼虾丧失。下游一些地方的居民饮用了虽经自来水处理但未能达到饮用标准的河水后，出现恶心、腹泻、呕吐等症状。经取样检验证实，上游自来水水质恶化，沿河各自来水厂被迫停止供水达54天之久，百万淮河民众饮水告急。在经过10年一共投入600亿元治污后，到2004年，淮河水质又回到10年前的水平。这两年来，淮河水质又进一步加速恶化，整个淮河六成水体已经完全丧失水功能，有的河段甚至连蚊蝇都绝迹了。

2. 2004沱江“3·02”特大水污染事故

四川省的名字来源于它境内的4条河流。它们丰沛的水源，造就了四川这个天府之国。可是2004年2月到3月，这4条河流之一的沱江，却给天府之国带来了一场前所未有的生态灾难。当时，因为大量高浓度工业废水流进沱江，四川5个市区近百万老百姓顿时陷入了无水可用的困境，直接经济损失高达2.19亿元。这起事件被国家环保总局列为近年来全国范围内最大的一起水污染事故。造成此次特大水污染事故的原因，是川化股份公司在对其日产1000t合成氨及氨加工装置进行增产技术改造时，违规在未报经省环保局试生产批复的情况下，擅自于2004年2月11日至3月3日对该技改工程投料试生产。在试生产过程中，发生故障致使含大量氨氮的工艺冷凝液(氨氮含量在每升1000mg以上)外排出厂流入沱江。此外，川化股份公司在日常生产中忽视环保安全，在同年2月至3月期间，一化尿素车间、三胺一车间、三胺二车间的环保设备未正常运转，导致高浓度氨氮废水(氨氮含量在每升1000mg以上)外排出厂。川化公司工业废水中氨氮的含量应执行的国家标准为每升60mg以内，其进入区污水处理厂的污水的进水指标中氨氮含量要小于每升75mg。因此，川化股份公司排放水氨氮指标严重超过强制性国家环境保护标准，且持续时间长，造成沱江干流特大水污染事故的发生。

3. 河南濮阳多年喝不上“放心水”

自2004年10月以来，河南省濮阳市黄河取水口发生持续4个多月的水污染事件，城区40多万居民的饮水安全受到威胁，濮阳市被迫启用备用地下水源。据了解，自1997年以来，濮阳市黄河取水口已连续多年遭受污染，城市饮用水源每年约有4～5个月受污染影响。

4. 2005北江镉污染事故

北江是珠江三大支流之一，也是广东各市的重要饮用水源。2005年12月15日北江韶关段出现严重镉污染，高桥断面检测到镉浓度超标12倍多。韶关地处北江上游，一旦发生污染将直接影响下游城市数千万群众的饮水安全。经调查发现，此次北江韶关段镉污染事故，是由韶关冶炼厂在设备检修期间超标排放含镉废水所致，是一次由企业违法超标排污导致的严重环境污染事故。

5. 2005重庆綦河水污染

因取水点被污染导致水厂停止供水，重庆綦江古南街道桥河片区近3万居民，从2005年1月3日起连续两天没有自来水喝，綦江齿轮厂也因此暂停生产。经卫生和环保部门勘测，河水是被綦河上游重庆华强化肥有限公司排出的废水所污染。綦江县有关部门立即在綦河水域的桥河段上游和下游开闸放水，加速稀释受污染水体，并责成华强化肥有限公司硫酸厂停止生产并整改。

6. 2005松花江重大水污染事件

2005年11月13日，中石油吉林石化公司双苯厂苯胺车间发生爆炸事故。事故产生的约100t苯、苯胺和硝基苯等有机污染物流入松花江。由于苯类污染物是对人体健康有危害的有机物，因而导致松花江发生重大水污染事件。哈尔滨市政府随即决定，于11月23日零时起关闭松花江哈尔滨段取水口，停止向市区供水，哈尔滨市的各大超市无一例外地出现了抢购饮用水的场面。

7. 2006白洋淀死鱼事件

2006年2月和3月份，素有“华北明珠”美誉的华北地区最大淡水湖泊白洋淀，相继发生大面积死鱼事件。调查结果显示，水体污染较重，水中溶解氧过低，造成鱼类窒息是此次死鱼事件的主要原因。这次事件造成任丘市所属9.6万亩水域全部污染，水色发黑，有臭味，网箱中养殖鱼类全部死亡，淀中漂浮着大量死亡的野生鱼类，部分水草发黑枯死。

8. 2006湖南岳阳砷污染事件

2006年9月8日，湖南省岳阳县城饮用水源地新墙河发生水污染事件，砷超标10倍左右，8万居民的饮用水安全受到威胁和影响。最终经核查发现，污染发生的原因为河流上游3家化工厂的工业污水日常性排放，致使大量高浓度含砷废水流入新墙河。

9. 2007太湖水污染事件

2007年5月29日开始，江苏省无锡市城区的大批市民家中自来水水质突然发生变化，并伴有难闻的气味，无法正常饮用。无锡市民饮用水水源来自太湖，造成这次水质突然变化的原因是：入夏以来，无锡市区域内的太湖水位出现50年以来最低值，再加上天气连续高温少雨，太湖水富营养化较重，从而引发了太湖蓝藻的提前暴发，影响了自来水水源水质。无锡市民纷纷抢购超市内的纯净水，街头零售的桶装纯净水也出现了较大的价格波动。

10. 2007江苏沭阳水污染

2007年7月2日下午3时，江苏省沭阳县地面水厂监测发现，短时间、大流量的污水侵入到位于淮沭河的自来水厂取水口，城区生活供水水源遭到严重污染，水流出现明显异味。经过水质检测，取水口的水氨氮含量为每升28毫克左右，远远超出国家取水口水质标准。由于水质经处理后仍不能达到饮用水标准，城区供水系统被迫关闭，城区20万人口吃水、用水受到不同程度影响。直至7月4日上午，因饮用水源污染而关闭的自来水厂取水口重新开启，沭阳城区全面恢复正常供水，整个沭阳县城停水超过40h。

思考题

1. 简述大气污染物的主要来源。
2. 简述臭氧层破坏、温室效应、酸雨的形成原因及其对人类活动的影响。
3. 介绍水体富营养化和水体污染的主要指标。
4. 举例并简述重金属污染的特点。
5. 我国城市环境污染主要表现在哪些方面？
6. 什么是噪声污染？我国的城市环境噪声执行哪些标准？
7. 简述固体废物的来源及处理方法。

第6章 城市灾害及预防

内容提要及要求

本章介绍了城市灾害概述、城市灾害预防、城市绿地防灾减灾等相关知识，使学生深刻体会城市灾害对城市的危害，学习国内外先进的城市灾害预防及城市灾害应急管理体系构建知识。将城市灾害预防工作纳入城市发展战略与规划，实现城市灾害预防从被动应付型向主动预防型的转变。

城市是人口和社会财富高度集中的地方，也是人类智慧和文化遗产的集中体现，但城市也是各种灾害的承载体，有自然灾害，也有人为灾害，给城市人民的生命财产带来一定的损失，有的甚至是灭顶之灾。

从2003年的席卷东亚的SARS，到印尼海啸、美国新奥尔良飓风，再到2008年初中国的雪灾以及四川大地震，2009年2月9日晚，在建的央视大楼配楼发生特大火灾事故，大火持续6h，造成直接经济损失16 383万元。这次火灾给财产造成严重损失，给周边造成交通拥堵和百姓生活不便，中央电视台几度深感痛心真诚道歉。然而央视大楼是在180m高做70m长的悬挑、冲高234m的建筑，如果人们还没有对这么高的建筑备有足够的消防措施，那痛心和道歉就倍显虚伪和做作。2011年6月23日傍晚，北京突降入汛以来最大降雨，市区不少地方积水严重。这是10年以来最大降雨，局部地区雨量达到百年一遇标准。而北京的市政雨水管网是按照1年到3年一遇的标准建设的。然而北京是严重缺水城市，多少年城市路面硬化，地下管网失修和建造不合理，才使得从天而降的资源反成灾害。

6.1 城市灾害概述

6.1.1 城市灾害分类

城市灾害是发生在城市范围内的自然灾害和人为的各种灾害，主要有：①地质灾害。② 气象灾害。③火灾。④各种交通灾害。⑤各种传染病和环境污染等。

城市灾害从其发生原因可以分为自然灾害和人为灾害两类。对于前者，有些灾害人类目前还难以采取有效的预防对策；后者可通过加强科学技术管理来减少和消除。1965～1992年期间由联合国机构统计的自然灾害有关数据见表6-1。

表6-1 全球主要自然灾害事件数量、人员死亡、受害人数、直接经济损失情况(1965～1992年)

灾害类型	事件		死亡人数		受害人数		直接经济损失	
	数量	比例/%	数量(×10^3)	比例/%	数量(×10^6人次)	比例/%	数量/亿美元	比例/%
地震	694	15	586	16	45	1	910	27
旱灾	494	11	1851	51	1579	52	220	6
洪水	1375	30	308	9	1075	36	690	20
台风风暴	1953	34	782	22	249	8	1440	43
其他灾害	479	11	83	2	59	2	130	4
备注	事件总数4653件(死亡大于10人，受伤大于100人的灾害事件)		死亡总数361万人		受害总人数30.08亿人次		总损失3400亿美元	

城市的自然灾害有火山、地震、地面沉降、泥石流、滑坡、龙卷风、台风、洪水、雷电等。城市人为灾害有火灾、爆炸、战争、交通事故、环境污染等。此外，还有一些人为因素诱发的现代灾害，如建筑物腐蚀破坏、建筑渗漏、下沉和塌陷、钢结构脆性断裂、室内公害污染等。

6.1.2 常见的城市灾害类型

1. 城市地震灾害

我国地处环太平洋地震带与欧亚地震带之间，构造复杂，地震活动频繁，是世界地震较活跃的国家之一。据不完全统计，有记载以来至1990年，我国已发生破坏性地震1009次。21世纪以来我国已发生大于和等于6级破坏性地震650余次，其中7～7.9级地震98次，8级以上地震9次；1949年以来，发生7级以上地震49次，死亡于地震的人数达28

万，倒房700余万间，每年平均经济损失约为10亿元。全国地震烈度Ⅶ度及Ⅶ度以上地区占国土面积的32.5%，有46%的城市和许多重大工程设施、矿区位于受地震严重危害的地区。2008年5月12日在四川汶川发生了新中国成立以来破坏性最强、波及范围最大的一次地震，地震造成69 197人遇难，374 176人受伤，失踪18 209人，直接经济损失高达8451亿元人民币。地震还造成大量房屋倒塌，基础设施，道路、桥梁和其他城市基础设施毁坏严重，地震后山体滑坡，阻塞河道形成了多个堰塞湖。中、日、美3国的地震灾害(1906～2004，7级以上)见表6-2。

表6-2 中、日、美三国的地震灾害(1906～2004，7级以上)

时间	地点	震级(里氏)	死亡人数
1906.4.18～19	美国	8.3	452
1920.12.16	中国	8.6	100 000
1923.9.1	日本	8.3	100 000
1927.5.22	中国	8.3	200 000
1932.12.26	中国	7.6	70 000
1933.3.2	日本	8.9	2990
1946.12.21	日本	8.4	2000
1948.6.28	日本	7.3	5131
1976.7.28	中国唐山	7.8—8.2	242 000
1988.10.17	美国加州	7.5	62
1995.1.17	日本	7.2	5500
1999.10.21	中国台湾	7.6	3000

2. 城市洪水灾害

洪水灾害是由于暴雨或急骤的冰雪融化以及水利工程失事等原因引起的江河湖泊水量迅猛增加，水位急剧上涨而冲出天然水道或人工堤坝所造成的灾害。根据我国水情和防洪水平，一般将洪水划分为5级，①一般洪水：重现期2～10年的洪水。②较大洪水：重现期10～20年的洪水。③大洪水：重现期20～50年的洪水。④特大洪水：重现期50～100年的洪水。⑤罕见的特大洪水：重现期为100年及以上的洪水。

洪涝灾害会导致农业产生巨大损失，使城市大量房屋倒塌、设备毁坏、企业停产、生命线工程设施遭到破坏，并常常会导致次生灾害的发生。我国的洪涝灾害比较频繁，1998年长江迎来了一次全流域性大洪水，洪水量级大、涉及范围广、持续时间长，在全国29个省市产生了不同程度的洪涝灾害，受灾人口2.51亿人，洪灾共造成3243人死亡，直接经济损失高达1666亿元。2010年9月，海南省遭遇暴雨洪涝灾害，灾害造成海南省海口、文昌、琼海等15个市(县)129.5万人受灾，紧急转移安置13.9万人，农作物受灾面积

67.4 千公顷，其中绝收面积 8.1 千公顷；倒塌房屋 900 余间，损坏房屋 2000 余间；直接经济损失 15.2 亿元。

3. 城市气象灾害

城市气象灾害的类型很多，一般包括干旱缺水、暴雨沥涝、高温热浪、大风、热带气旋、风暴潮、雾灾、雷电灾害、冰雪灾害、沙尘暴等，如图 6－1～图 6－4 所示。干旱灾害主要是长期无雨或少雨，造成水库和河流水位下降，影响城市供水，沿海一些城市甚至出现地面下沉，海水倒灌现象。目前，全国 420 多个城市存在旱缺水问题，缺水比较严重的城市有 110 个。全国每年因城市缺水影响产值达 2000～3000 亿元。

图 6－1 沙尘暴

图 6－2 冰雪灾害

图 6－3　雷电灾害

图 6－4　地下水位沉降引起的地面沉降

4．城市地质灾害

地质灾害是指由于地质动力作用导致岩土体位移、地面变形以及地质自然环境恶化，危害人类生命财产安全的地质现象，如崩塌、滑坡、泥石流、地裂缝、地面沉降、土地冻融、水土流失、土地沙漠化及沼泽化等。

我国是世界上地质灾害多发的国家之一，地域辽阔，地质条件复杂，山地、高原和丘陵占国土面积的 2/3 以上。崩塌、滑坡、泥石流等突发性地质灾害几乎遍布全国，崩、滑、流灾害点发育危害程度分级标准见表 6－3。

表6-3 崩、滑、流灾害点发育危害程度分级标准(据段永侯等，1993)

类型	变形方量/万			死人/人			直接经济损失/万元		
	特大	较大	中、小	特大	较大	中、小	特大	较大	中、小
崩塌	>100	1～100	<1	>10	1～10	0	>100	10～100	<10
滑坡	>1000	10～1000	<10	>10	1～10	0	>100	10～100	<10
泥石流	>100	1～100	<1	>10	1～10	0	>100	10～100	<10

随着人口增长和工业化、城市化进程的加快，国土资源开发强度不断加大，生态环境、自然资源和经济社会发展的矛盾日益突出。如地面变形灾害包括地面沉降、地面塌陷和地面裂缝，广泛分布于城镇、矿区、铁路沿线。我国目前发生地面沉降活动的城市达70余个，明显成灾有30余个，最大沉降量已达2.73m，这些沉降城市有的孤立存在，有的密集成群或连续相连，形成广阔地面沉降区域或沉降带。目前沉降带有6条：沈阳—营口；天津—沧州—德州—滨州—东营—潍坊；徐州—商丘—开封—郑州；上海—无锡—常州—镇江；太原—侯马—运城—西安；宜兰—台北—台中—云林—嘉义—屏东。严重的地区沉降还会引起次生灾害，如天津市地面标高降低，导致海水上岸，加重沼泽化、盐渍化，海河泄洪能力降低，市区有淹没的危险。

我国地质灾害种类齐全，按致灾地质作用的性质和发生处所进行划分，常见地质灾害共有12类、48种(国土资源部地质环境管理司等，1998)，介绍如下。

(1) 地壳活动灾害，如地震、火山喷发、断层错动等。

(2) 斜坡岩土体运动灾害，如崩塌、滑坡、泥石流等。

(3) 地面变形灾害，如地面塌陷、地面沉降、地面开裂(地裂缝)等。

(4) 矿山与地下工程灾害，如煤层自燃、洞井塌方、冒顶、偏帮、鼓底、岩爆、高温、突水、瓦斯爆炸等。

(5) 城市地质灾害，如建筑地基与基坑变形、垃圾堆积等。

(6) 河、湖、水库灾害，如塌岸、淤积、渗漏、浸没、溃决等。

(7) 海岸带灾害，如海平面升降、海水入侵，海岸侵蚀、海港淤积、风暴潮等。

(8) 海洋地质灾害，如水下滑坡、潮流沙坝、浅层气害等。

(9) 特殊岩土灾害，如黄土湿陷、膨胀土胀缩、冻土冻融、沙土液化、淤泥触变等。

(10) 土地退化灾害，如水土流失、土地沙漠化、盐碱化、潜育化、沼泽化等。

(11) 水土污染与地球化学异常灾害，如地下水质污染、农田土地污染、地方病等。

(12) 水源枯竭灾害，如河水漏失、泉水干涸、地下含水层疏干(地下水位超常下降)等。

5. 重大传染病

传染性疫病是危害人类健康的大敌，大规模传染病的流行，古人称之为“瘟疫”。历史上，人类饱受瘟疫之苦。公元前430年左右，一场疾病几乎摧毁了整个雅典。在一年多的时间里，雅典的市民生活在噩梦之中，人们像羊群一样死去。后来，一位医生发现用火可以防疫，从而挽救了雅典。新中国成立前的我国由于城乡卫生条件极差，鼠疫、霍乱、天花等烈性传染病流行猖獗。

五大寄生虫使数千万人患病，解放初期我国就有1100多万人患血吸虫病、3000余万人患疟疾、2400万人感染丝虫病、50余万人患黑热病。新中国建立之后，政府把防治危害严重的传染病作为卫生工作的中心任务。通过大规模的爱国卫生运动等卫生防疫工作，消灭了鼠疫、霍乱、天花等烈性传染病。然而，人类要征服传染病，道路依然曲折漫长。根据世界卫生组织(WHO)发表的世界卫生报告表明：危害人群健康最严重的48种疾病中，传染病和寄生虫病占40种，占病人总数的85%。全世界每年死于传染病1700万人(其中大量是有疫苗可预防的传染病儿童)，并且，新的传染病还在源源不断的出现。近20年来，新增加了30多种新传染病，如艾滋病、疯牛病、病毒性肝炎的丙型、丁型、戊型、庚型等。主要传染病和导致死亡的人数见表6-4。

表6-4　1993年由传染病和寄生虫病引起的死亡人数(引自世界资源研究所，1996)

疾病名称	死亡人数/千人	疾病名称	死亡人数/千人
3岁以下儿童，慢性呼吸道感染	4100	蛔虫病	60
5岁以下儿童腹泻，包括痢疾	3010	非洲锥体虫病	55
结核病	2709	美洲锥体虫病	45
疟疾	2000	河盲症	35
麻疹	1160	脑膜炎	35
乙型肝炎	933	狂犬病	35
艾滋病	700	黄热病	30
百日咳	360	登革热	23
细菌性脑膜炎	210	日本脑炎	11
血吸虫病	200	食物传染吸虫病	10
利什曼原虫病	197	霍乱	6.8
先天性梅毒	190	脊髓灰质炎	5.5
破伤风	149	白喉	3.9
钩虫病	90	麻风病	2.4
变形虫病	70	鼠疫	0.5
		总计	16 445

6. 城市火灾

城市火灾多是人为造成的，而且往往伴随着爆炸。随着我国经济的高速发展，火灾损失总体呈上升趋势。20世纪80年代初，全国每年火灾造成的直接经济损失为3亿元左右，到90年代末，每年因火灾造成的经济损失达10亿元之多。近年来，火灾规模、次数与损失持续上升，尤其是在公共场所发生的火灾损失更为严重，如图6-5所示。

图6-5 城市火灾

2004年2月15日，吉林中百商厦发生火灾，造成54人死亡、70人受伤、直接经济损失400余万元。2008年9月20日，深圳市龙岗区龙岗街道龙东社区舞王俱乐部发生一起特大火灾，事故共造成43人死亡，88人受伤。2010年5月21日，汕头市一家生产内衣和耳机护套的家庭作坊发生一起重大火灾，过火面积达202m²，火灾共造成13人死亡，15人住院救治，其中3人重伤。据资料统计，2009年全国共发生火灾12.7万起，死亡1076人，受伤580人，直接财产损失13.2亿元。造成公共场所火灾事故的原因主要有以下几点：大多数场合未留安全通道；防火避难设施不全；未落实防火管理制度；群众的安全培训和火灾救护常识的宣传力度不够，安全意识淡薄。

7. 城市生命线系统事故

现代化的生命线基础设施是现代化城市的基础，是防灾减灾的必备条件，是大城市重新恢复青春活力的根本保证。城市供电、供水、供气三大系统的安全运行十分重要，否则它们都将成为城市的“定时炸弹”。城市生命线系统事故应包括供电事故、通讯事故、煤气泄漏事故等。

(1) 供电事故：世界上有许多大城市如美国纽约及西部地区、日本东京、马来西亚、新西兰奥克兰市都曾发生过大面积停电事故。这些城市供电事故主要是由于外力引发加上电力网络结构不尽合理，以及设备老化等原因造成整个电网失稳、垮台。2003年的8月14日美国东部时间下午4时20分，以纽约为中心的美国东北部和加拿大部分地区发生大面积停电事故，到第二天下午才基本恢复供电，这次美国历史上最大的停电事故所造成的经济损失每天可能多达300亿美元，5000万美加居民受到了此次停电事故的影响。

(2) 通讯事故：1998年5月，美国出现了无线电通讯系统事故，由“潘安赛”制造的价值2.65亿美元的信斯太空通讯卫星“银河4号”发生了故障。结果，美国大约有4100万人的传呼机立刻失灵，这是国外损失最惨重的一次无线电通讯事故。2002年10月6日，我国湖北省也发生了一起重大通讯事故。事故起因是某施工队野蛮施工，挖断了途经团风县的京九、沪汉通讯光缆(国家一级干线)及鄂东环通讯光缆(省级干线),造成沪汉、鄂东环光缆通讯全部受阻,京九光缆12根备用光纤受损。这次重大通讯事故造成经济损失约4000多万元。

(3) 煤气泄漏事故:煤气泄漏事故也是城市生命线系统事故的一种。2003年2月15日早,哈尔滨平房区两栋居民楼发生煤气泄漏事件。不少居民在睡梦中就被煤气熏得不省人事。这次煤气泄漏事故共造成28人中毒,1人死亡。

8. 城市交通事故

交通事故灾害包括车祸和航空灾难。城市中交通流量大,人流车流的交叉点多,交通事故发生频繁,人员伤亡数和财产损失十分巨大。超速、强行超车、抢道、酒后驾车,疲劳驾驶和无证开车等严重危害交通安全的现象极为普遍。人们把交通事故称为“永无休止的交通战争”。

全世界累计死于车祸3000多万人,比第二次世界大战多出1倍。中国仅次于美国,年均死亡人数在5.3万左右。1988年印度的一辆火车脱轨,致使105人当场死亡,700余人受伤。1988年伦敦发生了火车连环相撞的事故,造成53人死亡,150人受伤。1992年巴基斯坦一列客车与一列货车相撞,当场有150多人死亡,200多人受伤。

1961年3月23日,苏联第一个首航太空的宇航员邦达连科被严重烧伤,10个小时后死亡,成为人类载人航天活动中第一个遇难的宇航员。1967年1月27日,美国肯尼迪航天中心在进行载人飞船地面联合模拟飞行试验时,飞船指令舱意外起火,在几十秒内3名航天员被烧死在舱内。1967年4月23日,苏联宇航员弗拉基米尔·M. 科马罗夫上校乘坐联盟1号飞船返回地面时当场被摔死。1971年6月30日,苏联联盟11号飞船在再入大气层前,实施返回舱和轨道舱分离时,连接两舱的分离插头分离,3名宇航员因急性缺氧、体液沸腾而死亡。1980年3月18日,苏联普列谢茨克航天发射场火箭发射爆炸导致地面50名技术人员丧生。1986年4月18日,美国空军的一枚大力神火箭在加利福尼亚州南部的范登堡空军基地发射,几秒钟后爆炸,58人受伤。2003年2月1日,美国“哥伦比亚”号航天飞机在从太空返回地面途中解体,机上7名宇航员全部遇难。2003年8月22日,巴西第三枚VLS型卫星运载火箭在发射前进行的最后测试中爆炸。

9. 城市环境污染

城市是人类对环境影响最深刻、最集中的区域,也是环境污染最严重的区域。城市环境污染包括空气污染、水污染、固体废弃物污染、噪声污染等。

随着城市工业的迅速发展,发生工业污染的可能性也相应增大。特别是城市居民的生活与各种化学工业品的联系日益广泛,一些有毒的化学物质或高压能量设施,由于自然或人为因素突发引起燃烧、爆炸以至造成大范围的泄漏和污染,给城市居民的生命财产和生态环境带来严重威胁。

10. 恐怖袭击

由于超级大国霸权主义的存在,一些地区民族矛盾冲突导致战火不断,许多国家内部反对势力猖獗等因素影响，这个本应以和平为主流的世界显得并不和平。

2001年9月11日，随着突如其来的美国世界贸易中心大楼及其建筑群的轰然倒塌，使号称“世界之窗”的纽约市标志性建筑永远成为人们记忆中的噩梦。从此，恐怖袭击的字眼深深地烙在全世界每一个人的脑海中。据保守估计，在事件当天共有2801人死亡，包括美国纽约的标志性建筑世界贸易中心双塔在内的6座建筑被完全摧毁，其他23座遭到破坏，美国国防部总部所在地五角大楼也受到破坏。这次事件直接给美国造成3000亿美元的损失，间接损失5000亿美元，使世界经济加速下滑，美国经济由减速变为负增长，该年第三季度为负增长1.3%。

除大多数常规手段以外，恐怖主义分子在世界范围内越来越多地使用生化武器。由于生化武器从原材料到价格，以及制造使用不像核武器那样难，因此，一旦被恐怖分子利用，往往产生难以估量的后果。这些恐怖袭击活动不仅毁灭了无数的无辜生命，毁灭了人类日积月累创造的无限财富，还给亲身经历过的人们心灵投下了难以抹去的阴影甚至巨大的心理创伤。心理上的无形损失与经济上的有形损失是无法比拟的。同时，心理创伤的修复也远比倒塌建筑物的重建、城市正常经济秩序的恢复所耗费的时间要长得多。

11. 信息安全灾害

随着全球信息化的飞速发展，网络已经成为一个国家关键的基础设施，无论政治、军事、经济、文化教育、社会生活及其他各个方面，网络无处不在。电信、电子商务、金融网络等业务已经开始与国际接轨，进入互联网时代以来，网络的发展给社会带来极大的效益，给人民的工作和生活带来了极大的方便；同时，负面的影响也与日俱增，随着网络的发展，计算机病毒呈现出异常活跃的态势。在2008年，我国有81%的计算机曾感染病毒，到了2009年，这个数字上升到近89%，2010上半年又增加到93%。网络病毒的危害丝毫不亚于其他任何灾害对人类的影响，网络安全已经成为城市灾害的一个重要方面。

6.1.3 城市灾害发展历程

1. 19世纪中期至20世纪初的城市灾害：公共卫生问题

19世纪中期开始的工业革命，是人类历史的重大转折点，人类社会自此从单纯的依附适应自然转变为利用改造自然。科学技术的飞速发展，改变了传统的城市生活方式，同时也成了当时许多“城市病”的根源。这一时期的“城市病”主要包括住宅短缺、污染严重、卫生条件恶劣等，它们直接导致了城市公共卫生环境的低下。英国作为工业革命的发源地，19世纪中期便开始遭遇到由各种“城市病”引起的传染病危机。居住的拥挤和卫生条件的恶劣，导致瘟疫横行。对于工人居住区来说，猩红热、伤寒、霍乱等是最容易发生的疾病，且一旦发生就不可收拾，往往会危及成千上万人的生命。由各种“城市病”导致的城市公共卫生问题的不断恶化，是当时欧洲工业革命城市最主要的城市灾害，对此各国政府采取了一系列的防治措施。例如，在英国，政府实施了一系列贫民窟改良计划，大规模拆除或改建不合卫生标准的建筑物，制定新的建筑规则，对建筑物通风条件和卫生设施进行规范。这些措施可以被视为现代城市规划的雏形。1898 年霍华德提出的《明日的田园城市》则是当时城市规划应对城市灾害的经典之作。田园城市正是针对当时社会出现的一些“城市病”，对城市规模、布局结构、人口密度、绿带等城市规划问题提出了一系列独创性的见解。

2. 20 世纪中叶至 20 世纪 90 年代的城市灾害：工业污染问题

20 世纪科技的飞速发展为城市经济的腾飞奠定了坚实的基础，同时也带来了世界第一次城市化浪潮。人们在享受日益现代化的城市生活的同时，却忽视了另一场城市灾害的来临——工业污染。纵观世界八大公害事件，无一例外都与工业污染物的随意排放有关。20 世纪中叶日本的“水俣病”是当时轰动世界的一次由于工业污染引起的城市灾害。

3. 20 世纪 90 年代以后的城市灾害

20 世纪 90 年代后，全球化、区域一体化的发展使城市间及城市内部的联系越来越紧密，各要素时时刻刻发生着密切的交换运动，城市成为一个开放的巨系统。信息的快速可达性、区域的整体连锁性使得城市若有一个环节发生问题，必将迅速波及整个城市巨系统，如处理不当，将导致整个巨系统的瘫痪。21 世纪频发的城市灾害正是这个城市巨系统出现问题的表征。2003 年中国 SARS 事件是当代城市灾害的一个典型案例。可以看出，当代城市灾害已经不能被单纯地概括为公共卫生问题、环境问题等单一方面的问题。当代城市灾害往往以某一方面问题爆发，但其背后的致灾因素却是复杂的，爆发后也必将迅速扩展到整个城市巨系统。

6.2 城市灾害预防

作为人类的高度聚居点，城市最基本也是最原始的功能就是抵御来自自然界和人为的侵害，有效的保护自身的生命和财产。但是随着工业革命后城市化进程的发展，城市规模不断扩大，城市用地蔓延，一些原本不适于人类居住的用地，例如，有可能遭受洪水侵害的河滩地，有可能发生滑坡的陡峭坡地都被用作生产或居住的场所。另外，城市人口、建筑物密度的提高以及城市规模的扩大使得无论是灾害发生时波及效应以及发生次生灾害的可能性，还是灾害发生时的疏散、求援都变得更为不利。而更为严重的是，灾害的发生往往突如其来，平日看似安详的城市在一瞬间就有可能变成人间地狱。因此，城市灾害预防显得尤为重要。

城市灾害预防是多方面，多渠道的，下面仅从从城市预警系统建设、城市规划、城市灾害教育等方面作简要介绍。

6.2.1 城市灾害预警系统

城市灾害预警系统，顾名思义是指一个集预报、监控和早期警告发布为一体的对灾害进行预警的系统。这里的灾害预警有两层含义，即“预测”和“警告”。其中“预测”就是指利用先进的、科学的方法和技术对城市的自然现象进行实时监测，并进行科学的数据分析，从而尽可能地把握自然环境的变化趋势，及早地发现可能到来的灾害。“警告”是指在科学预测的基础上，整合相关组织提供的预警信息，及时发送给当地的民众和相关部门，从而引起重视，减少灾害所造成的损失。

1. 城市灾害预警系统的构成

针对城市灾害预警系统的定义和建立的用途，它首先应该达到3个方面的要求，即①能够及时准确地发布基于对各种自然现象实时监测并进行了科学数据分析的预警信息，而不是缺乏事实和科学依据的信息。②能够整合相关组织提供的预警信息(而不是零散混乱的信息)，并能够及时发送给当地民众。③结合减灾认识和教育活动，确保民众能根据政府所发布的预警信息采取更加及时、有效的减灾行动。

为了满足这三方面的要求，城市灾害预警系统应该至少包括灾害监测、灾害数据处理预测、灾害预警、救灾方案及灾后评估和总结5个模块。灾害预警系统是一个综合灾害的监测预警系统，应该囊括目前公认的主要城市灾害如地震、火灾、洪水、气象灾害以及地质破坏等。集各种灾害监测技术于一体，能够通过网络进行实时更新数据(如利用WebGIS技术)，并能将预警信息与各种发布消息的惯用媒介(如手机、电视等)相连，与政府的相关救助体系(如急救中心)挂钩，与日常灾害救助知识相符，从而使灾害预警系统真正能够为处在城市灾害风险中的人们起到减灾避灾的作用。

2. 城市灾害预警系统建设的现状

1) 国外城市灾害预警系统的建设经验

城市灾害预警系统的重要性，在国际上已经达成共识，但是由于经济、技术以及灾害发生的频繁性的不同，造成了各个国家在城市灾害预警系统建设方面的研究、实施及进展都有较大差异。一些发达国家，尤其是灾害频发的发达国家在城市灾害预警系统建设方面开展了大量卓有成效的努力，并且取得优秀的成绩。一些科学技术发展较快的发展中国家，也在为灾害预警系统的建设不断努力。它们所积累的经验对于城市灾害预警系统建设初具雏形的我国，有着重要的指导作用和借鉴意义。

日本由于其地理环境的特殊性，长期饱受各种自然灾害的困扰。多年生命和鲜血得出的教训和经验，促使其防灾工作也做得比较周密和扎实。尤其是城市灾害预警系统的建设方面无疑走在了世界的前列。日本的灾害预警系统主要分为灾害风险观测，灾害预警信息发布，灾害预警信息传播以及相应的减灾知识的宣传教育。主要做法是从完善预警组织入手，强化对自然灾害风险的观测，完善自然灾害预警信息的发布、共享和传播机制，提高公众对预警减灾的认知，推广自然灾害风险图的编制与应用，推进应急领域的国际交流和合作，把发展“城镇监测”作为编制社区风险图的重要方法等。这一系列举措都使日本的

预警系统能够高水平运作，取得了世人瞩目的效果。另外，日本在建设灾害预警系统的同时加强了与之相关的如通信系统、保险体系的建设。使整个灾害预警系统能够成为一个完善的、行之有效的系统。

印度也是一个灾害高发的国家，因而近些年它也加大了城市灾害预警系统的建设。由于它的信息通信技术比较发达，因此印度在利用现代信息技术建设城市灾害预警系统方面积累了丰富的经验。在它的城市灾害预警系统中，利用地理信息系统实现了对灾害预测信息的集成，并通过互联网平台实现了对灾害应急资源的整合性管理，另外，还使用现代信息通信技术实现灾害的预警信息发布。

2）我国城市灾害预警系统现状

尽管我国的灾害预警系统建设早已提上日程，但是发展并不迅速，成果并不明显。直到 2008 年汶川大地震发生以后，我国各大城市才真正在城市安全防灾部门的指导下相继开始建设和完善城市灾害预警系统。目前我国多数城市的灾害预警系统并不是综合性的预警系统，而是按照灾种依附于相应的责任机构建设的分项灾害预警系统，如归属气象局的气象灾害预警系统，水利局的洪涝灾害预警系统等。

2007 年我国启动了城市综合防灾规划的编制，各项相关灾害的预防都有章可循，但是对于灾害预警系统的建立尽管认识到了重要性却并没有统一建设的一般框架。因而各地的灾害预警系统基本上是按照当地的防灾部门的指示单独建立的，且多数是依托非网络版的地理信息系统，建立相关灾害信息的静态数据库，并不能实时更新，因此，监测预警的实效性大打折扣。

尽管我国多数城市的灾害预警系统还只是初具雏形，不够完善，但是，也有一些灾害风险较大的城市已经开始着手建设综合性灾害预警系统，能够运用 3S 技术建立基于 WebGIS 的灾害监测网络和预警信息系统，例如，珠海市从 2007 年就开始建设综合城市灾害预警系统，基于 WebGIS 建立信息系统，综合分析灾害信息，半自动或自动地进行不同灾种的分类、危险性的评估分级，并在此基础上结合气象对各种灾害诱发条件的预报提出预防的工程技术措施，并发出灾害预警警报。这些综合性灾害预警系统实现了灾害预警的实时性、可靠性和应急方案的高效性，是我国近些年灾害预警系统不断发展的成果。

3. 我国灾害预警系统建设存在的问题及改进的建议

1）我国灾害预警系统建设中存在的问题

尽管我国一些城市已经开始建设接近世界先进水平的综合灾害预警系统并初具成效，但不得不承认我国的城市灾害预警系统的整体建设还存在诸多的困难和问题。

（1）城市灾害预警系统研究建设的组织机构不健全，没有综合性的防灾减灾政府机构。我国综合防灾减灾的协调机构是国务院，没有完善的、统一的协调管理机构。在各省市的防灾体系中也是按灾种设置相关机构部门，因而灾害管理职责划分和部门设置方面存在较大问题。各个防灾机构各自为战，使得灾害预警的系统建设也较分散，效果不够理想。

（2）城市灾害预警系统的建设没有统一的框架规范。汶川地震后，各地防灾部门着手建设完善城市灾害预警系统，但是至今为止，在城市灾害预警系统建设方面，我国尚没有统一的框架和规范。尽管灾害预警系统需要因地制宜，针对不同地方的灾种灾情的不同，建设相应的特别模块，但是从国家防灾的整体规划及任务出发，应该有一个统一的建设框架，从而使各地的灾害预警系统建设在技术上能够相互借鉴，在防灾过程中能够相辅相成。

(3) 城市灾害预警系统在技术上相对落后，信息数据库单一。目前，我国多数灾害预警系统使用地理信息系统提供的决策支持平台，建立相应的数据库。但是这些数据库只包含单一的城市个别灾种的监测信息，并不能够分析综合的灾害数据，得出预测信息。另外，系统的技术上多数不是基于 Web 的，因而数据库的实时更新成为潜在问题。

(4) 灾害监测系统、预警发布系统不够完善，信息化基础不够坚固。目前，我国灾害监测的网点在继续建立之中(如地震台站、气象监测台站)，并且也开始构建卫星监测网络。但是由于中国幅员辽阔，现有的监测设备条件并不能满足需要，进而不能提供更为翔实的监测数据用于预测。此外，作为灾害预警系统建设的辅助基础通信系统的建设，尽管有了长足的发展，如不断加强同步卫星的利用，增加区域的通信能力，与广播电视等媒介相结合等，但是通信系统仍不能充分满足灾时的灾害预警通信发布的需要。

(5) 公众的灾害预警意识淡薄。建立城市灾害预警系统的一个重要要求是结合减灾认识和教育活动，确保民众能根据政府所发布的预警信息采取更加及时、有效的减灾行动。公民群众是灾害预警系统的受益群体，也是灾害预警系统能否真正发挥作用的关键一环。然而，当今中国的民众对预警减灾的认知尚处在初级阶段。

2) 我国灾害预警系统建设相关的改进建议

日本等国在城市灾害预警系统建设方面的成果，有很多经验值得我国借鉴和学习。因而在探讨我国灾害预警系统建设的现状和存在的问题的基础上，结合国外的经验，为灾害预警系统的改进提出一些建议。

(1) 整合政府各种防灾机构，逐步建立综合性的灾害管理政府机构。建立综合性的灾害管理政府机构，从而使依附于防灾机构建立的灾害预警系统也能够往综合性、全功能的预警系统发展：综合运用各种灾害的监测网络，整合各种防灾数据，从而使分析的结果更具参考预警价值。

(2) 应用网络、3S 等高科技技术。根据日本、印度等国建设城市灾害预警系统的经验，发现现代化的互联网平台、先进的信息通信技术、3S 技术为实现灾害的预警有着重要意义。我国在建设灾害预警系统时也应该基于网络、3S 技术建立灾害数据库，从而能实时更新，同时利用信息通信技术构建灾害预警体系，使灾情能够及时准确地预警和发布。

(3) 培养相关技术人才。在建设灾害预警系统硬件的同时，不断培养相关技术(互联网技术、3S 技术)的专业人才，从而使灾害预警系统能够为我所用、继续发展。

(4) 建设灾害预警系统的同时，对国民进行灾害预警教育。预警系统只有被更多的人了解和引起共识并进行配合，才能真正地在灾害发生时发挥作用。因此，应通过全方位的灾害预警教育，提高全民的防灾意识。

(5) 加强城市灾害预警系统建设的国际合作。除了日本、印度，还有很多国家的城市灾害预警系统的建设值得我们学习，因此，只有加强国际合作，将他们先进的技术，预警理念为我国所用，取长补短，才能使我国的城市灾害预警系统建设有长足的发展。

6.2.2 减灾防灾的城市规划建设

由于人类建设活动与当代城市灾害关系密切，而城市规划对于规范人类建设活动有着积极而有效的作用，所以面对当代城市灾害，城市规划是可以起到一定的防治作用的。一般来说，城市规划可以从以下几个方面对当代城市灾害进行防治。

(1) 城市选址应尽量避免自然灾害的威胁。城市的地质自然条件是一个城市规划建设的基础，也在一定程度上决定了城市灾害发生的可能性。例如，2008年发生的“5·12”四川汶川大地震，之所以破坏程度大、余震不断，就是因为此次大地震发生在中国的南北地震带，也叫中轴地震带上，地质条件是这次大地震发生的本质原因。所以说，随着人类对自然认识程度的不断加深，人为意识在城市选址中的决定作用越来越大，城市选址应尽量避免自然灾害频发的地区，从基础上减少城市灾害发生的可能性。

(2) 建立安全、开敞、有弹性的城市结构，避免巨型城市的蔓延。随着世界第三次城市化浪潮的推进，城市在人口增加的同时，数量和规模也在不断扩张。“摊大饼”模式是当今世界城市粗放式蔓延的主要形态之一，虽然一些发达国家已经开始对此进行反省，并采取了精明增长的模式，但是在小汽车逐渐成为主导交通方式的今天，由于城乡二元差距的影响，城市边缘地带及较远郊区具有更好的发展机遇和条件，所以在许多国家尤其是发展中国家，“摊大饼”模式仍然是城市蔓延的最主要形式。这种巨型城市的蔓延模式，一方面使得城市系统越来越庞大，增加了城市系统的不稳定性；另一方面，也使得城市灾害一旦发生，极易波及广泛的城市区域。所以，城市规划应该向“摊大饼”模式说不(金磊，2002)，着手建立安全、开敞、有弹性的城市结构，从城市结构上增强城市对灾害的抵御能力。

(3) 进行合理的城市空间布局与功能分区，减少高层建筑。庞大繁复的城市结构增加了城市的不稳定性，也容易滋生各种城市灾害。特别是作为现代城市表征之一的高层建筑，极易成为城市灾害的发生地及扩散地。例如，2003年SARS事件就是通过高层建筑里的电梯广泛传播的。此外，在2008年的汶川大地震中，由于城市布局以及功能分区不合理造成的人员财产损失给了人们非常大的警示。所以说，合理的城市空间布局和功能分区对于保证城市的安全至关重要，城市规划应从防灾角度合理布局城市，并尽量减少高层建筑的数量。

(4) 利用自然和人工地形，形成隔离地带，避免城市灾害蔓延。其实，早在霍华德的《明日的田园城市》中，针对当时的各种城市灾害，就提出了要通过环形绿带和卫星城来控制大城市蔓延。1997年，英国研究城市可持续发展的学者赫伯特·吉拉德特(Herbert Girardet)先生认为大城市周边的大面积郊区农村地带是一种极好的可持续城市发展模式。利用自然和人工地形，打造城市隔离带，有助于避免城市灾害的蔓延。同时，这种城郊结合的模式是当今规划设计可持续发展城市的理想模式，从宏观布局上有助于减少城市灾害的发生。

（5）建设便捷、足够、多样、分布均匀的避灾空间，应对各种城市灾害。避灾空间对于城市灾害意义重大，它在降低城市灾害破坏程度、保证人群生命安全上起到非常大的作用。然而在一些城市中，尤其是一些老城区，避灾空间的配置远远不能满足城市人口的需要；而在城市新区中，避灾空间的配置数量虽然足够，但在布局上并不能满足所有人的需求。所以，城市规划应根据城市结构，按照人口布局，建设便捷、足够、分布均匀、多样的避灾空间，以应对各种城市灾害的需要。避灾空间的配置应实现地上地下的结合，既要有地上的避难公园，也要有地下空间。

（6）建立通畅、多样、多变的交通系统来应对各种紧急情况。合理的道路网系统一方面可以缓解城市的高度密集性，降低城市灾害的发生几率；另一方面，在灾害发生后可以有效地疏散人群，保证市民的生命安全。另外，对救援人员和物资的及时运送也起到非常重要的作用。因此，城市规划应合理规划城市交通系统，通过建立畅通、多样化的交通体系增加城市支路网密度以及通畅度，建设城市应急通道系统，疏浚河湖系统，增加城市对外交通出入口等措施，保证道路系统在应对各种城市灾害发生时的通畅。

（7）增加市政基础设施安全布局，建立多回路供水、供电、电信系统，提高应急保障率。市政基础设施是一个城市的生命线，也极易遭到城市灾害的破坏。城市灾害发生后，一旦市政基础设施遭到破坏，随之而来很可能是各种次生灾害，这将对城市居民造成“二度伤害”。城市规划应特别重视市政基础设施布局的安全，提高应急保障率。

（8）推行数字城市规划，建立共享的数字城市平台。当前，数字城市平台在城市规划中的作用日益凸显。同样，在城市防灾中，数字城市平台能够为城市灾害的预防和应急提供及时、准确的资料，有效地减少城市灾害对城市造成的损失。所以，城市规划中应针对城市灾害建立相应的数字平台，运用数字城市规划的方法，应对各种城市灾害。

6.2.3 城市灾害教育

在国外，灾害培训在教育、研究和实践等领域发展较快，而在国内，近几年才开始出现一些把灾害培训纳入到课程设置和教学内容中的教学改革研究。城市居民应对灾害需要具备一定的技能和技巧，例如在处理伤病员、预防次生灾害、逃生技巧等方面都需要一些专业的培训，通过专业的医疗救护培训、灭火培训、预防次生灾害的技能培训、脱险技能培训、灾害专业知识培训等训练课程，使居民具备相应的应急能力。

灾害教育是由学校、社会、家庭三方面实施的，灾害教育应该首先落实于学校，因为学生可以向家庭和社会传播防灾减灾知识，以及减灾方法，进而加强整个社会的防灾意识。我国首先应该重视灾害教育，构建灾害教育体系。可以通过灾害教育立法的形式或指定灾害教育指导纲要，来确保灾害教育的实施与教育目标，构建灾害教育课程，研究灾害教育策略，通过师资培训和调查分析来推进灾害教育。学校灾害防救计划必不可少，是防灾减灾落实到具体操作层次的必要措施。

6.3 城市绿地防灾减灾

城市绿地是城市防御体系中不可或缺的组成部分。各种防护林可有效地消除大风、海啸等对城市的袭击，增强城市抵御自然灾害的能力。同时城市绿地空间还是城市灾害如地震等发生后，人们暂时避难的场所，如在"日本阪神大地震后城市园林绿地的调查报告"中记载了园林绿地在地震发生时、发生后所起的作用，震后大量不同类型的绿地成为居民的第一避难场所。

6.3.1 城市绿地的防灾减灾功能

1. 防风功能

北方城市的沙尘暴和沿海城市的台风等风灾给居民的生产生活及城市的发展带来很大的负面影响。城市外围的防护林带以及城市内部的绿色廊道、斑块能够有效阻止大风的袭击。据相关研究表明，防风林带可以降低风速，由林带边缘深入林内30～50m处，能降低风速30%～40%，深入到120～200m处则几乎无风，防风林带如图6-6所示。

图6-6 防风林带

2. 防火功能

园林植物及其所组成的群落具有较高的遮蔽率，一定规模的绿地可以切断火势的蔓延，降低火灾的损失。

大面积的绿地可以阻隔火势的蔓延，许多绿化植物枝叶中含有大量水分，本身就是防火的天然屏障，如法国冬青、女贞、石楠、大叶黄杨、棕榈、珊瑚树、银杏、槐树、白杨、樱花等植物，这些植物茎叶中含有大量的水分而油脂含量少，都具有较好的防火功能，如图6-7所示。一旦发生火灾，这些叶色浓绿、含水分多、燃点很高的"防火树"可以有效地阻止火势蔓延扩大。尤其是在发生地震次生火灾时，由于灾情重，人手不足，灭火工作往往不能及时，这时防火绿地的功能就非常重要了。很多火头烧到公园前就熄灭了，甚至于面积较小的街区公园在风速较小时也能起到灭火的功能，日本是地震最为频繁的国家之一，据统计，地震伴随的大火多数是由于绿地的阻隔而熄灭的。这在 1995 年日本阪神大地震时有很好的体现。

当然人们都知道森林会发生火灾，但是公园绿地发生火灾却鲜有所闻，原因就在于森林中多有易燃树木，这些树木均是富含油脂或是较干燥的树种，另外在旱季森林中存在大量的干燥落叶和干草，是森林火灾的温床。常见易燃树种有柳杉，悬铃木，夹竹桃，水杉，加杨，樟树，红翅槭，石栎，泡桐，毛竹，白桦，冲天柏，华山松，云南松等。

图 6-7 木荷防火林带

3. 阻隔病菌源

植物的部分器官所分泌的挥发物质能够杀死细菌、真菌和原生物，减少空气中细菌数量。灾害发生后，往往会伴有不同程度的疫情发生，由于绿色植物具有很好的杀菌作用，因而城市绿地空间可作为居民避灾的“安全岛”。

4. 保持水土

绿地可通过植物的树冠部分截留降水，地下根系固土护土，以及植物所产生的枯枝落叶和土壤吸收水分等多种途径，增加地面渗水量，降低地表径流的速度和流量，从而达到保持水土、涵养水源的目的，并能有效减少泥石流、滑坡等自然灾害的发生，如图 6-8 所示。

5. 分洪泄洪功能

随着城市化发展，市区内不透水面积的不断扩大使得单位时间内地面径流量与径流速度加大，由此引发的城市内涝频率不断增加，洪灾所造成的破坏和损失也在不断加剧。在洪灾发生时，一定规模的湿地和城市绿地可起到分洪、滞洪的作用，达到减弱洪峰、降低洪灾损失的目的。

图 6-8　城市绿地的水土保持作用

6. 救灾功能

1）临时避灾场所

在地震等大规模灾害发生后，绿地内大面积的空旷场地及树下空间能为居民提供安全的避灾场所，若配置相应的防灾设施，则可为居民提供临时的居住场所，如汶川地震发生后，城市居民多选择市区绿地、广场、体育场馆等地作为避灾场所集中避灾也利于政府救灾工作的进行。避灾场所分别如图 6-9 和图 6-10 所示。

大地震发生时，很多建筑发生倒塌，而且余震会不断发生，使建筑物受到进一步损坏，也增加了人员的伤亡。所以，大地震发生后居民疏散到空旷地，是有效减少人员伤亡的最佳方法。在城市绿地中，建筑物少而低矮，绿化面积大，是人们避震的理想场所。震后救灾工作的开展中，交通中断，若采取一些现代交通工具如直升机等，空阔的绿地可以作为起飞场地。震后，受损建筑物需要重建，这项工程耗时往往几年，在这期间，灾民临时住房的安置，也以绿地为最佳场所。汶川地震时，在上海延中绿地、陆家嘴绿地等大型

图 6-9　应急停机坪

图6-10 应急避难绿地

公园绿地，几乎站满了从周围办公楼疏散下来的人群；与此同时，在重庆市不少地区，一些市民产生恐慌心理，陆续来到花卉园避震，深夜高峰期人员达到5万余人，还有鹅岭公园、南山植物园、动物园、石门公园等都打开大门让群众疏散避难。

2）救灾通道

道路两侧的行道树及防护绿地在地震、火灾等发生后，可有效控制火势、切断火路，同时一定树龄的大树还能支撑倒塌的建筑物，确保救援疏散道路的畅通，为居民的逃生提供强有力的保障。

3）驻扎救灾人员

及时高效地在灾后有序开展救援活动，很大程度上能够减少人员伤亡，降低经济损失。灾害发生后，绿地能够提供救灾指挥中心及临时医院的工作场地和人员驻扎空间，利于救助工作的开展。在我国汶川地震和玉树地震发生后，城市绿地在这方面发挥了重要作用。

4）救灾物资发放

城市绿地周边一般都建设有便捷通达的道路系统，同时场地内部还能提供救援飞机起降场所，能够确保灾害发生后救灾物资的快速运达及存放。此外可通过内部设置应急物质储备空间或结合场地周边商场等进行合理布局，确保灾后将急需救灾物资快速发放至灾民手中。

5）尸体临时掩埋场所及垃圾堆放地

地震等自然灾害发生后，暴露散落的尸体很快腐烂，污染环境，并且容易引发疫情，严重威胁到灾区居民及救援人员的身心健康，可利用城市绿地空间临时掩埋遇难人员的尸体。在较大规模的灾害发生后，城市的道路系统会受到不同的损毁，使得倒塌的建筑垃圾以及避灾居民所产生的生活垃圾等无法及时清运出城，影响到城市的重建。利用城市的绿地空间临时堆放各类垃圾，可以节省人力、物力和时间。

6）重建复兴据点

大型城市公园、城市大面积绿地及郊野公园等场所，可作为城市灾后复兴重建的据点。通过设置一定的防灾设施，如发电设备、物资储备空间、广播通讯设施及饮用水井等，作为居民的长期避灾场所和设置救援部队的驻扎基地，保证灾后重建的顺利进行。

综上所述，城市绿地防灾功能主要体现在灾害阻隔空间、疏散避灾场所、救援活动场地及重建复兴据点等几个方面。虽然城市绿地具有得天独厚的防灾、减灾及救灾功能，但并非所有的城市绿地都适合作为防灾绿地。绿地在城市中的分布位置、规模、布局形式等不同，在防灾减灾过程中发挥的作用也各有不同，见表 6-5。

表 6-5　城市绿地类型与绿地防灾功能对应关系(张海金 2008)

绿地类别代码		类别名称	灾害阻隔带	疏散避灾场所	求援活动场地	重建恢复据点
大类	中类					
G1		公园绿地				
	G11	综合公园	▲	▲	▲	▲
	G12	社区公园	▲	▲	▲	▲
	G13	专类公园	▲	▲	△	△
	G14	带状公园	▲	▲	△	△
	G15	街旁公园	▲	▲	△	△
G2		生产绿地	△	△		
G3		防护绿地	▲	△		
G4		附属绿地				
	G41	居住绿地	▲	▲	△	△
	G42	公共设施绿地	△	△		
	G43	工业绿地	△	△		
	G44	仓储绿地	△	△		
	G45	对外交通绿地	▲	△		
	G46	道路绿地	▲	△		
	G47	市政设施绿地	△	△		
G5		其他绿地	△	△		

注：(▲为特别适合，△为较适合)

健康、完善的城市绿地系统能够在灾害发生时进一步防止火灾发生和延缓火势蔓延，减轻或防止爆炸而产生的破坏。城市绿地分布均匀而且周边交通便利，便于灾民及时进入避难，因此可以成为避难通道、临时和长期避难场所。同时，绿地能够集合各种救灾车辆、设施和救援物资，设置紧急医疗救护站，救灾直升机的起降场地，灾民临时生活的场所以及作为灾民修复家园和复兴城市的据点，必要时还可充当倒塌的建筑物以及垃圾的填埋场等。城市绿地系统按照绿地属性可以分为公园绿地、生产绿地、防护绿地、附属绿地以及其他绿地。不同的绿地单元面积、绿地属性以及绿地地理位置其在减灾、避难功能大小是不同的。城市绿地与城市灾害之间的关系如图 6-11 所示。

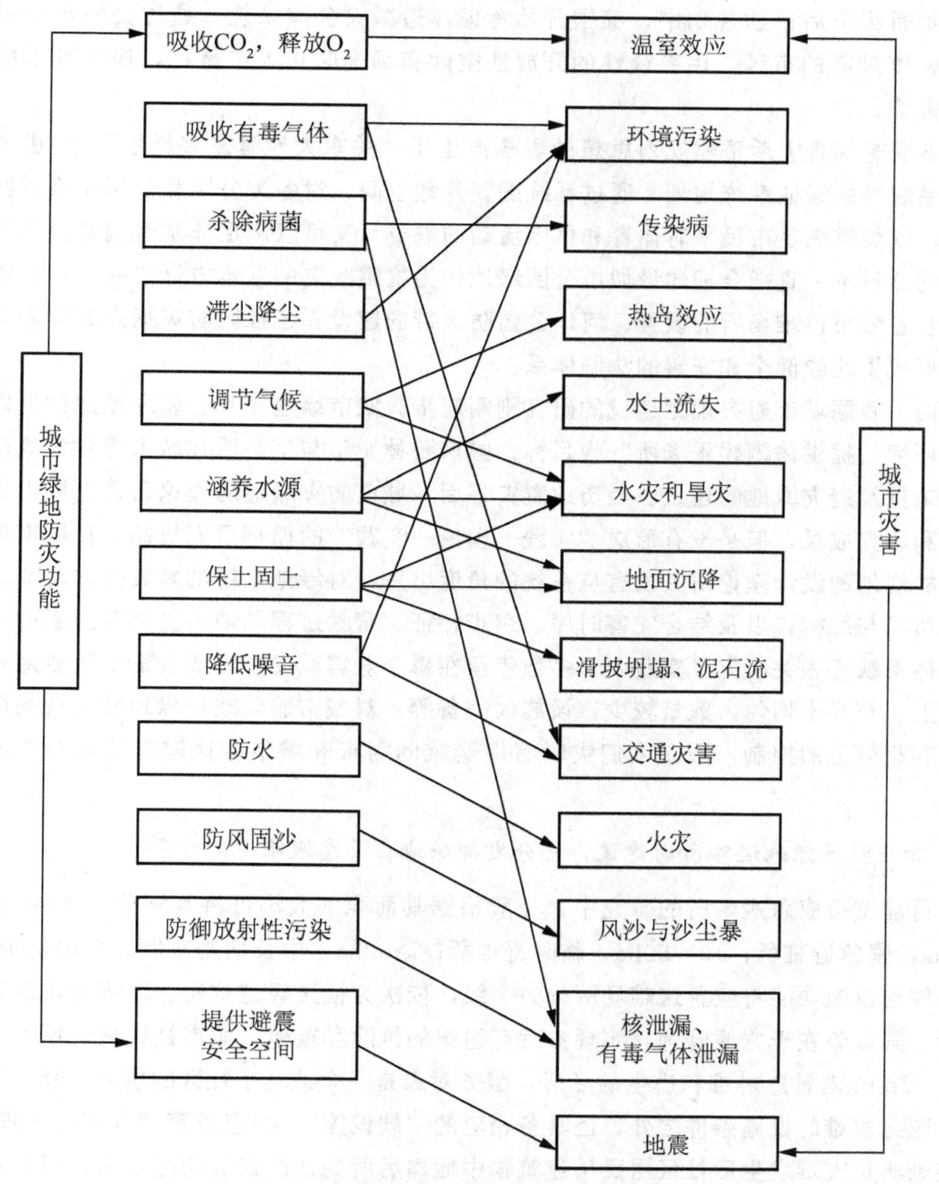

图 6-11 城市绿地与城市灾害之间的关系(张海金，2008)

6.3.2 城市绿地防灾减灾建设

1. 城市绿地系统规划应重视减灾防灾的地位与作用

城市防灾绿地建设最早可追溯到文艺复兴时期，1693 在灾后的意大利卡塔尼亚(Catania)重建规划中为了防灾减灾的需要，建设一些大型广场与公园，并将两者相连，使之成为完善的防灾、避灾、救灾体系。1833年英国议会颁布系列法案，首次提出应该通过公园绿地的建设来改善城市环境，首次将城市绿地引入到城市防灾领域。1871年在芝加哥火灾后重建规划中，美国开始考虑建造减灾公园系统，通过公园与公园路分割建筑密度过高的市区，用系统性的开放性空间布局来防止火灾蔓延，提高城市抵抗自然灾害能力。

日本受芝加哥灾后重建规划思想的影响产生了“关东大地震复兴规划”，促进了日本第一个系统性的绿地系统规划，通过系统配置开敞空间，对各类公园和公园联络道路的规划设计，既能够满足市民平时体育和休闲活动的需要，又可以满足非常时刻安全和避难的要求。此后日本一直把合理建设城市公园绿地作为抗震减灾的基本方针之一，在城市建设中特别注意城市避难场所的设置、河川公园防火带的建设、各社区防灾据点的规划等，并且逐步形成了比较健全和完善的法制体系。

然而，我国城市避灾规划建设的研究刚刚起步。城市绿地尤其公园绿地建设仍以“改善人居环境、提供休闲娱乐场所”为目标，国家园林城市与生态园林城市等建设规范、条例中均未提及避灾绿地的建设。经历地震灾害后，城市防灾绿地的理论研究上取得了一定的进步和研究成果，但是没有形成“实践—理论—实践”的循环研究机制。在城市避震减灾绿地的规划和设计理论研究没有从系统的角度出发，对绿地系统的减灾避难功能、规划层次、布局与结构，以及结合灾害时序、避难特征、营救过程及城市复兴等因素的避震减灾绿地体系缺乏相关研究。实践中，多数停留在单个避震减灾公园或者街头紧急避难绿地的建设上，布局不均匀，数量较少，设施欠完备等。对城市避震减灾绿地缺乏全局层面上的思考和整体上的控制，限制人们灾时有序避难的需求和城市绿地避震减灾功能的有效发挥。

2. 加强社区绿地避难所的建设，充分发挥绿地在紧急避难中的作用

在目前城市应急避难所的研究中，一般根据其面积的大小可将其划分为不同的级别：1～10ha，紧急避难所；10～50ha，临时避难所；>50ha，中长期避难所。根据场地面积、相应条件与设施功能将应急避难场所分为3级，依次为社区级避难所、区级避难所和市级避难所，其优势在于方便管理，实现灾后有组织的抢险和重建。城市社区避难所是在灾害发生3～7min内紧急避难和逃生的场所，服务对象是一个或几个社区的居民。社区避难所除具备应急避难的设施条件之外，还具备相应的“软设施”，即应急管理制度和管理人员。社区避难所是灾难发生后社区居民从建筑物中撤离后所到达的最近的避难所，可以在这里躲避火灾和余震，确定灾情，是进一步转移避难的中转站。

一般来说，社区的空间有限，社区避难所均为平灾结合的开敞空间，例如社区公园、社区广场等地势较为平整的场地，略经改造即可成为有效的社区避难所。我省城市社区避难所在布局上还不够合理，部分城区还没有社区避难所服务区的分布，针对此情况应该对社区避难所进一步规划，使其实现合理的布局。利用建筑物拆迁改建的机会实现已有开敞空间联系、扩大、改造，尽量降低经济损失；并对已有绿地进行改造以体现其防灾功能，确保城市的避难空间容量指标，保证城市常住人口和流动人口在灾后3～7min内人均至少

拥有 1.2m^{2}的有效安全空间。此外，还需对社区居民的逃生路线和相应的社区避难所进行规划，并组织演习，以确保实现居民有效的逃生。

市级避难所主要用于灾后进行紧急救助，重建家园和恢复城市功能等减轻各种灾害的避难场所，区级避难场所，主要用于灾中收容附近地区居民，使其免受灾害伤害，可保障避难居民生活所需。

3. 依托城市绿地体系，优化绿地格局，形成城市减灾绿地体系

依托现有城市绿地体系，对绿地系统的组成特点，以及斑块、廊道构成的绿地网络进行分析，并对整个城市的绿地格局进行优化。同时从城市防灾减灾体系为切入点，以城市抗震防灾规划为指导，根据现有城市绿地系统规划的层次、布局结构，从市区—社区—小区的角度对各类能承担避震减灾功能的“安全绿地”及其避灾体系进行科学合理的定性、定位、定量分析与评价。通过城市绿地格局与其避震减灾功能适宜性分析和评价，“突破局部，追求系统；突破孤立，追求结合”。在城市绿色安全网络体系层面上，对各类城市避震减灾绿地避难所及其基础设施规划进行综合布局，与其他非绿地形式的城市防灾空间有机结合等方面进行系统优化与设计，形成以社区、小区为单元，逐级控制、有序可达、平灾结合，并且具有系统性、灵活性的城市避震减灾绿地网络，充分实现城市绿地系统在生态功能与避难功能两者的有机统一，如图 6－12 所示。

图 6－12 武汉市城市公园防灾避难分布图

三大世界城市安全运行特点

（资料来源：朱伟 刘克会 尚秋谨，《现代职业安全》，2012(1)）

随着我国许多大城市的发展进程不断加快，城市中传统高危行业将会逐步减少，城市安全生产监管的重点也将逐步由传统安全生产向城市运行安全转变。与传统的安全生产领域相比，城市安全不仅要求保障从业人员的安全健康和生产经营单位的有序运行，更强调保障城市运行的安全、稳定、有序。当前，北京市提出了建设中国特色世界城市的目标，城市的安全运行尤显重要。纽约、伦敦、东京是3个公认达到世界城市水平的大都市，对这3个城市的安全生产管理体制进行梳理，或许对我国城市运行安全以及建设世界城市有所启发。

1. 纽约

理解纽约市安全生产相关的体制问题，首先要从美国国家层面来剖析和理解与安全生产相关的具体组织架构和法律体系等。

1）组织架构

在美国，政府的安全生产监管职能被融入到劳动行政职能之中，统一由劳工部负责，并不像中国将两项职能相分离，分属两个不同的行政主管部门。中国劳动行政职能在中央和地方政府之间配置，这种分层式职能配置不仅弱化了劳动行政职能的统一性，而且导致责任界限模糊。美国劳动行政职能仅在联邦政府内部配置，较好地实现了劳动行政职能的统一性和责任的明确性。同时，美国尽管是一个强调分权制衡的联邦国家，但与安全生产相关的劳动行政权集中于联邦政府，即美国的劳动行政体制是一种集权型组织体制，劳动行政是联邦政府的独立事务。所以，不论是整个纽约州还是单独的纽约市，它们在劳动行政方面所需要履行的职责非常少。在公共安全领域，纽约市主要职责往往限于确保城市免遭受恐怖袭击；在遭遇各种自然灾害或人为灾难时，实施应急救灾和危机管理等。

2）法律体系

美国目前的职业安全与健康法律体系分为3个层次：第一层是基本法，即职业安全与健康法，明确了职业安全与健康的各项基本原则，建立了管理机构体系；第二层是美国职业安全与健康管理局制定的严格、细致的各项标准，不但明确了安全与健康措施的各个细节，甚至对各行业应该采取不同的工程措施也作了详细规定；第三层是美国职业安全与健康管理局标准的行动指南。

在美国的安全生产监管方面比较有特色的另一个方面就是非营利组织的美国安全工程师协会(ASSE)发挥着巨大的作用。ASSE于1911年10月14日在纽约成立，其前身是联邦伤亡事故调查委员会。ASSE在近百年的发展过程中，为美国政府制定职业安全和健康标准与法律提供了重要的依据，并且积极促进政府活动的开展，对美国职业安全卫生局的机构改革提出良好的建议。1996年ASSE机构重组，重新明确安全工程师的职责范围是保护人们的生命、财产和环境不遭伤害或破坏。

宾馆、酒店等是公众密集的商业场所，通常又是高层建筑，这些场所的消防安全也是安全生产的重要方面。对此，美国有可供借鉴的经验。美国年均发生高层建筑火灾事故7000多起，平均每天将近20起，但是美国城市高层建筑的消防管理水平堪称世界一流，大大减少了损失。尤其是“9·11”恐怖袭击事件发生以后，美国高层建筑的消防安全意识进一步得到了强化，管理工作细化到对高层建筑通道内和室内烟灰桶类型的设计，同时要求建筑物业管理人员在清理烟灰桶之前要确保桶内绝无火种。另外，美国还全面动员社会各界的力量，如让城市居民组成义务消防队等。现在纽约等大城市均设立了自动消防安全电子访问台，通过电话、电脑、移动电话等与城市高层建筑义务消防队保持联系。一旦发生险情，由城市居民组成的义务消防队可以在几分钟内被召集起来，配合职业消防员进行灭火和抢险救援。

2. 伦敦

英国是单一制国家，地方层面的各自治政府有较大的行政自主权。一般情况下，包括安全生产的监管和应急在内的相关事项，问题出现后，通常应由所在地方政府主要负责处理，而不是依赖国家层面的机构，因为地方政府能够最便利、快捷地提供安全生产监管和事务处理等所需的资源、人力和信息。也就是说，英国各地方政府对于上述事项的职责履行，往往只要依据由英国议会确定的相关法律(如地方政府自治法律、职业健康与安全法律等)或国务大臣根据相关授权法(《劳动健康安全法》就是一部授权法)所制定的从属法规，无须英国中央政府的直接介入。只有当出现特别重大、特别复杂的事项时，中央政府才履行其相应的职责，提供宏观指导，动员国家资源，命令军队支援，确定管理公共信息策略等。

伦敦作为地方层面的城市政府，其在安全生产的体制构建和针对安全生产的决策及其执行过程中，可以充分发挥自治的特点和优势。例如，在公共安全的应急管理方面，伦敦同其他地区一样建立起了“紧急规划长官”负责的紧急规划机构，平时负责地区危机预警、制订工作计划、举行应急训练。灾难发生后，负责人必须协调各方面的力量有效处理事务，并根据性质和情况需要负责向相应的中央政府部门如卫生部、国防部寻求咨询或其他必要的支援以协作应战。

当然，伦敦内部本身也是一个复杂的体系。从行政区划上看，伦敦是一个由伦敦城和32个自治市组成的行政区划整体，即所谓的大伦敦；从行政组织上看，伦敦是由以三权分立为架构的大伦敦政府和以议行合一为架构的自治市政府组成，此两者之间构成了双层治理结构。这种治理结构是合作导向的伙伴关系，前者主要负责战略层面的公共服务，旨在从战略上提升伦敦的国际地位和国际竞争力；后者主要是提供日常事务层面的公共服务，旨在满足城市居民对于日常公共服务的各种需求，如文体教育、社区建设发展等。

就安全生产相关的法律体系而言，英、美两国都是在基于职业安全与健康基本法律基础之上的综合安全法律体系。综合统一的职业安全与健康法律体系，避免了各个法律法规之间的内容重叠或不统一，形成了清晰的法律法规层次体系和功能体系，突出了预防性的监管任务。从目前的形势来看，综合法规体系是安全法规体系发展的必然趋势。

3. 东京

我国城市在实施行政管理，包括进行安全生产体制构建与监管的过程中，存在着来自于中央政府的、名目繁多的监督与控制，但同时也可能在某些范围内和某种程度上“逃离”中央政府的约束和控制。

我们可以从东京的应急管理体制建设中，发现以下几个方面可以给我国安全生产体制的创新与重塑一些启示。

1) 通过“行政协定”来强化不同主体间的协调配合

东京在发生大规模的灾害时，认为光靠自身是很难单独应对的，必须与首都圈周围其他地方政府以及日本其他大城市进行合作。东京与其他地方政府签订了相互救援合作协定，一旦东京发生灾难，这些都市县都要共同参与到救援当中来。在协定中，对于救灾物资的提供、调拨，公务员的派遣(主要指医疗、技术和技能系统的人员)，救援车辆、船只的供应，医疗机构接受伤员，教育机构接受儿童和学生，以及火葬场服务，自来水设施的修复和供应，垃圾和下水处理设施的提供，救援负担和财务处理等方面，都作了详细的说明。一旦东京发出援助请求，这7个都市县都要及时提供救援。如果灾害使东京整个系统瘫痪而无法与外界取得联系的时候，根据协定，其他大城市在没有得到东京的求援时，可以自主出动救援。

2) 重视社会整体联动系统的构建

社会和社区是政府的自然灾害管理机制的基础，因此东京社区的自然灾害管理体系格外强调配合与协作，重视居民、企业、非政府组织抗灾和应急能力的建设，建设了层层联络、环环相扣的社会化抗灾网络体系。

3）建立城市信息共享平台

为强化信息管理与技术支撑系统，东京改组综合防灾部，新设信息统管部门，专门、统一、全面地负责信息收集、信息分析、战略判断。这种改革措施的出发点，在于对信息高度一体化的管理，一切以信息的畅通为核心要旨，从而能够打破部门界限及不同部门的信息垄断边界，形成信息共享平台。

4）重视组织结构任务、目标定位与立法建设的一体化建设

由于重视相关法律、法规的落实和程序化，同时强调各项政策法规之间的相互配套，因此东京自然灾害应对中几乎所有的程序都有明确的相关法律框架做依据，有清楚明了、可操作性强的法律法规明文授权于危机管理体制所涉及的组织机构；法律位阶与组织结构任务、目标的关联十分清晰，任何层次、任何级别的人士都十分清晰灾害管理过程中本组织、本部门甚至是本人的职责与权限。

5）以长期稳定的社会危机学习机制促进自然灾害管理水平的提高

为走出热衷于建立应急系统和机制、预案的误区，走出技术和系统建设至上的误区，防止片面追求现代化的信息系统等技术，东京政府十分重视最基础的防灾减灾工作和安全标准建设，重视广大市民危机意识的教育和基本技能的培养。通过强化城市社会共同应对自然灾害的理念，培育长期稳定的城市社会的危机学习机制，从而达到了更高境界的自然灾害管理水平。

思　考　题

1. 简述人为作用产生地面沉降的危害、形成原因及其主要对策和措施。
2. 我国现阶段城市的主要灾害有哪些？
3. 请同学们分组讨论当地震、洪水等灾害来临时，应怎样防范这些灾害。
4. 城市绿地的防灾功能有哪些？
5. 举例并介绍城市火灾的预防措施。

第7章 环境保护与可持续发展

内容提要及要求

本章介绍了环境保护、可持续发展相关知识，使学生了解城市的发展不能以牺牲环境为代价，要科学保护生态环境实现可持续发展，使人类的经济发展基本达到“低能耗、低排放、无污染”的水平。

环境保护是一项综合性强、范围广、涉及许多学科和部门，又有自己独特对象的工作。保护环境的同时，要注意不应将保护环境与发展经济对立起来，保护环境不是为了限制经济发展，而是克服经济发展中只顾经济效益而不顾生态环境破坏的弊端，从而促进经济建设更健康地发展，实现经济效益、社会效益、环境效益三者的统一。

7.1 环境保护

7.1.1 环境保护的概念

环境保护是利用环境科学的理论和方法，协调人类与环境的关系，解决各种问题，保护和改善环境的一切人类活动的总称。它包括采取行政的、法律的、经济的、科学技术的多方面的措施，合理地利用自然资源，防止环境的污染和破坏，以求保持和发展生态平衡，扩大有用自然资源的再生产，保证人类社会的发展。环境保护包含对自然环境的保护，对人类居住、生活环境的保护，对地球生物的保护3个层面的意思。

7.1.2 全球环境保护的发展历程

世界各国，主要是发达国家的环境保护工作，大致经历了4个发展阶段。

1. 限制阶段

环境污染早在19世纪就已发生，如英国泰晤士河的污染，日本足尾铜矿的污染事件等。20世纪50年代前后，相继发生了比利时马斯河谷烟雾、美国洛杉矶光化学烟雾、美国多诺拉镇烟雾、英国伦敦烟雾、日本骨痛病和水俣病(图7－1和图7－2)、日本四日市大气污染和米糠油污染事件，即所谓的八大公害事件。由于当时尚未搞清这些公害事件产生的原因和机理，所以一般只是采取限制措施。如英国伦敦发生烟雾事件后，制定了法律，限制燃料使用量和污染物排放时间。

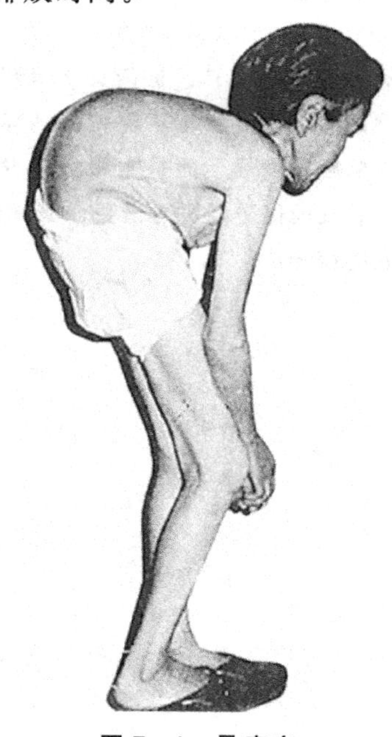

图7－1 骨痛病

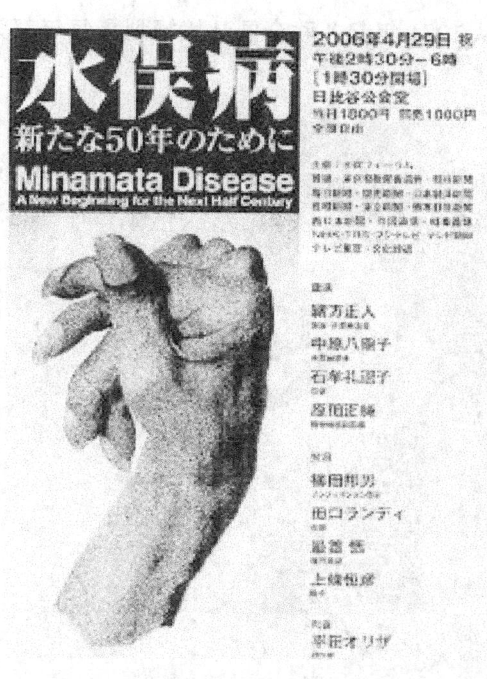

图 7－2　水俣病

2. “三废”治理阶段

20 世纪 50 年代末 60 年代初，发达国家环境污染问题日益突出，于是各发达国家相继成立环境保护专门机构。但因当时的环境问题还只是被看做工业污染问题，所以环境保护工作主要就是治理污染源、减少排污量。因此，在法律措施上，颁布了一系列环境保护的法规和标准，加强法治。在经济措施上，采取给工厂企业补助资金，帮助工厂企业建设净化设施；并通过征收排污费或实行“谁污染、谁治理”的原则，解决环境污染的治理费用问题。在这个阶段，投入了大量资金，尽管环境污染有所控制，环境质量有所改善，但所采取的尾部治理措施，从根本上来说是被动的，因而收效并不显著。

3. 综合防治阶段

1972 年 6 月 5 日，第一次国际环保大会——联合国人类环境会议在瑞典首都斯德哥尔摩举行，世界上 113 个国家的 1300 多名代表出席了这次会议。中国也派出了庞大的代表团出席了会议。出席会议的代表广泛研讨并总结了有关保护人类环境的理论和现实问题，制定了对策和措施，提出了“只有一个地球”的口号，并呼吁各国政府和人民为维护和改善人类环境，造福全体人民，造福子孙后代而共同努力。这是联合国史上首次研讨保护人类环境的会议，也是国际社会就环境问题召开的第一次世界性会议，标志着全人类对环境问题的觉醒，是世界环境保护史上第一个里程碑。

这次会议对推动世界各国保护和改善人类环境发挥了重要作用和影响。为了纪念大会的召开，当年联合国大会作出决议，把 6 月 5 日定为“世界环境日”。世界环境日海报如

图 7－3 和图 7－4 所示。从 1974 年起，联合国环境规划署每年都为世界环境日确立一个主题，见表 7－1。

图 7－3　世界环境日海报(1)

图 7－4　世界环境日海报(2)

表 7-1 历年世界环境日主题

年份	主题	年份	主题
1974	只有一个地球	1993	贫穷与环境——摆脱恶性循环
1975	人类居住	1994	一个地球，一个家庭
1976	水：生命的重要源泉	1995	各国人民联合起来，创造更加美好的未来
1977	关注臭氧层破坏、水土流失、土壤退化和滥伐森林	1996	我们的地球、居住地、家园
1978	没有破坏的发展	1997	为了地球上的生命
1979	为了儿童和未来——没有破坏的发展	1998	为了地球上的生命——拯救我们的海洋
1980	新的10年，新的挑战——没有破坏的发展	1999	拯救地球就是拯救未来
1981	保护地下水和人类的食物链，防治有毒化学品污染	2000	2000环境千年——行动起来吧
1982	纪念斯德哥尔摩人类环境会议10周年——提高环境意识	2001	世间万物，生命之网
1983	管理和处置有害废弃物，防治酸雨破坏和提高能源利用率	2002	让地球充满生机
1984	沙漠化	2003	水——20亿人生命之所系！
1985	青年、人口、环境	2004	海洋存亡，匹夫有责
1986	环境与和平	2005	营造绿色城市，呵护地球家园！
1987	环境与居住	2006	莫使旱地变为沙漠
1988	保护环境、持续发展、公众参与	2007	冰川消融，后果堪忧
1989	警惕全球变暖	2008	促进低碳经济
1990	儿童与环境	2009	地球需要你：团结起来应对气候变化
1991	气候变化——需要全球合作	2010	多个物种，一个星球，一个未来
1992	只有一个地球——齐关心，共同分享	2011	森林：大自然为您效劳

会议通过了《人类环境宣言》，并向全世界呼吁："为了在自然界里取得自由，人类必须利用知识同自然合作，建设一个较好的环境。为了这一代和将来的世世代代，保护和改善人类环境已经成为人类的一个紧迫目标，这个目标将同争取和平和全世界的经济与社会发展这两个既定的基本目标共同和协调地实现。《宣言》规定的在保护和改善人类环境方面所应采用的共同观点和共同原则，成为世界各国在环境保护方面的权利和义务的总宣言，成为世界各国制定环境法的重要根据和国际环境保护的重要指导原则。

这次会议成为人类环境保护工作的历史转折点，它加深了人们对环境问题的认识，扩大了环境问题的范围。宣言指出，环境问题不仅仅是环境污染问题，还应该包括生态破坏问题。另外，它冲破了以环境论环境的狭隘观点，把环境与人口、资源和发展联系在一起，从整体上来解决环境问题。对环境污染问题，也开始从单项治理发展到综合防治。

1973年1月，联合国大会决定成立联合国环境规划署，负责处理联合国在环境方面的日常事务工作。

4. 可持续发展阶段

20世纪80年代初，由于发达国家经济萧条和能源危机，各国都急需协调发展、就业和环境三者之间的关系，并寻求解决的方法和途径。该阶段环境保护工作的重点是：制定经济增长、合理开发利用自然资源与环境保护相协调的长期政策。要在不断发展经济的同时，不断改善和提高环境质量，但环境问题仍然是对城市社会经济发展的一个重要制约因素。

1982年5月，联合国环境规划署在肯尼亚首都内罗毕召开了特别会议。这次会议是为纪念1972年联合国人类环境会议10周年而召开的，参加会议的有105个国家和149个国际组织的代表3000多人。1972年在瑞典首都斯德哥尔摩召开的联合国人类环境会议后的10年间，环境保护事业取得了很大进展，除成立了联合国环境规划署外，很多国家纷纷通过了环境方面的立法，并成立了一些环保非政府组织，缔结了有关环境的重要国际协定。在内罗毕会议期间，与会代表们总结了斯德哥尔摩人类环境会议以来的工作，并针对出现的新问题，规划了以后10年的工作，会后发表了著名的《内罗毕宣言》。《内罗毕宣言》包括10部分内容，在肯定了斯德哥尔摩会议以来的环境保护工作的基础上，分析了全球环境现状，指出人类无节制的活动还在促使环境日益恶化。它总结了过去10年间出现的新观念，指出进行环境管理和评价的必要性，在贫富对环境产生的压力，战争对环境造成的影响，跨国界的国际行动以及发达国家对发展中国家应尽的义务等方面也提出了新看法。另外，《内罗毕宣言》还在能源合理利用、预防环境破坏、鼓励公众参与，以及在全球一级、区域一级与国家一级为保护和改善环境应承担的国际合作义务等方面作出了日后工作的规划。《内罗毕宣言》的发表使各国更清楚地认识了此后环境保护工作的重点。内罗毕会议在人类环境保护的发展上可以说是起到了一个承前启后的作用。

1992年，联合国环境与发展大会在巴西的里约热内卢召开，183个国家的代表团、70个国际组织、102个国家元首或政府首脑参加。会议通过了两个纲领性文件《里约环境与发展宣言》、《21世纪章程》以及《关于森林问题的原则声明》，签署了《气候变化框架公约》和《生物多样性公约》，这些文件充分反映了当今人类社会可持续性发展的新思想，反映了环境与发展领域合作的全球公识和最高级别的政治承诺。这次会议标志着世界环境保护工作的新起点，探求环境与人类社会发展的协调方法，实现人类与环境的可持续发展。“和平、发展与保护环境是相互依存和不可分割的”，至此，环境保护工作已从单纯的污染问题扩展到人类生存发展、社会进步这个更广阔的范围，“环境与发展”成为世界环境保护工作的主题。

7.1.3 我国环境保护发展历程

我国的环境保护起步于1973年，共经历了3个阶段，做出了具有自己特色的突出成就。

1. 第一阶段(1973～1978年)

在1972年斯德哥尔摩的人类环境会议后，我国比较深刻地了解到环境问题对经济社会发展的重大影响，意识到我国也存在着严重的环境问题。1973年8在北京召开了第一次全国环境保护会议，标志着我国环境保护事业的开始。这次会议提出了“全面规划、合理布局，综合利用、化害为利，依靠群众、大家动手，保护环境、造福人民”的32字环境保护方针，要求防止环境污染的设施，必须实施与主体工程同时设计、同时施工、同时投产的“三同时”原则。这一时期的环境保护工作主要有：①全国重点区域的污染源调查、环境质量评价及污染防治途径的研究。②以水、气污染治理和“三废”综合利用为重点的环保工作。③制定环境保护规划和计划。④逐步形成一些环境管理制度，制定了“三废”排放标准。

1974年10月，国务院环境保护领导小组正式成立。之后，各省、自治区、直辖市和国务院有关部门也陆续建立起环境管理机构和环保科研、监测机构，在全国逐步开展了以“三废”治理和综合利用为主要内容的污染防治工作。在此阶段我国颁布了第一个环境标准：《工业“三废”排放试行标准》，并下发了《关于治理工业“三废”，开展综合利用的几项规定》的通知，标志着我国以治理“三废”处理和综合利用为特色的污染防治进入新的阶段。值此期间，20世纪60年代提出的“三废”处理和综合利用的概念，逐步被“环境保护”的概念所代替。这一时期，制定全国环境保护规划，实行“三废”治理和综合利用为特色的污染防治工作，开始实行“三同时”、污染源期治理等管理制度。

1978年2月，五届人大一次会议通过的《中华人民共和国宪法》中规定：“国家保护环境和自然资源，防治污染和其他公害。”这是我国历史上第一次在宪法中对环境保护做出明确规定，为我国环境法制建设和环境保护事业开展奠定了坚实的基础。我国的环境保护事业进入了一个改革创新的新时期。

2. 第二阶段(1979～1992年)

1979年9月，通过了我国第一部环境保护基本法——《中华人民共和国环境保护法(试行)》，我国的环境保护工作开始走上法制化轨道。1983年12月，在北京召开的第二次全国环境保护会议确立了控制人口和环境保护是我国现代化建设中的一项基本国策；提出经济建设、城乡建设和环境建设同步规划、同步实施、同步发展的“三同步”和实现经济效益、社会效益、环境效益统一的“三统一”战略方针；确定了符合国情的“预防为主、防治结合、综合治理”、“谁污染谁治理”、“强化环境管理”的三大环境政策。在这一时期，逐步形成和健全了我国环境保护的环保政策和法规体系。于1989年12月26日颁布《中华人民共和国环境保护法》，同期还制定了关于保护海洋、水、大气、森林、草原、渔业、矿产资源、野生动物等各方面的一系列法规文件。

3. 第三阶段(1992年以后)

1992年在“里约会议”后，世界已进入可持续发展时代，环境原则已成为经济活动中的重要原则。之后，我国在世界上率先提出了《环境与发展十大对策》，第一次明确提出转变传统发展模式，走可持续发展道路。随后我国又制定了《中国21世纪议程》、《中国环境保护行动计划》等纲领性文件，可持续发展战略成为我国经济和社会发展的基本指导思想。

1996年7月在北京召开了第四次全国环境保护会议，提出“九五”期间全国12种主要污染物(烟尘、粉尘、SO_2、COD、石油类、汞、镉、六价铬、铅、砷、氰化物及工业固体废物)排放总量控制计划和我国跨世纪绿色工程规划两项重大举措。我国在1996～2000年“九五”期间，分期滚动式实施包括1000多个项目的跨世纪绿色工程计划。主要有商品(各类产品)必须达到国际规定的环境指标的国际贸易中的环境原则；要求经济增长方式由粗放型向集约型转变，推行控制工业污染的清洁生产，实现生态可持续工业生产的工业生产发展的环境原则；实行整个经济决策的过程中都要考虑生态要求的经济决策中的环境原则。

2002年1月，国务院召开的第五次全国环境保护会议，提出环境保护是政府的一项重要职能，要按照社会主义市场经济的要求，动员全社会的力量做好这项工作。会议的主题是贯彻落实国务院批准的《国家环境保护“十五”计划》，部署“十五”期间的环境保护工作。要切实搞好生态环境和保护，建设环京津生态圈。朱镕基总理提出要抓住当前有利时机，进一步扩大退耕还林规模，推进休木还草，加快宜林荒山荒地造林步伐。在加大发展旅游业的同时，千万要注意加强风景名胜区和旅游点的环境保护，决不能破坏自然景观、人文景观。要继续搞好环境警示教育，把公众和新闻媒体参与环境监督作为加强环保工作的重要手段。对造成环境污染、破坏生态环境的违法行为，要公开曝光，并依法严惩。

第六次全国环境保护大会于2006年4月在北京召开。温家宝总理强调，保护环境关系到我国现代化建设的全局和长远发展，是造福当代、惠及子孙的事业。我们一定要充分认识我国环境形势的严峻性和复杂性，充分认识加强环境保护工作的重要性和紧迫性，把环境保护摆在更加重要的战略位置，以对国家、对民族、对子孙后代高度负责的精神，切实做好环境保护工作，推动经济社会全面协调可持续发展。

7.1.4 我国现阶段环境保护工作

当前，我国环境状况总体恶化的趋势还未得到根本遏制，环境矛盾凸显，压力继续加大。一些重点流域、海域水污染严重，部分区域和城市大气灰霾现象突出，许多地区主要污染物排放量超过环境容量。农村环境污染加剧，重金属、化学品、持久性有机污染物以及土壤、地下水等污染显现。部分地区生态损害严重，生态系统功能退化，生态环境比较脆弱。核与辐射安全风险增加。人民群众环境诉求不断提高，突发环境事件的数量居高不下，环境问题已成为威胁人体健康、公共安全和社会稳定的重要因素之一。生物多样性保护等全球性环境问题的压力不断加大。环境保护法制尚不完善，投入仍然不足，执法力量薄弱，监管能力相对滞后。同时，随着人口总量持续增长，工业化、城镇化快速推进，能源消费总量不断上升，污染物产生量将继续增加，经济增长的环境约束日趋强化。

“十二五”环境保护重点工程主要有：主要污染物减排工程，包括城镇生活污水处理设施及配套管网、污泥处理处置、工业水污染防治、畜禽养殖污染防治等水污染物减排工程，电力行业脱硫脱硝、钢铁烧结机脱硫脱硝、其他非电力重点行业脱硫、水泥行业与工业锅炉脱硝等大气污染物减排工程。改善民生环境保障工程，包括重点流域水污染防治及水生态修复、地下水污染防治、重点区域大气污染联防联控、受污染场地和土壤污染治理与修复等工程。农村环保惠民工程，包括农村环境综合整治、农业面源污染防治等工程。生态环境保护工程，包括重点生态功能区和自然保护区建设、生物多样性保护等工程。重点领域环境风险防范工程，包括重金属污染防治、持久性有机污染物和危险化学品污染防治、危险废物和医疗废物无害化处置等工程。核与辐射安全保障工程，包括核安全与放射性污染防治法规标准体系建设、核与辐射安全监管技术研发基地建设以及辐射环境监测、执法能力建设、人才培养等工程。环境基础设施公共服务工程，包括城镇生活污染、危险废物处理处置设施建设，城乡饮用水水源地安全保障等工程。环境监管能力基础保障及人才队伍建设工程，包括环境监测、监察、预警、应急和评估能力建设，污染源在线自动监控设施建设与运行，人才、宣教、信息、科技和基础调查等工程建设，建立健全省市县三级环境监管体系。

20 世纪中后期，人口剧增、技术革命以及消费模式的共同作用，使得人类活动对生态环境造成了史无前例的巨大破坏，而资源与环境危机的恶果，最终反作用于人类自身的安全和福祉上。在这样的背景下，人类逐渐地从忽视环境走向关注环境，从关注环境走向保护环境，从环保意识走向环保行动。可见，环境问题的产生源于人类自身错误或者不当的行为，而环境问题的解决和环境可持续性的最终实现则依赖于人类意识和行为的转变。因而，尽管强制性的行政手段和诱导性的经济手段可以在一定程度上缓解或者控制环境问题的恶化，但是，从源头上预防环境污染并实现环境友好型社会，必须寄托于全体人类环境知识的增加和环境行为的自觉。

正是出于对人类行为与环境问题内在机理的正确把握，我国政府从 20 世纪 70 年代初开始，就开展了普遍的环境宣传教育，将教育和知识途径作为环境保护的重要政策工具。1992 年，全国首届环境教育会议在苏州召开，是我国环境教育发展的重要里程碑。而到了 1995 年年底，原国家环保局、中共中央宣传部以及国家教育委员会联合颁发的《全国环境宣传教育行动纲要(1996—2010 年)》，标志着我国环境教育进入制度化和规范化阶段。正是在这部纲领性文件的指引下，我国已形成了具有中国特色的多层次、多形式、多渠道的环境教育体系。《全国环境宣传教育行动纲要(2011—2015 年)》(以下简称《纲要》)的发布，之所以受到广泛瞩目，一方面是因为这部文件是环境保护部、中宣部、中央文明办、教育部、共青团中央、全国妇联六部委首次联合下发的环境教育工作指导意见；另一方面是由于其中蕴涵的“参与”、“创新”、“绩效”等亮点和“建立全民参与的社会行动体系”等目标均表明，我国环境教育的重心已经从之前的“知识传播”过渡到“行动倡导”，标志着我国环境教育进入了新的发展阶段。

7.2 可持续发展

通过 20 世纪六七十年代对传统发展战略的反思，人们逐渐认识到，要解决环境问题，必须把它放在社会经济运行机制的发展战略中加以考虑。以《我们共同的未来》和《21世纪议程》为标志，全世界对可持续发展问题基本达成了共识，许多国家制定了本国的21世纪议程，并已采取行动，如加强资源与环境的保护及污染的治理，改变经济增长方式等。1996年在伊斯坦布尔召开了联合国第二次人居大会，城市化进程中人类住区可持续发展与人人享有适当的住房，提出要“在世界上建设健康、安全、公正和可持续的城市、乡镇和农村”。

7.2.1 可持续发展的概念

“可持续发展”是20世纪80年代提出的一个新概念，是人类对发展的认识深化的重要标志。1987年，世界环境与发展委员会在《我们共同的未来》报告中，首次阐述了“可持续发展”的概念。报告指出，所谓“可持续发展”，就是要在“不损害未来一代需求的前提下，满足当前一代人的需求”。换句话说，可持续发展就是指经济、社会、资源和环境保护协调发展，既要达到发展经济的目的，又要保护好人类赖以生存的大气、淡水、海洋、土地和森林等自然资源和环境，使子孙后代能够永续发展和安居乐业。可持续发展的核心是发展，但要求在保持资源和环境永续利用的前提下实现经济和社会的发展。

7.2.2 可持续发展思想的形成

1.《寂静的春天》——对传统行为和观念的早期反思

“可持续性”最初应用于林业和渔业，指的是保持林业和渔业资源延续不断的一种管理战略。其实，作为一个概念，我国春秋战国时期的思想家孟子、荀子就有对自然资源休养生息，以保证其永续利用等朴素可持续发展思想的精辟论述。西方早期的一些经济学家如马尔萨斯、李嘉图等，也较早认识到人类消费的物质限制，即人类经济活动存在着生态边界。

20世纪中叶，随着环境污染的日趋加重，特别是西方国家公害事件的不断发生，环境问题频频困扰人类。20世纪50年代末，美国海洋生物学家蕾切尔·卡逊(Rachel Karson)在潜心研究美国使用杀虫剂所产生的种种危害之后，于1962年发表了环境保护科普著作《寂静的春天》，如图7-5所示。书中指出，“地球上生命的历史一直是生物与其周围环境相互作用的历史……，只有人类出现后，生命才具有了改造其周围大自然的异常能力。在人对环境的所有袭击中，最令人震惊的是空气、土地、河流以及大海受到各种致命化学物质的污染。这种污染是难以清除的，因为它们不仅进入了生命赖以生存的世界，而且进入了生物组织内。”她还向世人呼吁人们长期以来行驶的道路，容易被人误认为是一条可以高速前进的平坦、舒适的超级公路，但实际上，这条路的终点却潜伏着灾难，而另外的道路则为人们提供了保护地球的最后唯一的机会。这“另外的道路”究竟是什么样的，卡逊没能确切告诉人们，但作为环境保护的先行者，卡逊的思想在世界范围内，较早地引发了人类对自身的传统行为和观念进行比较系统和深入地反思。

图 7-5 蕾切尔·卡逊《寂静的春天》

2.《增长的极限》——引起世界反响的“严肃忧虑”

1968 年，来自世界各国的几十位科学家、教育家和经济学家等学者聚会罗马，成立了一个非正式的国际协会——罗马俱乐部(The Club of Rome)。它的工作目标是关注、探讨与研究人类面临的共同问题，使国际社会对人类面临的社会、经济、环境等诸多问题，有更深入的理解，并在现有全部知识的基础上推动采取能扭转不利局面的新态度、新政策和新制度。

受俱乐部的委托，以麻省理工学院 D. 梅多斯(Dennis. L. Meadows)为首的研究小组，针对长期流行于西方的高增长理论进行了深刻反思，并于 1972 年提交了俱乐部成立后的第一份研究报告——《增长的极限》，如图 7-6 所示。报告深刻阐明了环境的重要性以及

图 7-6 梅多斯《增长的极限》

资源与人口之间的基本联系。报告认为：由于世界人口增长、粮食生产、工业发展、资源消耗和环境污染这5项基本因素的运行方式是指数增长而非线性增长，全球的增长将会因为粮食短缺和环境破坏于某个时段内达到极限。就是说，地球的支撑力将会达到极限，经济增长将发生不可控制的衰退。因此，要避免因超越地球资源极限而导致世界崩溃的最好方法是限制增长，即“零增长”。

《增长的极限》一发表，在国际社会特别是在学术界引起了强烈的反响。该报告在促使人们密切关注人口、资源和环境问题的同时，因其反增长情绪而遭受到尖锐的批评和责难，因此，引发了一场激烈的、旷日持久的学术之争。一般认为，由于种种因素的局限，《增长的极限》的结论和观点，存在十分明显的缺陷。但是，报告所表现出的对人类前途的“严肃的忧虑”以及唤起人类自身的觉醒，其积极意义却是毋庸置疑的。它所阐述的“合理的、持久的均衡发展”，为孕育可持续发展的思想萌芽提供了土壤。

3. *联合国人类环境会议——人类对环境问题的正式挑战*

1972年，联合国人类环境会议在斯德哥尔摩召开，共同讨论环境对人类的影响问题。这是人类第一次将环境问题纳入世界各国政府和国际政治的事务议程。大会通过的《人类环境宣言》宣布了37个共同观点和26项共同原则。它向全球呼吁：现在已经到达历史上这样一个时刻，人们在决定世界各地的行动时，必须更加审慎地考虑它们对环境产生的后果。由于无知或不关心，人们可能给生活和幸福所依靠的地球环境造成巨大的无法换回的损失。因此，保护和改善人类环境是关系到全世界各国人民的幸福和经济发展的重要问题，是全世界各国人民的迫切希望和各国政府的责任，也是人类的紧迫目标。各国政府和人民必须为着全体人民和自身后代的利益而作出共同的努力。

作为探讨保护全球环境战略的第一次国际会议，联合国人类环境大会的意义在于唤起了各国政府共同对环境问题，特别是对环境污染的觉醒和关注。尽管大会对整个环境问题认识比较粗浅，对解决环境问题的途径尚未确定，尤其是没能找出问题的根源和责任。但是，它正式吹响了人类共同向环境问题挑战的进军号。各国政府和公众的环境意识，无论是在广度上还是在深度上都向前迈进了一步。

4. *《我们共同的未来》——环境与发展思想的重要飞跃*

20世纪80年代伊始，联合国本着必须研究自然、社会、生态、经济以及利用自然资源过程中的基本关系，确保全球发展的宗旨，于1983年3月成立了以挪威首相布伦特兰夫人(Gro Harlem Brundtland)任主席的世界环境与发展委员会(WCED)。联合国要求其负责制定长期的环境对策，研究能使国际社会更有效地解决环境问题的途径和方法，经过3年多的深入研究和充分论证，该委员会于1987年向联合国大会提交了研究报告《我们共同的未来》，如图7-7所示。

《我们共同的未来》分为“共同的问题”、“共同的挑战”和“共同的努力”三大部分。报告将注意力集中于人口、粮食、物种和遗传资源、能源、工业和人类居住等方面。在系统探讨了人类面临的一系列重大经济、社会和环境问题之后，提出了“可持续发展”的概念。报告深刻指出，在过去，人们关心的是经济发展对生态环境带来的影响，而现在，人

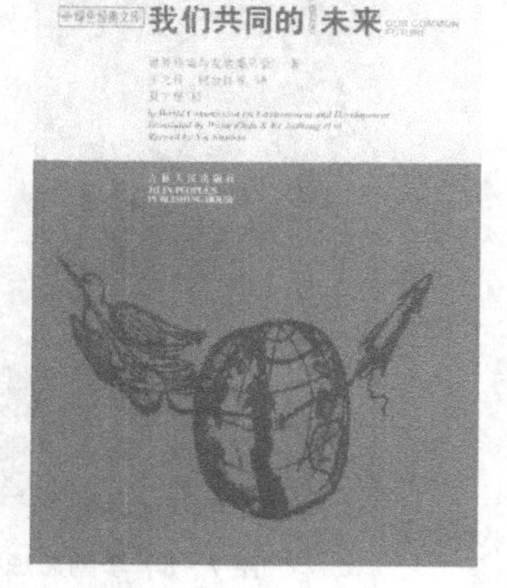

图 7-7 布伦特兰夫人《我们共同的未来》

们正迫切地感到生态的压力对经济发展所带来的重大影响。因此，我们需要有一条新的发展道路，这条道路不是一条仅能在若干年内、在若干地方支持人类进步的道路，而是一直到遥远的未来都能支持全球人类进步的道路。这实际上就是卡逊在《寂静的春天》没能提供答案的、所谓的“另外的道路”，即“可持续发展道路”。布伦特兰鲜明、创新的科学观点，把人们从单纯考虑环境保护引导到把环境保护与人类发展切实结合起来，实现了人类有关环境与发展思想的重要飞跃。

5. 联合国环境与发展大会——环境与发展的里程碑

从 1972 年联合国人类环境会议召开到 1992 年的 20 年间，尤其是 20 世纪 80 年代以来，国际社会关注的热点已由单纯注重环境问题逐步转移到环境与发展二者的关系上来，而这一主题必须由国际社会广泛参与。在这一背景下，联合国环境与发展大会(UNCED)于 1992 年 6 月在巴西里约热内卢召开，共有 183 个国家的代表团和 70 个国际组织的代表出席了会议，102 位国家元首或政府首脑到会讲话。会议通过了《里约环境与发展宣言》和《21 世纪议程》两个纲领性文件，分别如图 7-8 和图 7-9 所示。前者是开展全球环境与发展领域合作的框架性文件，是为了保护地球永恒的活力和整体性，建立一种新的、公平的全球伙伴关系的“关于国家和公众行为基本准则”的宣言，并且提出了实现可持续发展的 27 条基本原则。后者则是全球范围内可持续发展的行动计划，它旨在建立 21 世纪世界各国在人类活动对环境产生影响的各个方面的行动规则，为保障人类共同的未来提供一个全球性措施的战略框架。此外，各国政府代表还签署了联合国《气候变化框架公约》等国际文件及有关国际公约。可持续发展得到世界最广泛和最高级别的政治承诺。

以这次大会为标志，人类对环境与发展的认识提高到了一个崭新的阶段。大会为人类高举可持续发展旗帜，走可持续发展之路发出了总动员，使人类迈出了跨向新的文明时代的关键性一步，为人类的环境与发展树立了一座重要的里程碑。

图 7－8　李鹏总理签署《里约环境与发展宣言》

中国21世纪议程

——中国21世纪人口、环境与发展白皮书

图 7－9　《中国 21 世纪议程》

6. 可持续发展问题世界首脑会议

2008 年 8 月 26 日，以“拯救地球、重在行动”为宗旨的可持续发展世界首脑会议在约翰内斯堡国际会议中心隆重开幕。这是继 1992 年里约热内卢地球峰会之后，联合国举办的关于全球环境问题最重要的国际会议，也是迄今为止在非洲大陆召开的最大一次国际会议。

全世界已达成这样的共识：社会进步和经济发展必须与环境保护、生态平衡相互协调，提高全人类的生活水平与质量、促进人类社会的共同繁荣与富强，必须通过全球可持续发展才能实现。基于上述背景，本次会议的主旨在于通过实现可持续发展理想的可行计划。大会主要围绕健康、生物多样性和生态系统、农业、水和卫生、能源等进行讨论，经过与会代表的共同努力，会议通过了《约翰内斯堡可持续发展承诺》和《可持续发展世界首脑会议执行计划》。

7.2.3 可持续发展的生态原则

可持续城市发展的生态原则可以概括为6条：①预防和保护为主的原则。②普遍联系原则。③废物最小化，最大限度地利用可更新和可循环的物质。④保持和扩大必要的多样性。⑤辨别并尊重地方、区域和全球的环境容忍度。⑥通过研究增进对环境的认识。

1. 预防和保护为主的原则

大规模的开发项目和毫不怀疑地使用新技术和新产品，已经对生态系统产生了不可预见的影响(如污染)。决策者要认真考虑如何保持并改善环境质量问题，把精力集中在防止环境退化上，而不是等到将来进行治理。因为将来治理的代价常常很高。近年来预防和保护为主的原则已经成为许多国家和地区环境政策和管理的核心。它要求人们在行动开始前必须对其可能的环境影响做较准确的调查研究。

2. 普遍联系原则

各种污染物在环境中可能因自然环境的组成要素而发生变化，产生危害性更大的化合物。酸雨便是一个极好的例子，空气污染物也是土地和水体的污染物。显然在这一意义上承认普遍联系原则很重要。系统的一部分发生未预见的或未考虑到的变化，几乎必然会影响到其他部分。城市环境问题可能是城市之外的活动的结果(如源于农业和乡镇工业的水源污染)，而源于城市内部的问题可能被转移到周围地区(如城市工业污染)。关键就在于城市有可能在区域、国家甚至全球尺度上对周围地区的环境带来深远的直接和间接影响。决策者要努力认识环境的这种相互依赖，把对城市内部和外部的影响降到最小。

3. 废物最小化，最大限度地利用可更新和可循环物质

废物最小化有两方面的含义，其一是降低资源的损耗；其二是降低居民生活和产业对环境产生的废物。人类资源需求的最小化意味着减少资源利用，最大限度地再利用和循环创新，更大程度地依赖修理而不是替换。废物最小化是一个必须应用到整个产品生命循环，而不仅仅用于循环结尾的原则。因而目标控制必须应用到原料开采、生产、产品使用和处理。这一原则也包含着需要选择对环境最适当的替代品。废物最小化必然涉及更大程度的物资回收、循环和再利用。这种紧迫感使人们不仅需要寿命更长的产品，也要保证能进行简单的维修，以及能获得闲置部件。目前在德国“完全产品生命循环”方法已经用于许多产品的设计，使其拆卸，不同部件可以再利用和再循环。

由于处理固体废弃物特别是家庭生活垃圾用的填埋地段日益减少，以及废物填埋带来的地下水污染问题，使城市废物产出最小化的要求越来越迫切。大部分物质如作为市政和工业废物组成部分的纸张、油品、塑料和玻璃等需要被再循环、重新处理和再利用。废物最小化将需要开发和应用能降低废物产出的技术。还可以通过重新设计抽水马桶和淋浴等

方式来减少家庭用水量。处理过的污水、其他废水和城市降水径流可以回收供今后使用，从而使水的消费量最小化。目前在以色列，全部废水的再利用被列为一项基本国策，得到再利用的城市废水，大多用作农作物灌溉。这一切已经导致可用水资源的显著增加和河流、海岸地区污染的减少。通过这种方式利用废水也为农作物提供了所需的大部分营养。

4. 保持和扩大必要的多样性

该原则通常指的是在全球和地区水平上对生物多样性的持续需求。一些学者坚持认为，在城市地区，多种野生生物生境的创造不仅是由于审美的需要，而且是必要的多样性原则的核心。在城市背景下，多样性既能产生社会意识也能产生生态意识。与此相类似，奥德姆认为，最愉快、最安全的居住景观应是农作物、森林、湖泊、河流、湿地和废弃地等多彩的结合。在城市，鼓励保留大量生长植物的开敞地区，还可能对城市气候产生凉爽效应，并促进土壤水和地下水的补充。必要的多样性原则也适用于城市的文化环境和人为环境。生活在城市的人们需要不断得到来自自然、社会和经济环境的各种不同刺激。在土地利用规划中，弹性用途区划提供了城市街区增加活动多样性和减少交通事故的一种方法。在城市，尽管土地利用区划仍是必要的，但必须在更广大的范围内进行，以保持或恢复邻里水平的活动多样性。这涉及不同种类和不同规模的开敞空间和居住、商业用途混合等。

5. 识别和尊重不同层次区域的环境容忍度

该原则的核心是承认地方灵活性在处理不同环境波动时的极端重要性。例如在许多非赤道城市，冬季大气逆温的存在对环境扩散空气污染物的能力有重要的制约作用，使污染局限在某些地方。与此类似，地方小气候能影响城市内部的环境能力。

在城市水平上，澳大利亚部分城市的规划者正在制定只在最能处理空气和水污染的地区允许城市开发的方案。例如在悉尼市，这可能意味着转向开发接近海岸的地区，那儿环境吸收污染的能力比内地高，安排污染控制措施容易些。

6. 通过研究增进对环境的认识

要解决环境问题，需要进一步认识环境过程，包括环境退化的经济的和社会原因与影响。对有各种不同污染源和污染影响的地区以及城市环境管理的适当体制等，均需要作进一步的研究。各级政府、各类团体和个人对环境研究的资助是提高人类对环境认识的重要保证。这类研究的结果是改进个人、公司和政府行为的重要一环。各类机构应该减少对环境资料的相互封锁。如果花费大量资金取得的资料或结果束之高阁也是一种巨大的浪费。

7.2.4 我国可持续发展的六大领域

为了全面推动可持续发展战略的实施，国务院印发了原国家计委会同有关部门制定的《中国21世纪初可持续发展行动纲要》（以下简称《纲要》）。这是进一步推进我国可持续发展的重要政策文件，同时也是对2002年在南非约翰内斯堡召开的可持续发展世界首脑会议的积极响应。《纲要》提出我国将在6个领域推进可持续发展。

经济发展方面，要按照“在发展中调整，在调整中发展”的动态调整原则，通过调整产业结构、区域结构和城乡结构，积极参与全球经济一体化，全方位逐步推进国民经济的战略性调整，初步形成资源消耗低、环境污染少的可持续发展国民经济体系。

社会发展方面，要建立完善的人口综合管理与优生优育体系，稳定低生育水平，控制人口总量，提高人口素质。建立与经济发展水平相适应的医疗卫生体系、劳动就业体系和社会保障体系。大幅度提高公共服务水平。建立健全灾害监测预报、应急救助体系，全面提高防灾减灾能力。

资源保护方面，要合理使用、节约和保护水、土地、能源、森林、草地、矿产、海洋、气候、矿产等资源，提高资源利用率和综合利用水平。建立重要资源安全供应体系和战略资源储备制度，最大限度地保证国民经济建设对资源的需要。

生态保护方面，要建立科学、完善的生态环境监测、管理体系，形成类型齐全、分布合理、面积适宜的自然保护区，建立沙漠化防治体系，强化重点水土流失区的治理，改善农业生态环境，加强城市绿地建设，逐步改善生态环境质量。

环境保护方面，要实施污染物排放总量控制，开展流域水质污染防治，强化重点城市大气污染防治工作，加强重点海域的环境综合整治。加强环境保护法规建设和监督执法，修改完善环境保护技术标准，大力推进清洁生产和环保产业发展。积极参与区域和全球环境合作，在改善我国环境质量的同时，为保护全球环境作出贡献。

能力建设方面，要建立完善人口、资源和环境的法律制度，加强执法力度，充分利用各种宣传教育媒体，全面提高全民可持续发展意识，建立可持续发展指标体系与监测评价系统，建立面向政府咨询、社会大众、科学研究的信息共享体系。

为了落实上述任务，《纲要》提出了6项保障措施。一是运用行政手段，提高可持续发展的综合决策水平；二是运用经济手段，建立有利于可持续发展的投入机制；三是运用科教手段，为推进可持续发展提供强有力的支撑；四是运用法律手段，提高全社会实施可持续发展战略的法制化水平；五是运用示范手段，做好重点区域和领域的试点示范工作；六是加强国际合作，为国家可持续发展创造良好的国际环境。

7.2.5 我国实施可持续发展战略的行动

我国对于当代可持续发展的认识、研究与世界同步，1984年，马世骏和牛文元参与了世界发展纲领性文件《我们共同的未来》的讨论与起草。1988年，已经把可持续发展研究正式列入中国科学院的研究项目。下面是我国实施可持续发展战略的具体内容。

1992年6月，联合国环境与发展大会在巴西里约热内卢开幕，李鹏总理代表我国政府在《里约环境与发展宣言》上签字，在国内启动“社会发展综合实验区”。

1992年8月，国务院批准发布《中国环境与发展的十大对策》。

1994年3月，国务院第16次常务会议通过《中国21世纪议程——中国21世纪人口、资源与发展白皮书》，简称《中国21世纪议程》。《中国21世纪议程》共20章，78个方案领域，主要内容包括四大部分：第一部分为可持续发展总体战略与政策；第二部分为社会可持续发展，包括人口、居民消费与社会服务、消除贫困、卫生与健康、人类居住区可持续发展和防灾减灾等；第三部分为经济可持续发展；第四部分为资源的合理利用与环境保护。

1995 年 8 月，我国第一部流域治理法规《淮河流域水污染防治暂行条例》颁布实施。

1996 年 3 月，全国人民第八届四次会议批准《中华人民共和国国民经济和社会发展“九五”计划和 2010 年远景目标纲要》，第一次以最高法律形式把可持续发展与科教兴国并列为国家战略。

1997 年 3 月，中央在北京召开第一次中央计划生育和环境保护工作座谈会，以后每年 3 月举行一次，并于 1999 年进一步扩大为中央人口、资源、环境工作座谈会，将“国家社会发展综合实验区”更名为“国家可持续发展实验区”。

1998 年政府批准《全国生态环境建设规划》，接着又在 2001 年批准实施《全国生态环境保护纲要》。在这一年，中国科学院决定组织队伍集中开展中国可持续发展战略研究，并把每年系列编纂出版的《中国可持续发展战略报告》作为研究成果公布于世。

1999 年 8 月，国务院总理朱镕基在陕西考察治理水土流失、改善生态环境和黄河防汛工作，提出退耕还草、还林的具体措施，落实“再造秀美山川”的号召。

2001 年 3 月，九届人大四次会议通过“十五”计划纲要，将实施可持续发展战略置于重要地位，完成了从确立到全面推进可持续发展战略的历史性进程。

2002 年 9 月 3 日，国务院总理朱镕基代表中国政府出席联合国在南非约翰内斯堡召开的“里约 10 年”世界首脑大会。在演讲中指出：实现可持续发展，是世界各国共同面临的重大和紧迫的任务，并阐明了中国政府促进可持续发展的 5 点主张。

2002 年 10 月 28 日，第九届全国人民代表大会常务委员会通过《中华人民共和国环境影响评价法》。

2003 年 1 月，国务院印发了《中国 21 世纪初可持续发展行动纲要》。

2004 年 3 月 10 日，中共中央总书记胡锦涛在中央人口、资源、环境工作座谈会上指出：科学发展观总结了 20 多年来中国改革开放和现代化建设的成功经验，吸取了世界上其他国家在发展进程中的经验教训，提示了经济社会发展的客观规律，反映了中国共产党对发展问题的新认识。

2005 年 10 月，中国十六届五中全会的决议将是中国发展历史上的一个里程碑。坚持以人为本，创新发展观念，转变增长模式，提高发展质量，提升自主创新能力，构建和谐社会，落实“五个统筹”，实现社会公平，切实把经济社会发展转入全面协调可持续发展的轨道。

2007 年 3 月，全国人大通过国家“十一五”规划纲要，提出建设“资源节约型、环境友好型社会”，明确实现节能减排的约束性指标。

2007 年 10 月，中共十七大召开。胡锦涛在十七大报告中指出：转变发展方式，加强能源资源节约和生态环境保护，增强可持续发展能力，建设生态文明。

2008 年 8 月，国务院副总理李克强召开多部门会议，启动《中国资源环境统计指标体系》工作。

2009 年 1 月，《循环经济促进法》正式施行，标志着循环经济发展步入法制化轨道。

循环经济的核心是资源的循环利用和高效利用，理念是物尽其用、变废为宝、化害为利，目的是提高资源的利用效率和效益。

2009年11月，温家宝总理在向首都科技界发表题为《让科技引领中国可持续发展》的讲话中指出，要推动中国经济在更长时期内全面协调可持续发展，走上创新驱动、内生增长的轨道，就必须把建设创新型国家作为战略目标，把可持续发展作为战略方向。因此，人们应该充分认识可持续发展与创新之间的内在规律，抓住创新机遇，提高创新能力，加快绿色转型和绿色发展的步伐。

《2011中国可持续发展战略报告》针对“实现绿色的经济转型”这一主题，邀请了国内常年从事绿色、低碳发展及绿色新兴产业领域研究的专家和学者组成研究团队。围绕节能减排、循环经济、环保产业、可再生能源、新能源汽车、绿色贸易、智能增长等方面开展调研，分析我国绿色发展与战略性新兴产业发展所存在的问题和障碍，总结国内外的发展经验，提出今后发展的方向、路径、优先行动与政策建议。

阅读材料

环境保护：100件小事

(1) 使用布袋。人们去商店或农贸市场购物，几乎每样物品都会随赠一个塑料袋，回到家后，这些塑料袋往往立即被扔进垃圾箱。作为垃圾，塑料袋离开了我们的家，但是它们并没有在这个世界上消失。在我国的大部分地区，随处可见塑料袋，遇到刮风的天气，它们就会在空中飞舞，降落在树枝上、河流中，影响卫生和市容。塑料袋增加了垃圾的数量，占用耕地，污染土壤和地下水。更为严重的是塑料在自然界中上百年不能降解，若进行焚烧，又会产生有毒气体。仅图一时方便，却把垃圾遗弃给子孙后代，这样做合适吗？以北京为例，若人均每天消费一个塑料袋(约0.4g重)，每天就要扔掉4t塑料袋，仅原料就价值4万元。小小塑料袋的害处真多。德国年轻人正以挎布袋购物为荣，让我们也来追随这种“绿色时尚”吧。我们从前也是用可以重复使用的菜篮子和布袋子购物买菜的，普遍使用塑料袋只是近几年的事，我们应该恢复以前的习惯。

(2) 尽量乘坐公共汽车。日益增加的汽车给城市交通造成重大压力，造成交通拥堵。这些都严重地困扰着人们的生活，而解决的办法之一就是少乘小汽车，提倡乘坐公共汽车。

(3) 不要过分追求穿着时尚。现在，时尚对人来说都是美的一种看法，可是，穿时尚也让纺织品大大减少，地球上的丝已愈来愈少。偶尔追求一下也是可以的，但不该过分追求。

(4) 不进入自然保护核心区。

(5) 倡步行，骑单车。

(6) 不使用非降解塑料餐盒。

(7) 不燃放烟花爆竹。

(8) 双面使用纸张。

(9) 节约粮食。

(10) 拒绝使用一次性用品。

(11) 消费肉类要适度。

(12) 随手关闭水龙头。

(13) 一水多用。

(14) 尽量购买本地产品。
(15) 随手关灯，节约用电。
(16) 拒绝过分包装。
(17) 使用节约型水具。
(18) 拒绝使用珍贵木材制品。
(19) 尽量利用太阳能。
(20) 尽量使用可再生物品。
(21) 使用节能型灯具。
(22) 简化房屋装修。
(23) 修旧利废。
(24) 不随意取土。
(25) 多用肥皂，少用洗涤剂。
(26) 不乱占耕地。
(27) 不焚烧秸秆。
(28) 不干扰野生动物的自由生活。
(29) 不恫吓、投喂公共饲养区的动物。
(30) 不吃田鸡，保蛙护农。
(31) 提倡观鸟，反对关鸟。
(32) 不捡拾野禽蛋。
(33) 拒食野生动物。
(34) 少使用发胶。
(35) 减卡救树。
(36) 不穿野兽毛皮制作的服装。
(37) 不在江河湖泊钓鱼。
(38) 少用罐装食品、饮品。
(39) 不用圣诞树。
(40) 不在野外烧荒。
(41) 不购买野生动物制品。
(42) 不乱扔烟头。
(43) 不乱采摘、食用野菜。
(44) 认识国家重点保护动植物。
(45) 不鼓励制作、购买动植物标本。
(46) 不把野生动物当宠物饲养。
(47) 观察身边的小动物、鸟类并为之提供方便的生存条件。
(48) 不参与残害动物的活动。
(49) 鼓励买动物放生。
(50) 不围观街头耍猴者。
(51) 动物有难时热心救一把，动物自由时切莫帮倒忙。
(52) 不虐待动物。
(53) 见到诱捕动物的索套、夹子、笼网果断拆除。
(54) 在室内、院内养花种草。

(55) 在房前屋后栽树。
(56) 节省纸张，回收废纸。
(57) 垃圾分类回收。
(58) 旧物捐给贫困者。
(59) 回收废电池。
(60) 回收废金属。
(61) 回收废塑料。
(62) 回收废玻璃。
(63) 尽量避免产生有毒垃圾。
(64) 使用无氟冰箱。
(65) 少用纸尿布。
(66) 少用农药。
(67) 少用化肥，尽量使用农家肥。
(68) 少用室内杀虫剂。
(69) 不滥烧可能产生有毒气体的物品。
(70) 自己不吸烟，奉劝别人少吸烟。
(71) 少吃口香糖。
(72) 不追求计算机的快速更新换代。
(73) 集约使用物品。
(74) 优先购买绿色产品。
(75) 私车定时查尾气。
(76) 使用无铅汽油。
(77) 不向江河湖海倾倒垃圾。
(78) 选用大瓶、大袋装食品。
(79) 了解家乡水体分布和污染状况。
(80) 支持环保募捐。
(81) 反对奢侈，简朴生活。
(82) 支持有环保倾向的股票。
(83) 组织义务劳动，清理街道、海滩。
(84) 避免旅游污染。
(85) 参与环保宣传。
(86) 做环保志愿者。
(87) 认识草原危机。
(88) 认识荒漠化。
(89) 认识、保护森林。
(90) 认识、保护海洋。
(91) 爱护古树名木。
(92) 保护文物古迹。
(93) 及时举报破坏环境和生态的行为。
(94) 关注新闻媒体有关环保的报道。
(95) 控制人口，规劝超生者。

(96) 利用每一个绿色纪念日宣传环境意识。

(97) 阅读和传阅环保书籍、报刊。

(98) 了解绿色食品的标志和含义。

(99) 拒绝过度包装，如能用一个装下，绝不使用两个塑料袋。

(100) 认识环保标志。

思　考　题

1. 简述全球环境保护的发展历程。
2. 谈谈你对可持续发展的定义的理解。
3. 简述可持续发展的生态原则。
4. 根据自己所学知识，谈谈你怎样对我国的环境保护工作做出自己的贡献。

第8章 城市绿地

内容提要及要求

本章介绍了城市绿地的分类、城市绿地的功能、城市绿地的类型、城市绿地指标体系以及城市绿地与城市生态学之间的关系，使学生了解和掌握城市绿地对改善城市生态环境及防灾减灾的重要作用。

城市绿地是城市中一种特殊的生态系统，它是城市系统中能够执行“吐故纳新”负反馈调节机制的子系统。这个系统一方面能为城市居民提供良好的生活环境，为城市生物提供适宜的生境；另一方面能增强城市景观的自然性，促进城市居民与自然的和谐共生。它被认为是城市现代化和文明程度的重要标志。

8.1 城市绿地与城市生态学

8.1.1 城市绿地

1. 城市绿地及其分类

城市绿地是以植被为主要存在形态，用于改善城市生态，保护环境，为居民提供游憩场地和美化城市的一种城市用地。广义的城市绿地，指城市规划区范围内的各种绿地，包括公园绿地、生产绿地、防护绿地、附属绿地和其他绿地。

城市绿地不包括：①屋顶绿化、垂直绿化、阳台绿化和室内绿化。②以物质生产为主的林地、耕地、牧草地、果园和竹园等地。③城市规划中不列入“绿地”的水域。上述内容不属于“城市绿地”范畴，但这些内容同样在城市生态系统建设中起着不可或缺的作用。在城市绿地日益减少的城市中，这些内容是在今后的城市绿化建设中是更加注重的内容。

“绿地”作为城市规划专门术语，2006年6月3日，中华人民共和国建设部审查并批准了北京北林地景园林规划设计院有限责任公司主编的《城市绿地分类标准》(CJJ/T 85—2002)(表8-1)，是现行的城市绿地分类主要依据，该标准自2002年9月1日起实施。本标准的颁布与实施，结束了我国城市绿地系统分类长期以来没有统一的行业标准的历史，同时也结束了国内各地城市绿地分类和规划混乱的局面。这对于推动全国城市绿地的建设、管理和保护有重大的现实意义。该标准与我国绝大部分城市的实际建设和管理情况相符合，与国家现有的相关行业标准如《城市用地分类与规划建设用地标准》(GBJ 137—2011)、《公园设计规范》(CJJ 48—1992)等相协调和吻合。同时，其按功能分类的原则也便于反映我国各城市的园林绿化特点，有利于城市绿地的详细规划设计、有效建设和高效管理，促进我国城市的可持续发展。

本标准将城市绿地分为大类、中类、小类3个级别，将城市绿地分为5大类、13个中类以及11个小类。使用的是英文字母与阿拉伯数字相结合的混合型代码，如用G1表示大类公园绿地，用G11表示中类综合公园，用G111表示小类全市性公园。此标准将城市绿地分为五大类，分别为：G1公园绿地、G2生产绿地、G3防护绿地、G4附属绿地和G5其他绿地。

2. 城市绿地系统规划

城市绿地系统是指由城市中各种类型和规模的绿化用地组成的整体。其整体应当是一个结构完整的系统，并承担城市的以下职能：改善城市生态环境、满足居民休闲娱乐要求、组织城市景观、美化环境和防灾避灾等。现在的绿地系统往往与城市开放空间的概念相结合，将城市的绿化用地、广场、道路系统、文物古迹、娱乐设施、风景名胜区和自然保护区等因素统一考虑。不同的系统结构会产生不同的系统功效，绿地系统的整体功效应当大于各个绿地功效之和，合理的城市绿地系统结构是相对稳定而长久的。

表 8-1 城市绿地分类表

类别代码			类别名称	内容与范围	备 注
大类	中类	小类			
G1			公园绿地	向公众开放、以供人游憩为主要功能，兼具生态、美化、防灾等作用的绿地	
	G11		综合公园	内容丰富，有相应设施，适用于公众开展各类户外活动的规模较大的绿地	
		G111	全市性公园	为全市服务，活动内容丰富，设施完善的绿地	
		G112	区域性公园	为市区内一定区域的居民服务，具有较丰富的活动内容和设施完善的绿地	
	G12		社区公园	为一定居住用地范围内的居民服务，具有一定活动内容和设施的集中绿地	不包括居住组团绿地
		G121	居住区公园	服务于一个居住区的居民，具有一定活动内容和设施，为居住区配套建设的集中绿地	服务半径：0.5～1.0km
		G121	小区游园	为一个居民小区的居民服务、配套建设的集中绿地	服务半径：0.3～0.5km
	G13		专类公园	具有特定内容或形式，有一定游憩设施的绿地	
		G131	儿童公园	单独设置，为儿童提供游戏及开展科普、文体活动，有安全、完善设施的绿地	
		G132	动物园	在人工饲养条件下，移地保护野生动物，同时供观赏、普及科学知识、进行科学研究和动物繁殖，并具有良好设施的绿地	
		G133	植物园	进行植物研究和引种驯化，并供观赏、游憩及开展科普活动的绿地	
		G134	历史名园	历史悠久、知名度高、体现传统造园艺术并被审定为文物保护单位的园林	
		G135	风景名胜公园	位于城市建设用地范围内，以文物古迹、风景名胜区为主形成的具有城市公园功能的绿地	
		G136	游乐公园	具有大型游乐设施，单独设置，生态环境较好的绿地	绿化占地比例应≥65%
		G137	其他专类公园	除以上各种专类公园以外具有特定主题内容的绿地，包括雕塑园、盆景园、体育公园、纪念公园等	绿化占地比例应≥65%
	G14		带状公园	沿城市道路、城墙、水滨等，有一定游憩设施的狭长形绿地	
	G15		街旁绿地	位于城市道路用地之外，相对独立成片的绿地，包括街道广场绿地、小型沿街绿化用地等	绿化占地比例应≥65%

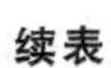
续表

类别代码			类别名称	内容与范围	备注
大类	中类	小类			
G2			生产绿地	为城市绿化提供苗木、花草、种子的苗圃、花圃、草圃等圃地	
G3			防护绿地	城市中具有卫生、隔离和安全防护功能的绿地，包括卫生隔离带、道路防护绿带、高压走廊绿带、防风林、城市组团隔离带等	
G4			附属绿地	城市建设用地中绿地之外的各类用地中的附属绿地，包括居住用地、公共设施用地、工业用地、仓储用地、对外交通用地、道路广场用地、市政设施用地和特殊用地中的绿地	
	G41		居住绿地	城市居住用地内社区公园以外的绿地、包括组团绿地、宅旁绿地、配套公建绿地、小区道路绿地等	
	G42		公共设施绿地	公共设施用地内的绿地	
	G43		工业绿地	工业用地内的绿地	
	G44		仓储绿地	仓储用地内的绿地	
	G45		对外交通绿地	对外交通用地内的绿地	
	G46		道路广场绿地	道路广场用地内的绿地，包括行道树绿带、分车绿带、交通岛绿地、交通广场和停车场绿地等	
	G47		市政设施绿地	市政公用设施用地内的绿地	
	G48		特殊绿地	特殊用地内的绿地	
G5			其他绿地	对城市生态环境质量、居民休闲生活、城市景观和生物多样性保护有直接影响的绿地，包括风景名胜区、水源保护区、郊野公园、森林公园、自然保护区、风景林地、城市绿化隔离带、野生动植物园、湿地、垃圾填埋场恢复绿地等	

1）城市绿地系统规划的依据

（1）有关法律、法规和规章。

国家及各级政府颁布的有关法律、法规和规章是城市绿地系统规划最为重要的规划依据，是法定依据。目前，与此相关的法律法规主要包括《中华人民共和国城市规划法》、《中华人民共和国环境保护法》、《中华人民共和国文物保护法》、《中华人民共和国森林法》、《中华人民共和国土地管理法》、《中华人民共和国风景名胜区管理暂行条例》、《城市绿化规划建设指标的规定》、《城市绿化条例》、《国务院关于加强城市绿化建设的通知》、《城市古树名木保护管理办法》、《城市绿地系统规划编制纲要》、《河南省人民政府关于在全省开展创建园林城市活动的通知》、《城市绿线管理办法》等与各地方政府颁布的相关法律、法规及规章。

（2）有关技术标准和规范。

国家或行业各类技术标准规范也是规划编制必不可少的依据。如果说法律、法规和规章是编制绿地系统规划的法定依据的话，那么有关技术标准和规范则是从技术的角度对编制规划作出了相应的规定。主要的技术标准和规范有《城市绿地分类标准》、《国家园林城市标准》、《公园设计规范》、《城市道路绿化规划与设计规范》等。

（3）相关各类规划成果。

已经获准的绿地系统相关的规划，多指上一层次的规划，也是编制绿地系统规划的依据。例如《焦作市城市总体规划》、《焦作市土地利用总体规划》、《焦作市城市林业规划》、《焦作市城市近期建设规划》等，均可以作为城市绿地系统规划的依据。但是，专门编制的城市绿地系统规划作为有一定深度的专项规划，既要指相关规划作为自身的规划依据，又要根据绿地系统规划内容的深化，对相关的规划提出合理的修改或调整意见，做到使相关规划更加完善。

（4）当地现状基础条件。

当地现状条件是绿地系统规划的基础依据，它贯穿着整个规划的全过程，但一般情况下，不作为基本规划依据写入规划文字说明中去。

① 城市概况：城市概况包括自然条件，地理位置、地质地貌、气候、土壤、水文、植被与主要动、植物状况；经济及社会条件，经济、社会发展水平、城市发展目标、人口状况、各类用地状况；环境保护资料，城市主要污染源、重污染分布区、污染治理情况与其他环保资料；城市历史与文化资料。

② 城市绿化现状：城市绿化现状包括绿地及相关用地资料（现有各类绿地的位置、面积及其景观结构；各类人文景观的位置、面积及可利用程度和主要水系的位置、面积、流量、深度、水质及利用程度）、技术经济指标（绿化指标人均公园绿地面积；建成区绿化覆盖率；建成区绿地率；人均绿地面积；公园绿地的服务半径、公园绿地、风景林地的日常和节假日的客流量以及生产绿地的面积、苗木总量、种类、规格、苗木自给率和古树名木的数量、位置、名称、树龄、生长情况等）、园林植物、动物资料（现有园林植物名录、动物名录、主要植物常见病虫害情况）。

③ 管理资料：管理资料包括管理机构、人员状况、园林科研、资金与设备、城市绿地养护与管理情况。

2）城市绿地系统规划的层次

按照国务院《城市绿化条例》的规定，由城市规划和城市绿化行政主管部门等共同编制的城市绿地系统规划，经城市人民政府依法审批后颁布实施，并纳入城市总体规划。因此，城市绿地系统规划的层次与城市总体规划相一致，如图 8－1 所示。

3）城市绿地的布局

（1）城市绿地系统布局原则。

① 城市园林绿地系统规划应结合城市其他部分的规划综合考虑，全面安排。

② 城市园林绿地系统规划，必须因地制宜，从实际出发。结合当地自然条件、现状特点、根据地形、地貌等自然条件，充分利用原有的名胜古迹、山川河湖，有机地组织园林绿地系统。

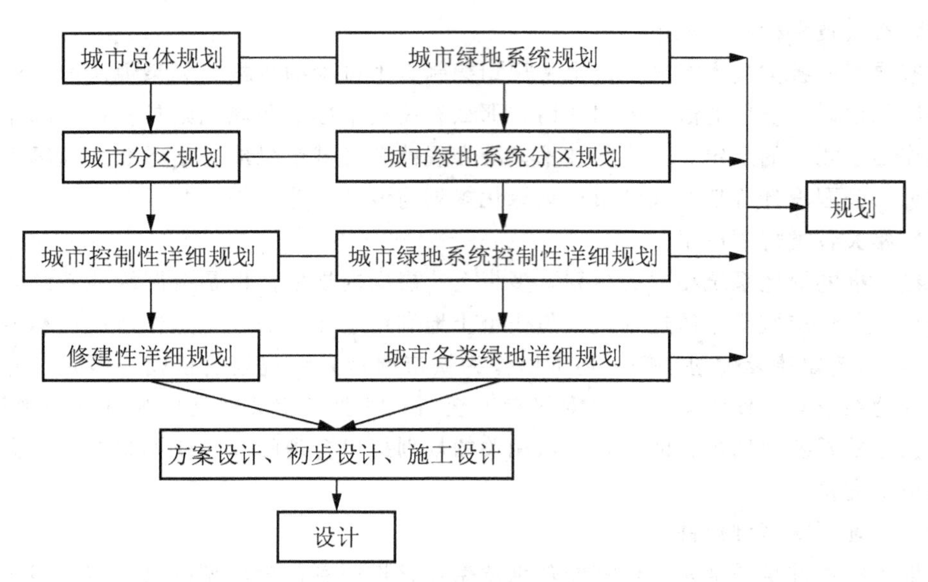

图 8－1　城市绿地的规划层次图

③ 城市公园绿地应均匀分布，服务半径合理，满足全市居民文化休憩的需要。城市的中小型公园的布置必须按服务半径，使附近居民在较短时间内可步行到达。

④ 考虑到植物的生长状况，城市绿化水平的逐渐提高等因素，城市绿地系统规划时宜使用使远景目标与近期建设相结合，更好地发挥绿地系统规划的控制作用。

(2) 城市园林绿地系统布局目的与要求。

① 布局目的：城市园林绿地系统布置的主要目的为满足全市居民方便的文化娱乐、休憩游览的要求；满足城市生活和生产活动安全的要求；达到城市生态环境良性循环，人与自然和谐发展的目标；满足城市景观艺术的要求。

② 布局要求如下。

公园绿地布局首先应满足居民游憩需要，城市各级综合性公园和专类公园的布置，应符合均布率要求。

城市带状花园绿地的设置应满足道路景观、滨河景观、铁路景观以及生态保护布局要求。

城市防护绿地应满足工业卫生、生态保护、交通地带和城市组团的防护要求。

楔形绿地的布置应利用自然地形、水系等条件，满足减少热岛效应、调节小气候等要求，搞好楔形绿地建设

绿地布应置在城市中建立各绿地间的有机联系，形成“点”、“线”、“面”相结合的网络结构。

城郊各类生态绿地宜根据城内绿地系统布局结构要求，充分利用农业用地及现状、山水地形与植被等条件因地制宜、合理地确定城郊生态绿地布局。

③ 布局形式：城市绿地分布的基本形式主要有点状、环状、放射状、放射环状、网状、楔状、带状、分枝状 8 种，如图 8－2 所示。

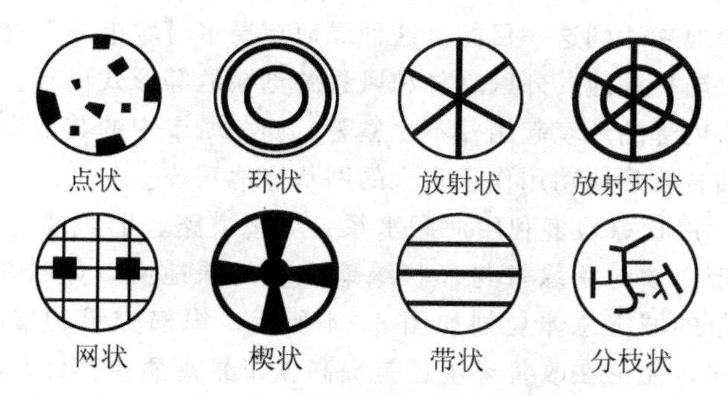

图 8－2　城市绿地的分布形式

结合城市自身特点，将以上几种基本模式加以组合，我国城市绿地系统主要有点状绿地布局、带状绿地布局、楔状绿地布局、混合式绿地布局等形式。

点状绿地布局：这种模式多出现在旧城改建过程中。由于旧城市改造建设成本较高，大面积进行绿块、绿带的建设，在一定程度上存在较大的困难，所以多以小面积的点状绿地出现。如上海、武汉、长沙、大连等老城市区的绿地建设。武汉市的绿地系统规划如图 8－3 所示。这种绿地布局模式分布均匀，与居住区结合较为密切，居民可方便使用，但对改善城市小气候条件的作用不太明显。对于这种类型的绿地系统格局，就结合城市规划及绿地系统规划等手段将其逐步改造成网状的，相互联通的绿地系统。

图 8－3　武汉市城市绿地系统规划

环状绿地布局：该模式在外形上呈现出环形状态。“摊大饼”式的城市扩展往往会在城市外围布置环状绿地来达到这一目的。这种绿地布局多沿城市环形交通线如城市环线同时布置。绝大部分以防护绿地、郊区森林和风景游览绿地等形式出现。但单纯依靠这种环状的绿地对改善城市内部的环境起用并不太显著，如与城市中的其他绿地相配合，如与放射形或楔形绿地相结合可形成功用作用强大的网状绿地系统。

带状绿地布局：带状绿地多利用河湖水系、城市道路、旧城墙、带状山体等结合布置，形成纵横向绿带、放射状绿带与环状绿地交织的绿地网，如哈尔滨、苏州、西安、南京等城市。西安市的城市总体规划如图 8－4 所示。纵横交错的带状绿地较为均匀地贯穿于城市用地之间，无论在改善环境还是提高城市景观质量方面均可取得较为理想的效果。

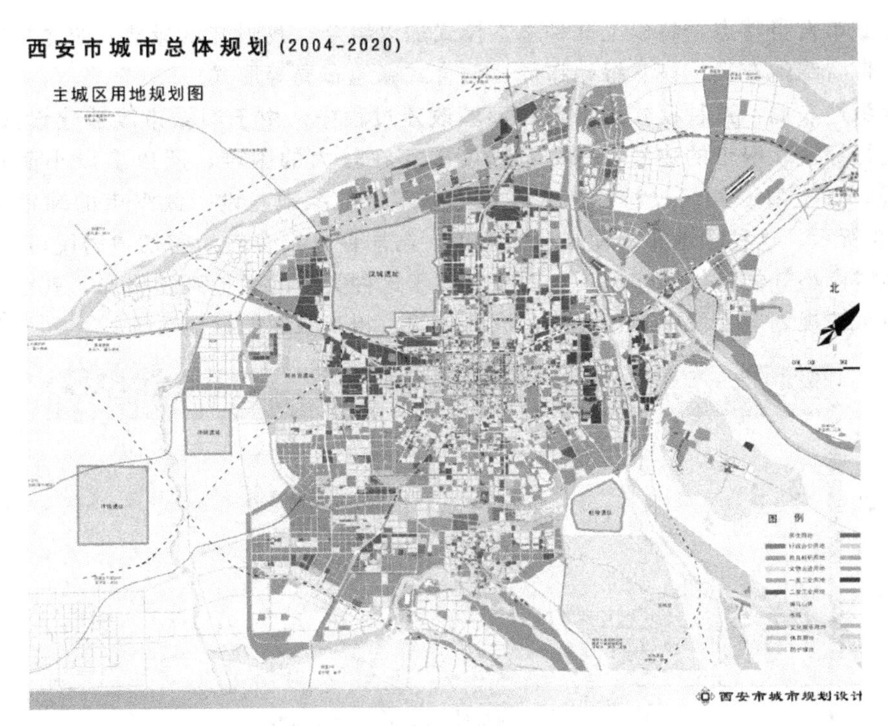

图 8－4　西安市城市总体规划

楔状绿地布局：由郊区伸入市中心的由宽变窄的绿地，为楔状绿地，因其在城市平面图上呈楔形而得名，如图 8－5 所示。一般利用河流、起伏地形、放射干道等结合市郊农田防护林来布置。这种布局的优点是充分利用城市郊区的自然资源，使城市用地最大限度地接近自然，有利于改善城市气候，形成独特的城市风貌。但楔状绿地除受河流、地形起伏等条件制约的情况外，尤其是靠近城市中心的部分将受到城市开发的巨大压力，必须依靠强有力的规划手段才能确保其能够按规划意愿实施。

混合式绿地布局：混合式绿地布局就是将点状、环状、网状、放射状、楔形等几种基本模式加以综合利用，进行新的组合，形成如点网状、放射环状、环楔状等布局模式，如北京、深圳。北京的绿地布局如图 8－6 所示。混合式绿地布局有利于整合不同绿地局的优点，在绿地系统规划中较为常用。

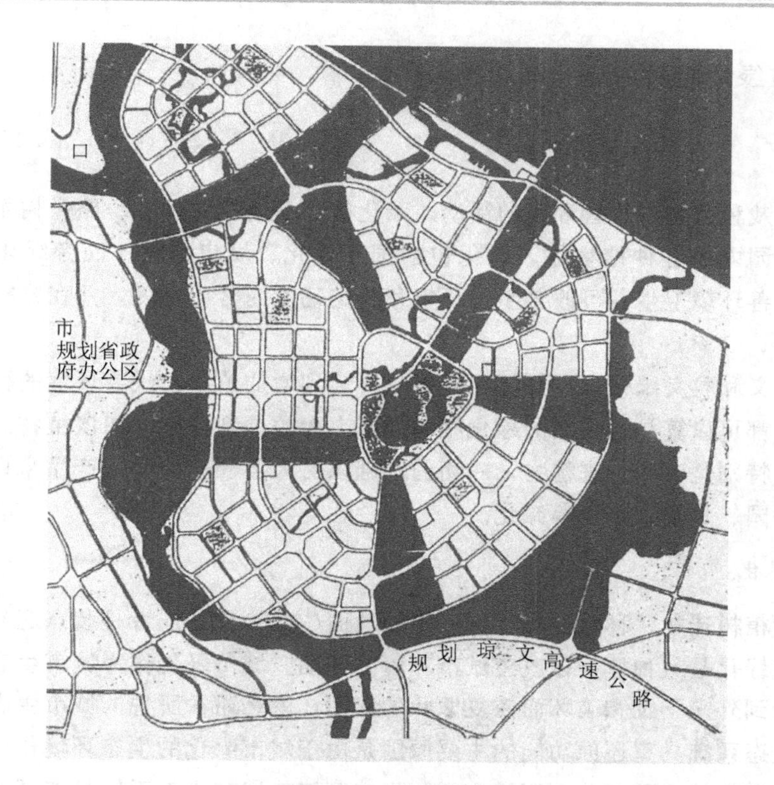

图 8-5 楔状绿地

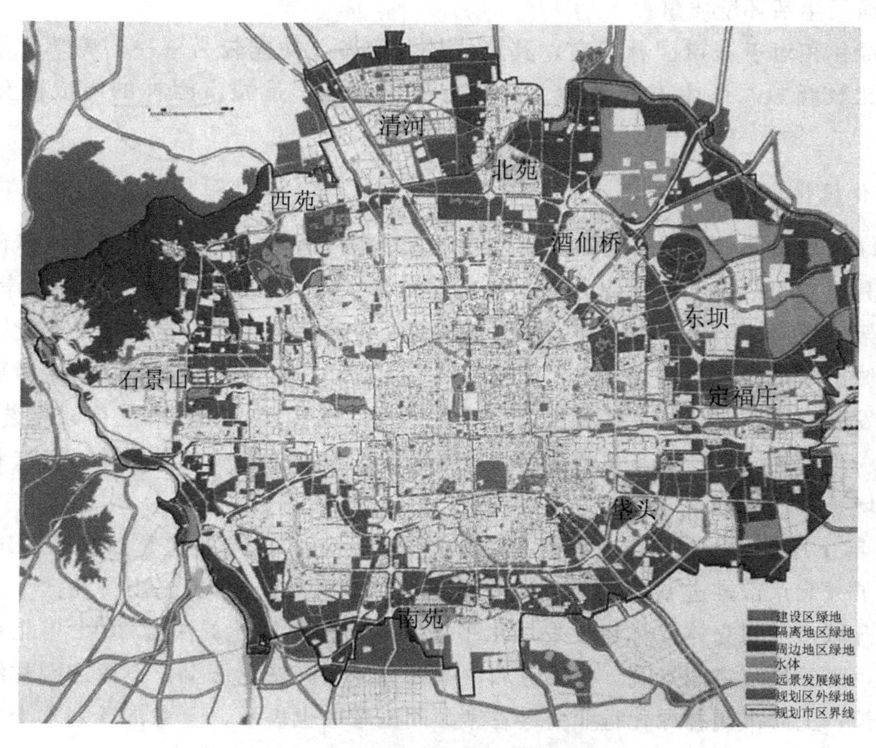

图 8-6 北京市区绿地系统规划

8.1.2 城市绿地相关术语

1. 绿化

绿化是指栽种植物以改善环境的活动。绿化指的是栽植防护林、路旁树木、农作物以及居民区和公园内的各种植物等。绿化包括国土绿化、城市绿化、四旁绿化和道路绿化等。绿化可改善环境卫生、可改善生态环境和一定程度的美化环境，并在维持生态平衡方面起多种作用。

绿化分广义和狭义绿化。广义绿化泛指只要起到增加植物，改善环境的种植栽培园林工程等行为，都可以算是。狭义的绿化则增加了人为的评判标准，如该植物的存在对环境的利弊分析，特别是有些外来植物，一切的基础以对人类社会的投入产品来评判，进而划分出园林、公园、景观、小区等绿化。

2. 城市绿化

在城市中植树造林、种草种花，把一定的地面(空间)覆盖或者是装点起来，这就是城市绿化。城市绿化是栽种植物以改善城市环境的活动。城市绿化作为城市生态系统的组成部分，具有受到外来干扰和破坏而恢复原状的能力，就是通常所说的城市生态系统的还原功能。城市生态系统具有还原功能的主要原因是由于城市绿化的生态环境作用。对城市绿化生态环境的研究就是要充分利用城市绿化生态环境使城市生态系统具有还原功能，能够改善城市居民生活环境质量。

城市绿化相对于城市园林而言，其形式较为简单，功能较为单一，美学价值比较一般，管理比较粗放，以生态效益为主；兼有美化功能，是城市园林的组成部分和生态基础。

3. 立体绿化

立体绿化是指充分利用不同的立地条件，选择攀援植物及其他植物栽植并依附于各种构筑物及其他空间结构上的绿化方式，包括立交桥、建筑墙面、坡面、河道堤岸、屋顶、门庭、花架、棚架、阳台、廊、柱、栅栏、枯树及各种假山与建筑设施上的绿化。城市立体绿化是城市绿化的重要形式之一，是改善城市生态环境，丰富城市绿化景观重要而有效的方式。发展立体绿化，能丰富城区园林绿化的空间结构层次和城市立体景观艺术效果，有助于进一步增加城市绿量，减少热岛效应，吸尘、减少噪音和有害气体，营造和改善城区生态环境。

2011年4月7日，北京市政府召开常务会议，研究2011年推进重点改革任务等事项。会议研究了《北京市推进城市空间立体绿化建设工作意见》。意见提出将在“十二五”时期大幅提升城市空间立体绿化建设发展水平。北京市园林绿化局决定2011年北京将推广立体绿化，完善城市空间景观。在第五届中国园林绿化高峰论坛上，上海市园林绿化管理局原副局长、上海市园林绿化行业协会首席顾问王孝泓也表示，上海市计划“十二五”期间新建立体绿化150万 m^2，其中屋顶绿化100万 m^2。浙江杭州市人民政府办公厅近日发文，要求做好2011年春季绿化工作，其中屋顶绿化被列为三大工作重点之一。通知要求每区新增屋顶绿化两万m^2，共增加10万平方米。福建泉州市按照“城市建设管理年”的安排，在中心市区充分利用一些桥柱、单位围墙、公共阳台等空间，2011年将完成200处的城区立体绿化。济南2011年计划建设屋顶绿化5万m^2。可见立体绿化在大中城市正在大力展开，而且大有成为绿化发展的重要力量。城市空间立体绿化建设值得大力提倡。

4. 园林

园林是指在一定地域内运用工程技术和艺术手段，通过因地制宜地改造地形、整治水系、栽种植物、营造建筑和布置园路等方法创作而成的优美的游憩境域。

园林一词始见于西晋，在历史上，因时间、内容和形式的不同曾用过不同的名称，如圃、猎苑、苑、宫苑、园、园池、庭园、宅园、别业等。现代园林包括庭院、宅园、小游园、公园、附属绿地、生产防护绿地等各种城市绿地。随着园林学科的发展，其外延扩大到风景名胜区、自然保护区的游览区以及文化遗址保护绿地、旅游度假休闲、休养胜地等范围。从物质形态来看，山(地形)、水、植物(生物)和建筑是园林组成的四大要素。园林不是对相关要素进行简单的叠加，而是对它们进行有机整合之后创造出的艺术整体。“园林学”是关于园林发生、发展一般规律的学问；“园林”是对各种各样公园、绿地概念的总称；“园”则是指具体的公园，绿地等绿色空间。

5. 绿化与园林的关系

“绿化”一词源于苏联，是“城市居民区绿化”的简称，在我国大约有50年的历史。“园林”一词为中国传统用语，在我国已有1700年历史。绿化单指植物因素，而植物是园林的重要组成要素之一，因此，绿化是园林的基础，是局部。园林是对其各组成要素的有机整合，是各个组成要素的最高级表现形式，是整体。绿化注重植物栽植和实现生态效益的物质功能，同时也含有一定的“美化”意思；园林则更加注重精神功能，在实现生态效益的基础上，特别强调艺术效果和综合功能。①在国土范围内，一般将普遍的植树造林称为“绿化”，将具有更高审美质量的风景名胜区等优美环境称为“园林”。②在城市范围内，一般将郊区的荒山植树和农田林网建设称为“绿化”，将市区的绿色空间称为“园林”。③在市区范围内，将普通的植物种植和美学质量一般的绿色空间建设称为“绿化”，将经过精心规划、设计和施工管理的公园、花园称为“园林”。园林与绿化在改善生态环境方面的作用是一致的，在审美价值和功能的多样性方面是不同的。“园林绿化”有时作为一个名同使用，即用行业中最高层次的和最基础的两个方面来描述整个行业，其意思与“园林”的内涵相同。园林可以包含绿化，但绿化不能代表园林。

8.1.3 城市绿地与城市生态学的关系

城市生态学是以城市空间范围内生命系统和环境系统之间联系为研究对象的学科。城市生态学的研究内容主要包括城市居民变动及其空间分布特征，城市物质和能量代谢功能及其与城市环境质量之间的关系(城市物流、能流及经济特征)，城市自然系统的变化对城市环境的影响，城市生态的管理方法和有关交通、供水、废物处理等，城市自然生态的指标及其合理容量等。可见，城市生态学不仅仅是研究城市生态系统中的各种关系，而是为将城市建设成为一个有益于人类生活的生态系统寻求良策。

城市生态系统是一个复杂的自然—社会—经济复合生态系统，虽然不像自然生态系统那样能承受相当程度的外界干扰压力，通过负反馈调节维持自身的平衡，但仍具有一定的抗外界干扰和自我维持的能力。这一能力，在很大程度上来自于城市园林绿地的生态效应。作为一个生态系统城市在正常生产和消费的同时，产生大量的余热、噪声和“三废”。这些污染物质在城市生态阈值限度之内时，城市生态系统有自我净化、自我消弭的能力，即：①通过对城市生态系统中的大气、水体、土壤进行物理过程如稀释、扩散、挥发和沉淀，化学和生物化学过程如中和、分解与降解等达到净化的目的。②通过城市园林绿地的一系列生态效应，对污染物质起吸收、减弱和消除作用，综合调节城市环境；从而使城市环境质量达到洁净、舒适、优美、安全的要求。

城市生态系统的绿地建设是生态城市规划的中心环节，城市绿地在城市生态系统中发挥着调节气候、净化空气、减少大气污染、减弱噪声、涵养水源、保持水土、改善环境、维持生态平衡等方面的积极作用。

8.2 城市绿地的功能

城市绿地可以调节小气候，防风滞尘，吸收空气中的有害物质，消除噪音，维护和改善城市生态环境及其质量，保护人民群众的身体健康。城市园林绿地还为居民休息游览、文化教育、体育锻炼等提供舒适惬意的园地，并使整个城市景观更加优美。园林绿地的建设同时也有助于防止城市火灾蔓延、减轻城市土壤冲刷和涵养城市水土，并可为社会创造一定的木材、果品、香料、药材等物质财富。

8.2.1 园林绿地的生态功能

1. 净化空气、水体和土壤

1）维持大气组成成分的平衡

通常情况下，大气中 CO_2 含量为 0.03%左右。在城市中由于人口密集，工厂集中，因此由燃烧和呼吸产生的 CO_2 特别多，其含量有时可达到 0.05%～0.07%，局部地区可高达 0.2%。当 CO_2 的含量为 0.05%时，人的呼吸就会感到不适；到 0.2%时，头晕耳鸣、心悸、血压升高；达到 10%时，迅速丧失意识，停止呼吸，以至死亡。大气中 O_2 的含量通常为 21%，当其含量减少至 10%时，人就会恶心、呕吐。随着工业的发展，整个大气圈 CO_2 含量有不断增加的趋势，这种情况已引起许多科学家的焦虑和大众的关心。

植物可通过其光合作用，每吸收 1mol 的 CO_2，放出 1mol 的 O_2，调节大气中两者间比例的平衡。不同类型的绿地所产生的效应有所不同(表 8－2)。据测算，一般城市如果平均每人拥有 10m^2 树木或 25m^2 草坪，就能自动维持空气中 CO_2 和 O_2 的比例平衡，使空气永久保持新鲜清爽。

表 8-2 不同类型城市绿地光合作用效应比较

类型	吸收 CO_2 量(kg/(d·m²))	产生 O_2 量(kg/(d·m²))
公园绿地	0.09	0.065
阔叶林(生长季)	0.10	0.073
(生长良好的)草坪	0.036	0.026

2) 吸收有害气体

污染空气的有害气体很多，最主要的有二氧化碳、二氧化硫、氯气汞、铅蒸气等。这些有害气体虽然对植物生长不利，但在一定的条件下植物具有吸收和净化作用，以下为吸收有害气体的城市绿化植物。

(1) 抗二氧化硫(SO_2)植物如下。

抗性强的植物：构树、皂荚、刺槐、银杏、加杨、臭椿、侧柏、紫穗槐、小叶黄杨、连翘、旱柳、栾树、君迁子、泡洞、海州常山、五叶地锦、火炬树、云杉、柿树、山楂、杜梨、黄栌、雪柳、紫薇、胡颓子、木槿、太平花、石榴、梓、紫荆、小叶黄杨。

抗性中等植物：大叶黄杨、钻天杨、桑树、金银木、西府海棠、榆叶梅、石栎、无花果、凤尾兰、枸橘、枳、枸骨、女贞、小叶女贞、白皮松、板栗、合欢、枫杨、悬铃木、接骨木、华山松、凌霄、油松、广玉兰。

抗性弱的植物：五角枫、桃、马尾松、湿地松、水杉、雪松、黄刺玫。

(2) 抗氯气(Cl_2)植物如下。

抗性强的植物：文冠果、构树、皂荚、榆、白蜡、黄檗、接骨木、紫荆、槐、紫穗槐、紫藤、杜松、枣、地锦、蔷薇、侧柏、构骨、胡颓子、木槿、海桐、凤尾兰、无花果、夹竹桃。

抗性中等植物：臭椿、大叶黄杨、龙柏、蚊母、青冈栎、棕榈、丝棉木、合欢、板栗、梧桐、银杏、刺槐、桧柏、云杉、楸、梓、石榴、红瑞木、黄栌、金银木、旱柳、南蛇藤。

抗性弱的植物：柽柳、悬铃木、女贞、君迁子、海棠、苹果、槲栎、小叶杨、鼠李、油松、栾树、馒头柳、山桃。

(3) 抗氟化氢(HF)植物如下。

抗性强的植物：国槐、臭椿、泡桐、龙爪槐、构树、皂荚、白蜡、柽柳、云杉、侧柏、杜松、枣、小檗、女贞、丁香、山楂、紫穗槐、金银花、连翘、地锦、紫藤、沙枣、丝棉木。

抗性中等植物：桑、接骨木、珊瑚树、紫薇、龙柏、樟、楸、梓、玉兰、垂柳、乌柏、石柳、君迁子、杜仲、文冠果、凌霄、华山松。

抗性弱的植物：榆叶梅、山桃、李、葡萄、油松、桦树。

(4) 防火植物如下。

在一些生产易燃易爆产品的工厂及防火林带就考虑多种植防火植物。在焦作绿地系统中，常用的防火植物有银杏、木荷、珊瑚树、海桐、大叶黄杨、荚竹桃、刺槐、五角枫、黄连木、栾树、君迁子、柿树、八角金盘、枸骨、榉树、冬青、蚊母、栓皮栎。

3）吸滞烟尘和粉尘

植物，特别是树木对烟尘和粉尘有明显的阻挡、过滤和吸附作用(表 8－3)。这一方面是由于植物枝叶茂密，具有强大的减低风速的作用；另一方面也由于植物叶子表面粗糙、有绒毛或粘性分泌物，当空气中的尘埃经过树木时，便附着于其叶面及枝干上。经过雨水的冲洗，又能恢复其吸滞能力。树木的滞尘能力与树冠高低、总叶面积、叶片大小、着生角度、表面粗糙度等条件有关。草地的作用，不仅和树木一样具有吸附灰尘的作用，并且还可固定地面的尘土。

表 8－3　不同区域类型的树种滞尘状况

树种	区域类型	滞尘量(g/m^2)	树种	区域类型	滞尘量(g/m^2)
马尾松	森林区	0.3	茶树	森林区	1.1
朴树	坡边缘区	0.7	国外松	近污区	2.0
杉树	森林区	0.9	麻栎	近污区	3.6

4）减少空气中的含菌量

绿地可以减少空气的含菌数量。这一方面是由于绿地上空灰尘减少，从而减少了粘附其上的细菌；另外一方面由于许多植物本身具有分泌杀菌素的能力，如悬铃木、桧柏、白皮松、雪松等部是杀菌能力较强的绿化树种(表 8－4)。

表 8－4　各类林地和草地的含菌量比较

类型	空气含菌量/n·m^3	类型	空气含菌量/n·m^3
黑松林	589	樟树林	1218
草地	688	喜树林	1297
日本花柏林	747	杂木林	1965

5）净化水体

据研究，树木可以吸收水中溶解的物质，减少水中细菌的数量，如在通过 30～40m 宽的林带后，由于树木根系和土壤的作用，1L 水中所含细菌的数量比不经过林带的减少 1/2。许多水生植物和沼生植物对净化城市污水有明显作用。在栽有芦苇的水池中，悬浮物要减少 30%，氯化物减少 90%，有机氮减少 60%，磷酸盐减少 20%，氨减少 66%，总硬度减少 33%。又如水葫芦能从污水里吸取银、金、汞、铅等金属物质等。

6）净化土壤

植物的根系能吸收大量有害物质，从而具有净化土壤的能力。另外有些植物根系分泌物能使进入土壤中的大肠杆菌死亡。

2. 改善城市小气候

小气候主要指地层表面属性的差异所造成的局部地区气候。其影响因素除太阳辐射和气温外，直接随作用层的属性而转移，如地形、植被、水面等，特别是植被对地表温度和小区域气候的影响尤大。

植物叶面的蒸腾作用，能降低气温，调节湿度，吸收太阳辐射，对改善城市小气候有着积极的作用。城市郊区大面积的森林和宽阔的林带，道路上浓密的行道树和城市其他各种公园绿地，对城市各地段的温度、湿度和通风均有良好的调节效果。

1）降低气温

影响城市小气候最突出的有物体表面温度、气温和太阳辐射。测定表明，在炎夏季节林地树荫下的气温较无绿地低3℃～5℃。有垂直绿化的墙面温度比纯粹红砖墙表面温度低7℃左右。在冬季，铺有草坪的足球场表面温度比裸露的球场表面温度提高4℃。这些物体的表面温度都是直接影响气温的。炎热夏季时，人在树荫下和阳光直射下的感觉差别是很大的，如图8－7所示。这种温度感觉的差异不仅仅是3℃～5℃的气温差，而主要是太阳辐射温度决定的。茂密的树冠能挡住50%～90%的太阳辐射热。

除了局部绿化所产生的不同气温、表面温度和辐射温度的差别外，大面积的绿地覆盖对气温的调节则更加明显。

图8－7 街道与行道树下气温的对比

2）调节湿度

空气湿度过高，易使人厌倦疲乏，过低则感干热烦躁。一般认为最舒适的相对湿度为40%～60%。绿化植物能大量蒸腾水分，故可以提高空气湿度。一般森林的湿度比城市高36%，公园比城市其他地区高27%。即使是树木蒸发量较少的冬季，因为绿地中的风速较小，气流交换较弱，土壤和树木蒸发水分不易扩散，所以绿地的相对湿度也比非绿化区高10%～20%。试验证明，树木在生长过程中，要形成1kg的干物质，大约需要蒸腾300～400kg的水。每10 000m^2油松林，每日蒸腾水量为43.6～50.2t。因此，舒适、凉爽的气候环境与植物调节湿度的作用是分不开的。

3）通风防风

城市中无论是大片绿地还是带状绿地都具有防风通风的作用。大片林地的存在，可以造成绿地与其周围地区的温度差异，进而造成区域性的微风和气体环流。绿地中的凉空气不断向城市建筑密集地区流动，从而调节了气温，输入了新鲜空气，改善了通风条件。特别是在夏季静风时，这种作用尤为重要。

城市带状绿地的通风防风作用与绿地的设计密切相关。如带状开敞绿地，若与夏季主导风向平行，则具有良好的通风效应。若绿化林带与冬季主导风向垂直，则会具有良好的防风效应，既可降低风速，又可减少风沙，改造局地气候。当垂直于风向时，林带的防风效应在其迎风面可达到的水平距离范围是其最大树高的2～5倍，在其背风面可达到的水平距离是树高的30～40倍。林带最大的防风效应区位于背风面距林带树高10～20倍的范围内，这一区域内风速可被降低50%。林带的防风通风作用，与构成林带树形、叶形、栽植密度和树种配置有很大关系。

4）降低城市噪声

城市噪声使居民的身心健康受到严重影响，轻者使人疲劳，降低效率，重者则引起心血管或中枢神经方面的疾病。植物，特别是林带对防治噪声有一定的作用。

树木能降低噪声，是因为声波投射到树叶、树枝上后被反射到各个方向，造成树叶微振而使声能消耗减弱。减轻噪声效果最好的树种是那些枝叶茂密，叶片较肥厚并具有较长叶柄的乔木和灌木。这些特征的结合，有助于叶片的摆动和振动。粗大的树枝和树干也能够使声波发生偏转和折射。就平均情况而言，30m宽的林带可减弱频率为1000Hz的声波6～8dB(A)。

一般来说，城市街道上的散生树木无显著的减噪作用；分枝低的乔木比分枝高的乔木减低噪声的效果大；枝叶茂密的树群，因能产生复杂的声散射，其减噪作用非常显著；以乔、灌、草构成的致密防护带，其消音效果更好。

3. 防灾减灾，保持水土

1）防震、防火

园林绿地在发生地震时可作为人们的避难场所。1923年1月，日本关东大地震，同时引发大火，城市公园成为居民的避难场所。1976年7月的唐山大地震，北京的15处公用绿地400多hm^2，疏散了居民20多万人。

许多植物枝叶含有大量水分，一旦发生火灾，可以阻止、隔离火势蔓延，如珊瑚树，即使叶片全都烤焦，也不发生火焰。防火效果好的树种还有厚皮香、山茶、油茶、罗汉松、蚊母、八角金盘夹竹桃 、石栎、海桐、女贞、冬青、枸骨、大叶黄杨、银杏、桷栎、栓皮栎、臭椿、槐树、棕榈、青冈栎、麻栎、苦木等。

2）减轻放射性污染

绿化植物能过滤、吸收和阻隔放射性物质，减低光辐射的传播和冲击波的杀伤力，并对军事设施等起隐蔽作用。

3）保持水土

树木和草地对保持水土有非常显著的功能。树木的枝叶能够防止暴雨直接冲击土壤，减弱了雨水对地表的冲击，同时树冠还截留了一部分雨水，植物的根系能紧固土壤，这些都能防止水土流失，如图8-8所示。当自然降雨时，将有15%～40%的水量被树林树冠截留或蒸发，有5%～10%的水量被地表蒸发，地表的径流量仅占0%～1%，大多数的水，即占50%～80%的水量被林地上一层厚而松的枯枝落叶所吸收，然后逐步渗入到土壤中，变成地下径流。这种水经过土壤、岩层的不断过滤，流向下坡或泉池溪涧。这也就是许多山林名胜，如黄山、庐山、雁荡山瀑布直泻，水源长流以及杭州虎跑、无锡二泉等泉池涓涓，终年不竭的原因之一。

图 8-8 森林砍伐导致水土流失

8.2.2 园林绿地的使用功能

城市园林绿地的使用功能与社会制度、传统历史、民族习惯、科学文化、经济发展水平及地理环境等有密切关系。我国城市中的园林绿地一般有游览、科普、教育、体育等几个方面。

1. 日常游憩活动

园林绿地中的游憩活动一般分为动、静两类，动的活动又可分为主动的和被动的两种，如图 8-9 所示。

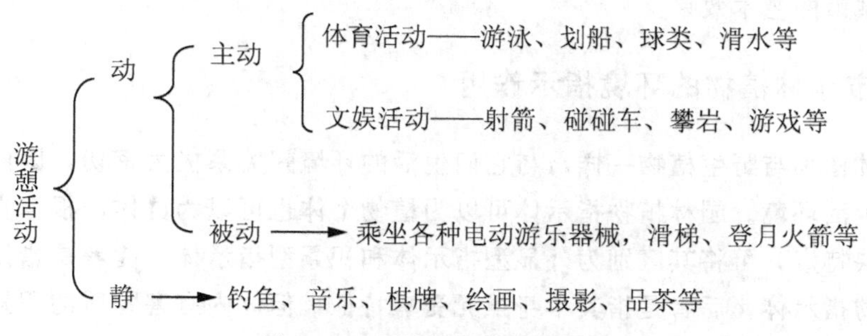

图 8-9 园林绿地的游憩活动

2. 文化宣传、科普教育

人们在游览园林绿地过程中，通过各种不同类型的景点，可以使人们受到爱国主义教育及普及各种科学文化知识，寓教于乐，例如，园林中的纪念性雕塑等以纪念某个时代为中华民族做出贡献的人或有纪念意义的事，如杭州西湖的岳庙、南京中山陵、上海虹口公园的鲁迅墓等。同时还可以使人们了解植物学、动物学方面的知识，并展览书法、绘画、摄影等提高人们的艺术素养，陶冶情操。园林绿地同时是开展旅游及休、疗养地的重要基础及组成。

8.2.3 美化城市

园林绿地可以美化城市，增加城市景观效果，许多风景优美的城市，如北京、杭州、南京、大连、青岛、广州、桂林、哈尔滨等均具有园林绿地与城市建筑群体取得有机联系的特点。园林绿化在美化城市景观的作用方面表现在以下几点。

1. 丰富城市建筑群体轮廓线

这与城市总体规划和城市园林绿地系统的整体布局有关。尤其是海滨城市或沿江城市，开阔的空间使人们比较容易从远处对城市总体轮廓有一较为全面的认识。

2. 美化市容

城市街道、广场四周的绿化对市容市貌影响很大。街道绿化得好，人们虽置身于闹市中，却犹如生活在绿色走廊里。街道两边的绿化，既可供行人短暂休息，观赏街景，满足闹中取静的需要，又可以达到变化空间，美化环境的效果。

3. 衬托建造，增加建筑艺术效果

用绿化来衬托建筑使得建筑富有生机，并可用不同的绿化形式衬托不同用途的建筑，使建筑更加充分地体现其艺术效果。例如，纪念性建筑及体现庄重、严肃的建筑前多采用对称式布局，并采用常绿树较多，以突出庄重、严肃的气氛。居住性建筑四周的绿化布局及树种多为体现亲切宜人的环境气氛。

园林绿化还可以遮挡不美观的物体或建筑物、构筑物，使城市面貌更加整洁、生动、活泼，并可利用植物布局的统一性和多样性来使城市具有统一感、整体感，丰富城市的多样性，增强城市的艺术效果。

8.2.4 城市园林植物的环境指示作用

城市园林植物与野生植物一样，与它们生活的环境间关系极为密切，因而可被用于指示其所处的生活环境。园林植物指示体可以为植物个体也可以为群体，根据它们对环境因子影响的反映特点，可将其区别为外显型指示体和积累型指示体。前者是指以可见特征反应环境条件的指示体，后者是指其本身虽无受害特征，但体内有害物质的积累大大超过一般植物。

利用植物指示体指示环境，既可以通过对生境中某些野生或栽培植物的调查进行，也可以通过将某种植物在标准条件下移栽到自然生境中的方法来进行。前者通常称为被动监测，后者称为主动监测。

1. 监测空气污染

用于对空气污染进行监测的指示体主要是地衣植物，也有一些苔藓植物和其他高等植物。地衣植物被以多种形式用于指示环境污染。通过制图所显示的地衣分布与 SO_2 污染间的相关性，Hawks Worth 和 Rose 在 1970 年甚至建立了地衣分布和 SO_2 浓度之间的准定量关系。地衣植物这种可靠的指示作用在德国已被公认，以至于德国工程师协会(VDI)于1986年制定了统一的附生地衣制图规范。

行道树、果树、蔬菜等也已被广泛应用于环境污染的监测，并已取得很多成果。一些阔叶树种被成功地用作监测重金属污染的积累型指示体，如钻天扬已被德国用于建立全国性的重金属污染监测网。除此之外它对氟污染也有很好的指示作用。很多针叶树也被用来作为指示体。此外不仅植物的叶片具有指示作用，一些乔木的树干也具有积累型的指示功能。

城市中的一些野生植物如荨麻和早熟禾也被用作污染指示体，特别是早熟禾，早在20世纪50年代就已在美国用于指示洛杉矶烟雾。Nobel和Wright于1958年观察到，在被光化学烟雾伤害后的3天左右，植物的叶片上开始出现因叶肉细胞萎缩而造成的横向条纹。

2. 指示土壤污染

在非城市环境下，植物对土壤状况(质地、酸碱度、氮素等)具有很好的指示作用，但在城市环境中，强烈的人类活动使植物对土壤特征的指示作用受到影响。它们对土壤的指示，仅仅能体现在土壤重金属含量和土壤含盐量方面。被用于指示重金属污染的种类主要是堇菜、遏蓝菜、高山漆姑草、矮麦瓶草等。此外野麦草、碱茅和盐拟漆姑等被用于指示土壤中的含盐量。

3. 指示热量状况

热岛现象是城市所特有的气候特征，利用植物的指示功能可使城市的热量分布得到良好的真实再现。

物候观测是认识城市内部热量分布变化的重要手段之一，物候观测的基本对象是分布在城市中不同地段的园林绿化植物，其花和叶片的生长发育过程因热量的分布变化往往在时间上表现出差异。近年来主要是通过两种方式的观测来指示城市生境的热量变化。其一是观测某一树种的物候变化，如椴树、槭树、七叶树等都经常被用作进行物候观测的树种；其二是对多种树种的花和叶片同时进行观测和记录，并建立有利于进行比较的参照观测带。相比之下，后一种方法的主要优点在于能使得观测网的密度提高，但却需要大量的时间投入，而且对观测者的植物分类学知识也具有较高的要求。

8.3 城市绿地的类型

城市绿地是指以自然植被和人工植被为主要存在形态的城市用地，包含两个层面的内容：一是城市建设用地范围内用于绿化的土地；二是城市建设用地之外，对城市生态、景观和居民休闲生活具有积极作用、绿化较好的区域。城市绿地按原国家建设部2002年9月1日颁布实施的《城市绿地分类标准》进行分类，在与城市用地分类相对应的基础上，按城市绿地的主要功能，可分为以下五大类型。

8.3.1 公园绿地

公园绿地是城市中向公众开放的、以游憩为主要功能，有一定的游憩设施和服务设施，同时兼有健全生态、美化城市、防灾减灾等综合作用的绿化用地，如图 8-10 所示。它是城市建设用地、城市绿化系统和城市市政公用设施的重要组成部分，是表示城市整体环境水平和居民生活质量的重要指标。

为了可以针对不同类型的公园绿地提出不同的规划、设计、建设及管理要求，根据公园绿地主要功能和内容的不同，公园绿地又可分为以下 5 种。

图 8-10 公园绿地

1. 综合公园

综合公园是指在市、区范围内的供城市居民进行良好的游览休息、文化娱乐的综合性功能的较大型绿地，如图 8-11 所示。市级公园面积一般 10～100 公顷，或更大者，居民乘车 30min 可达。区级公园面积 $10hm^2$ 左右，步行 15min 可达(即服务半径为 2～3km)，可供居民半天到一天的活动。

图 8-11 纽约中央公园

一般综合性公园的内容、设施较为完备，规模较大，质量较好。园内一般有较明确的功能分区，如文化娱乐区、体育活动区、安静休息区、儿童游戏区、动植物展览区、园务管理区等。综合性公园也可突出某一方面，以满足使用功能及不同特色的要求。

2. 社区公园

社区公园是指为一定居住用地范围内的居民服务，具有一定活动内容和设施的集中绿地。包括为居住区配套建设的居住区公园和为居住小区配套建设的小区游园，不包括居住组团绿地。居住区公园服务半径为0.5～1.0km，小区游园服务半径为0.3～0.5km。

在《城市用地分类与规划建设用地标准》中，“居住区公园”归属“公园绿地”，而“小区游园”归属“居住用地”。为保证统计资料的准确性和延续性，在城市用地统计时，从本标准的“公园绿地”中扣除“小区游园”项之后，可替代原“公园绿地”参与城市用地平衡；在进行城市绿地统计时，“小区游园”已计入“公园绿地”，故可不在计入“附属绿地”中重复统计。

3. 专类公园

专类公园是指具有特定内容和形式，有一定游憩设施的绿地。

1) 儿童公园

儿童公园是指独立的儿童公园，其服务对象主要是少年儿童及携带儿童的成年人。用地一般为5hm^2左右。园中一切娱乐设施、运动器械及建筑物等，首先要考虑安全，有合适的尺度，明亮的色彩，活泼的造型，栽植无毒无刺的植物。其位置应接近居民区，并避免穿越交通频繁的干道。儿童公园有上海海伦路儿童公园、哈尔滨儿童公园等。

2) 动物园

动物园是集中饲养和展览种类较多的野生动物及品种优良的家禽、家畜的城市公园的一种，主要供休息游览、文化教育、科学普及、科学研究之用。大城市一般独立设置，中小城市常附设在综合公园中。动物园根据展出种类的规模又分为以下几种。

(1) 全国性动物园是指用地面积在60公顷以上，展出品种近千个的动物园，如北京、上海、广州动物园。

(2) 综合性动物园是指用地面积在20～60公顷，展出种类可在500种左右的动物园，如天津、哈尔滨、西安、成都、武汉动物园。

(3) 特色性动物园是指用地面积在5～20公顷，展出以本地特产动物为主，或按动物特征展出的专类动物园，展出品种宜在200～500种，如海洋生物动物园、鱼类水族动物园。

(4) 小型动物园是指用地面积在15公顷以下，展出品种200～300种的动物园。一般指中小城市在综合性公园内附设动物展览区，也称附属动物园。

3) 植物园

植物园是广泛搜集和栽培植物种类，并按生态要求种植布置的一种特殊的城市绿地。植物园的主要作用是搜集多种植物材料，并从事引种驯化，定向培育，品种分类，环境保护等方面的研究工作；另一个作用是向群众及学生普及植物科学知识，作为城市园林绿地的示范基地，促进城市园林事业的发展。如北京植物园(图 8－12)、广州的华南植物园、南京中山植物园、西双版纳热带植物园、上海植物园等。植物园按其性质可分为综合性植物园和专业性植物园。

图 8－12　北京植物园

4) 历史名园

历史名园是指历史悠久，知名度高，体现传统造园艺术并被审定为文物保护单位的园林。或是一种以革命活动故址、烈士陵园、历史名人旧址及墓地等为中心的园林绿地，供人们瞻仰及游览休息的园林，如南京中山陵及雨花台、广州黄花岗、成都杜甫草堂等；或是一种有悠久历史文化，有较高艺术水平，有一定保存价值，在国内外有影响的古典园林名胜，主要是供休息游览。

5) 风景名胜公园

风景名胜公园是指位于城市建设用地范围内，以文物古迹、风景名胜点(区)为主形成的具有城市公园功能的绿地，如图 8－13 所示。

图 8－13　龙潭公园

6）游乐公园

游乐公园是指具有大型游乐设施，单独设置，生态环境较好的绿地。为提高游乐场所得环境质量和整体水平，并将游乐场所从偏重于经济效益向注重环境、经济和社会综合效益的方向引导，特规定绿化占地比例65％以上的游乐公园才可划入公园绿地。

7）其他专类公园

其他专类公园是除以上各种专类公园外具有特定主题内容的绿地，包括雕塑园、体育公园、盆景园和纪念性公园、地质公园（图8－14）等，其绿化占地比例也应大于或等于65％。

图8－14 云台山地质公园

4．带状公园

带状公园是指结合城市道路、城墙、水滨等建设，是绿地系统中颇具特色的构成要素，承担着城市生态廊道的职能。带状公园的宽度受用地条件的限制，一般呈狭长形，以绿化为主，辅以简单的设施。带状公园宽度上虽无规定，但在带状公园的最窄处必须满足游人的通行、绿化种植带的延续以及小型休息设施布置的要求。

5．街旁绿地

街旁绿地是指位于城市道路用地之外，相对独立成片的绿地，包括街道广场绿地、小型沿街绿化用地等，要求绿化占地比例不小于65％，如图8－15所示。

图 8-15　街旁绿地

街道广场绿地是我国绿地建设中的一种新类型，是美化城市景观，降低城市建筑密度，提供市民活动、交流和避难场所的开放空间。与道路绿地中的广场用地不同，街道广场绿地位于道路红线之外，而广场绿地在城市规划的道路广场用地(即道路红线范围)以内。

8.3.2　生产绿地

生产绿地是指为城市绿化提供苗木、花草、种子的苗圃、花圃、草圃等圃地，如图 8-16 所示。生产绿地可能不为园林部门所属，但它必须为城市服务，并具有生产的特点。因此，一些季节性或临时性的苗圃，如从事苗木生产的农田、单位内附属的苗圃、学校自用的苗圃，还有城市中临时性存放或展示苗木、花卉的用地，如花卉展销中心等都不能作为生产绿地。

图 8-16　生产绿地

8.3.3 防护绿地

防护绿地是指城市中具有卫生、隔离和安全防护功能的绿地，如图 8－17 所示。它包括卫生隔离带、道路防护绿地、城市高压走廊绿带、防风林、城市组团隔离带、水土保持林、水源涵养林等。其功能是对自然灾害和城市公害起到一定的防护或减弱作用，因此不易兼作公园绿地使用。

图 8－17 防护绿地

8.3.4 附属绿地

城市建设用地中绿地之外各类用地中的附属绿化用地，包括居住用地、公共设施用地、工业用地、仓储用地、对外交通用地、道路广场用地、市政设施用地和特殊用地中的绿地。由于附属绿地所属的用地性质不同，因此，其功能用途、规划设计与建设管理上有较大差异。

居住绿地是指城市居住用地内设区公园以外的绿地，包括组团绿地、宅旁绿地、配套公建绿地、小区道路绿地等。公共设施绿地是指公共设施用地内的绿地。工业绿地是指工业用地内的绿地。仓储绿地是指仓储用地内的绿地。对外交通绿地是指对外交通用地内的绿地。道路绿地是指道路广场内的绿地，包括行道树绿带、分车绿带、交通岛绿带、交通广场和停车场绿地等。市政设施绿地是指市政公用设施用地内的绿地。特殊绿地是指特殊用地内的绿地。

8.3.5 其他绿地

其他绿地是指位于城市建设用地以外生态、景观、旅游和娱乐条件较好或亟待改善的区域，一般是植被覆盖较好、山水地貌较好或应当改造好的区域。这类区域对城市居民休闲生活的影响较大，其功能有：①可以为本地居民的休闲生活服务。②为外地或外国人提供旅游观光服务。③一些优秀景观可以成为城市的景观标志。其主要功能偏重于生态环境保护、景观培育、建设控制、减灾防灾、观光旅游、郊游探险、自然和文化遗产保护等。

其他绿地不能替代或折扣成为城市建设用地中的绿地，它只能起到功能上的补充、景观上的丰富和空间上的延续等作用。

8.4 城市绿地指标体系

绿地是城市生态系统中最重要的自净系统，是城市之肺，也是生态平衡的调控者。一定数量和质量的绿地不仅能美化城市景观，而且还是提高城市环境质量(特别是对大气污染调控)和城市生物多样性的重要措施之一，它对于减缓城市环境压力，实现良性循环，保持城市生态平衡是非常重要的。科学地构造城市绿地指标体系和规划城市绿地是城市绿地数量和质量的保证，也是实施和检查城市绿地的重要依据，对于城市绿地的发展具有重要意义。

8.4.1 城市绿地指标的定义

城市绿地指标是指能体现城市绿色环境数量和质量的量化标准，它包括城市绿地的各种计量单元的选择以及指标高低的制定。选择合理的城市绿地计量单元，制定合理的绿地指标，有利于城市绿地系统发展、城市环境水平及人民生活水平的提高、整个城市可持续发展及人与自然的和谐共处。

8.4.2 城市绿地指标的作用

城市绿地指标是城市绿地规划的重要基础，根据城市绿地指标可以衡量一个城市绿化的数量和质量，从而对原有绿地进行有效的调整，指导和规范城市绿地总体规划。同时城市绿化指标也可作为不同城市绿化水平的评判标准。

8.4.3 城市绿地指标

国家在城市绿地设计方面有很多相关的规范，在这些规范中最明确的目标是绿地指标体系，因此这些指标也就成为城市绿地建设的重要量化标准。这些绿地规划设计指标是人们解决城市生态环境失衡，重塑城市自然生态的重要保证。

我国自20世纪80年代以来，一直以城市人均公共绿地面积、城市绿地率、城市绿化覆盖率三项指标来指导城市绿地建设。

1. 人均绿地面积(m^2/人)

人均绿地面积是指城市中每个居民平均占有绿地的面积。其计算公式是：

$$Agm=(Ag1+Ag2+Ag3+Ag4)/Np$$

式中，Agm——人均绿地面积，m^2/人；

Ag1——公园绿地面积，m^2；

Ag2——生产绿地面积，m^2；

Ag3——防护绿地面积，m^2；

Ag4——附属绿地面积，m^2；

Np——城市人口数量，人。

人均绿地面积指标根据人均建设用地指标而定。

2. 绿化覆盖率

绿化覆盖率是指一定城市用地范围内，植物的垂直投影面积占该用地总面积的百分比。

绿化覆盖率(%)＝城市内全部绿化种植垂直投影面积/城市面积×100%

该公式中的城市绿化覆盖面积应包括各类绿地(公园绿地、生产绿地、防护绿地、居住区绿地、道路绿地、单位附属绿地、风景区绿地)的实际绿化种植覆盖面积，即树冠的垂直投影面积(含被绿化种植包围的水面)以及屋顶绿化覆盖面积和零散的树木的覆盖面积。这些数据可以通过遥感、普查、抽样调查等方法获得。

3. 绿地率

绿地率是指一定城市用地范围内，各类绿化用地总面积占该城市用地面积的百分比。

绿地率(%)＝区域内的绿地面积(m^2)/该区域用地总面积(m^2)×100%

$$\lambda g=[(Ag1+Ag2+Ag3+Ag4)]/Ac\times 100\%$$

式中，λg——绿地率，%；

Ag1——公园绿地面积，m^2；

Ag2——生产绿地面积，m^2；

Ag3——防护绿地面积，m^2；

Ag4——附属绿地面积，m^2；

Ac——城市用地面积，m^2。

绿化用地面积指垂直投影面积，不应按山坡地的曲面表面积计算。绿化覆盖率指植物冠幅的投影面积占城市用地的百分比，是描述城市下垫面状况的一项重要指标。绿地率指用于绿化种植的土地面积(垂直投影面积)占城市用地的百分比，是描述城市用地构成的一项重要指标。一般绿化覆盖率高于绿地率并保持一定的差值。

4. 人均公园绿地面积(m^2/人)

人均公园绿地面积是指城市中每个居民平均占有公园绿地的面积。其计算公式是：

$$Aglm=Ag1/Np$$

式中，Aglm——人均公园绿地面积，m^2/人；

Ag1——公园绿地面积，m^2；

Np——城市人口数量，人。

该公式中的公园绿地是指城市中各类公园绿地总面积之和，即包含向公众开放的市级、区级、居住区的公园、小游园、街道广场绿地以及专类公园、特色公园等。

其中，公园中建筑及道路的面积，如果低于总面积的1%～7%和3%～15%，则可按总用地100%计入公园绿地面积中。另外，公园中的水面，如不属城市水系用地面积中，又起公园绿地的游憩作用，应作公园面积计算。

8.4.4 在计算城市绿地指标时注意事项

(1) 计算城市现状绿地和规划绿地的指标时，应分别采用相应的城市人口数据和城市用地数据；规划年限、城市建设用地面积、规划人口应与城市总体规划一致，统一进行汇总计算。

(2) 绿地应以绿化用地的平面投影面积为准，每块绿地只应计算一次。

(3) 绿地计算的所用图纸比例、计算单位和统计数字精确度均应与城市规划相应阶段的要求一致。

(4) 绿地的主要统计指标应按下列公式计算(表8-5)。

表8-5 城市绿地统计表

序号	类别代码	类别名称	绿地面积/公顷		绿地率/%(绿地占城市建设用地比例)		人均绿地面积(m^2/人)		绿地占城市总体规划用地比例/%	
			现状	规划	现状	规划	现状	规划	现状	规划
1	G_1	公园绿地								
2	G_2	生产绿地								
3	G_3	防护绿地								
小计										
4	G_4	附属绿地								
中计										
5	G_5	其他绿地								
合计										

备注：______年现状城市建设用地______公顷，现状人口______万人；
______年规划城市建设用地______公顷，规划人口______万人；
______年城市总体规划用地______公顷。

阅读材料

城市绿地系统规划塑造城市特色

(资料来源：王浩，王亚军，《中国园林》，2007，23(9))

城市特色是在差异性前提下物质空间所展示的形象特征、形象美，是人文活动所透射的地方气质。

自然环境和地域文化是构成城市特色的基石，以城市物质空间、城市风貌、产业发展为基础的城市功能，是城市内在特色的外在物质表现形式。城市是不同地域和不同民族的历史和文化的载体，因文化的多样化而造成的与其相适应的生活背景的多样化以及建成环境的多样化是城市个性、特色存在的前提。一个城市的个性和特征是其形态结构和社会发展的结果，不同时代的城市以不同的个性表现出不同的环境特色，并存留于城市之中。广义地说，城市特色包括产业、环境、资源、形态、空间、建筑、景观、人文等方面。

城市特色由两方面因素构成，一方面是显性的物质要素，即城市的自然状况、地形、地貌、气候等；另一方面是隐性的人文要素，即城市的人文、历史、传统等。

1. 城市绿地系统规划塑造城市特色的意义

绿地系统规划的特色集中反映在适应人与自然环境需要、适应城市社会文化氛围、适应城市整体室间形态、适应弹性运作机制等方面。城市绿地系统规划加强城市特色的研究，目的在于挖掘、创造、维护和保育城市特色，塑造鲜明的城市个性，提升城市形象和城市竞争力。在空间建设上，良好的绿地系统可以引导城市规划与建设，限制城市的粗放式发展，分隔和保护城市各个组团的特色，在形象建设上，作为具备自身特色的城市绿地，以条状、块状及其他分布形态组成，体现着不同的人类情感爱好，因而往往成为各个区域绿地形象的表征，并进而成为城市的标志。因此，城市绿地系统规划与研究不仅仅是绿地空间自身形态与位置的定位设计，更要重视绿地的空间、历史背景与文化条件，使绿地系统空间规划具有复合功能。

2. 绿地系统规划塑造城市特色的实践策略

(1) 在自然环境中寻找特色。

① 梳理城市自然脉络、挖掘地域性自然地理特色。

自然与城市相依共生，城市自然环境的组织与保护是塑造、保护城市特色的重要措施。为此，尊重并强化城市的自然景观特征，使人工环境与自然环境和谐共处，有助于城市特色的创造。绿地系统只有发挥城市自然地理优势，保护、利用自然景观资源、不断开发、创造自然景观和人文景观，让整个城市浸融于大自然中，将城市生态基础设施，即各类绿地、农田、森林、湿地、山体等生态基质与其他市政基础设施同步规划甚至先行确定其保护和用地范围，才能保证绿地系统的连续性和生态效益的发挥，城市才能成为生态良好、可持续发展的人类聚居地。例如，广州北踞白云山，濒临南海，“母亲河”珠江孕育了2000多年历史的广州城。在规划中通过保护白云山脉、珠江水域，强化了云山珠水的城市特色。

② 构建以城市绿地系统为先导的城市空间结构。

城市形态是形成城市整体、逻辑的秩序，是城市空间系统生长的基础，也是构筑城市整体空间格局特色的基础。其实《马丘比丘宪章》早就指出：“城市的个性和特征是其形体结构和社会发展的结果。”因此，要求塑造有特色的城市形态，从整体结构与形态上把握特色，寻求新的整合模式，使历史、现实与未来在框架中得以共生。城市绿地系统作为维系城市“天人关系”的纽带，在城市空间结构体系中理应有其特殊的地位。要充分理解城市根植于自身的自然格局，固有的地域特征、历史感、人文精神及文化内涵，在空间结构梳理调整、解构重构的基础上，构建以城市绿地系统为先导的城市空间结构。

③ 强化城市生态绿地空间格局、塑造结构特色。

城市绿地系统布局结构规划具有适合并强化城市总体规划布局、强化绿地生态空间格局、塑造城市绿地空间特色、优化城市边缘地带的生态属性的功能性作用。规划根据城市不同的自然条件，充分利用江、河、海、山、湖泊等自然资源，要让这些自然资源从城市的背面走向城市的正面，将这些自然资源与城市道路、广场、公园、绿地结合，形成体系，使之成为城市形态的“骨架”、城市的绿色走廊和市民的共享场所。

(2) 在人文环境中塑造特色。

① 保护并营造城市整体文化风貌。

城市的发展不仅需要发达的经济，更需要有文化的积淀和人文精神的塑造。在经济高速发展的今天，如何保护好一个城市的文化形态，保存既有的历史文化资源，营造适合城市特色的文化特征，是城市规划的重要内容。将历史文化资产保护列入城市规划的通盘考虑，实质就是保护城市的地方特色、场所精神和文化资源，使之与现代城市环境共同构建城市亮丽的风景，并发挥出文化方面和经济方面的效益。

② 绿地系统保育城市文化。

a. 确定城市绿地系统规划的目标特色。

确定城市绿地系统规划的目标特色。绿地系统规划应增加其自然历史文化资源向空间的开敞度，强化城市空间特征和文化内涵，有力地表现城市风貌，打造城市目标特色。例如，“浓荫蔽日，风格浑厚”的绿色南京，“人工山水城中园，自然山水园中城”的苏州，“包孕吴越山水，撷尽太湖风光”的无锡，“两河西楚韵，湖畔园林城”的宿迁，“百河百园，水绿盐城”的江苏盐城等。

b. 特色文化资源整合与体现。

绿地系统规划强化城市人文特色的手法，总结为“三步走”，即特色文化资源的梳理与整合、特色资源在绿地系统布局结构层面的体现、详细考虑公园绿地规划中特色资源的分级整合。在规划时应尽可能地整合城市文化资源，并且从宏观上确定绿地的保护性质，保证保护的科学性和实施的可行性：对特色绿色文化资源进行梳理之后，从宏观方面入手，对特色资源作整体的、全局的调控，通过合理的布局结构使之成为城市的特色骨骼框架，使城市文化特色要素融合、交汇在城市绿地系统中，并且贯穿于市域，成为城市景观的主旋律。在公园绿地规划中，通过合理地分配特色资源，可以达到强化城市文化特色的效果。

c. 城市公园绿地保育城市文化。

从目前的绿地规划和建设中，虽然能看到一点反映城市历史文化的园林作品，但远远不能充分反映城市悠久的历史和深厚的文化底蕴。如何在绿地建设中特别是在公园体系规划建设中体现和展现城市的历史和文化已显得尤为重要。城市公园绿地承载着游人的游憩行为，以人为本，提高游人的游憩质量，就必须发挥绿地保育历史文化的作用。“保育”中的“保”是指在城市公园绿地中保护历史文化实物及遗迹，一般保护的方法有原样保护、改造后保护、异地迁入后保护等。“保育”中的“育”是指在城市公园绿地中孕育和新建历史文化实物，具体处理方式有原样重建、意象性恢复、新建纪念小品等。

③ 在人工环境中发展特色。

城市人工环境必须体现和发展城市文化特色。文化是历史的积淀，存留于建筑间、融汇在生活里，对城市的营造和市民的行为起着潜移默化的影响，是城市和建筑的灵魂。同时城市的建(构)筑物、市民的行为又反作用于城市文化。因此，如何规划、建设好城市的人工环境是十分重要的。它既要传承体现城市的文化特色，而城市的文化特色也需要通过这些人工环境得以发展。

a. 城市绿地系统详细规划层次特色的构建。

积极开展重要地区的城市设计，提高城市规划水平，塑造城市形象，是创造和发展城市个性、营造多元文化氛围和独特城市形象的重要手段。新的城市绿地系统规划设计手法，要求在各个城市传统风貌的统一风格和特色的“大同”之下求“小异”，因地制宜，创造独特的绿地风格与特色。具体来说，城市中应重点抓好如下几个区域的城市绿地规划和城市园林规划设计：一是城市重点自然生态地段；二是城市主要街道绿化；三是行政中心绿地；四是金融商业中心区；五是重点区域，如重要的居住小区、风景区等。

b. 园林设计层次特色的构建。

利用乡土树种体现绿化特色。在生态园林建设中，生态性应该逐渐放到首位，在今后的建设中，要遵循物种乡土化、品种合理化、结构复杂化、种苗本地化等原则，进行植物配置，避免以前视觉园林的弊端。充分体现地域、人文特色，实现“享受艺术、坐拥自然，居城市而有山林之乐”的目标。

把握地方特色，注重精品意识。一个出色的规划实现后，它应该经得起实践检验，其中包括各个细节，这就是精品意识。首先是设计师的自身素质修养，尤其是责任，这里的责任包含着对社会、对城市的情感和全面理解。其次是社会氛围对设计师的导向。必须营造良好的学术氛围、正确的导向，设计师需牢固树立精品意识、全盘意识和责任意识。

强化视觉景观形象、注重环境生态绿化，满足大众需求。强化视觉景观形象，建立标志特色，注重环境生态绿化，以人为本，满足功能要求，是为了使人与环境构成一个和谐完美的统一体。

思考题

1. 理解并记忆城市绿地分类标准及条文说明。
2. 理解并记忆绿地的概念。
3. 城市绿地的功能表现在哪些方面？
4. 城市绿地的文教功能体现在哪些方面？
5. 明确区分各类城市绿地。
6. 城市绿地与城市热岛效应的关系。
7. 城市用地分类与城市绿地是否存在矛盾之处，在完成绿地指标计算时应注意什么？

第9章 城市景观生态

内容提要及要求

本章介绍了景观与景观生态学的基本概念、景观要素的基本类型、城市景观格局、城市景观生态学的一般原理、城市景观特征与规划等相关知识，使学生掌握从景观生态学角度研究城市景观形态、结构、空间布局及景观要素。

景观生态学是在较大尺度上(如小流域、区域、国家乃至全球)研究不同生态系统的空间格局及其相互作用关系的学科，属于宏观生态学研究范畴。景观生态学以景观为研究对象。景观由景观要素构成，每一个景观单元可以认为是由不同生态系统或景观要素组成的镶嵌体，因此不同的景观具有显著的差异，但所有的景观具有共性，即景观通常是由斑块、廊道和基质等组成的。斑块—廊道—基质的组合是最常见、最简单的景观空间结构，是景观功能、格局和过程随时间发生变化的主要决定因素，是景观生态学研究的基础。景观生态学是一门新兴的多学科之间交叉的学科，它强调异质性，重视尺度性，高度综合性；具有景观综合、空间结构、宏观动态、区域建设、应用实践等几个主要的特点，广泛应用于土地利用与管理、生态规划、城市规划、生物多样性保护、生态恢复与全球变化等很多方面。

9.1 景观与景观生态学

9.1.1 景观的定义与内涵

景观的英文原词是 landscape，这是个有多重意义的词。不同专业的学者从各自的专业角度出发，提出了对景观的理解。

第一种是美学上的意义，作为视觉美学上的概念，景观与“风景”同义。景观作为审美对象，是风景诗、风景画及风景园林学科的对象。

第二种是地理学上的理解，将景观作为地球表面气候、土壤、地貌、生物各种成分的综合体，景观的概念就很接近于生态系统或生物地理群落等术语。

第三种概念是景观生态学对景观的理解，在这里，景观是空间上不同生态系统的聚合，一个景观包括空间上彼此相邻、功能上互相联系、发生上有一定特点的若干个生态系统的聚合。

值得注意的是，无论地理学还是景观生态学，都在深化景观概念的同时，逐渐忽视了景观原义中的景观的视觉特性。不过近年来，鉴于景观生态学在景观规划和城市绿地规划与设计领域发展的需要，这一点已得到重视。我国景观生态学者肖笃宁为此提出了新的景观概念，即景观是一个由不同土地单元镶嵌组成，且有明显视觉特征的地理实体；它处于生态系统之上，大地理区域之下的中间尺度，兼具经济价值、生态价值和美学价值。这个定义更全面地概括了景观的特点，把空间结构、尺度制约与景观的 3 个功能特性加以联系，可以更好地指导应用。在此概念的基础上，对景观做如下解释：①景观是由不同空间单元镶嵌而成的，具有异质性。②景观是具有明显形态特征与功能联系的地理实体，其结构与功能具有相关性和地域性。③景观是具有一定自然和文化特征的地域空间实体，景观具有明确的空间范围和边界，这个地域空间范围是由特定的自然地理条件(主要是地理过程和生态学过程)、地域文化特征(包括土地及相关资源利用方式、生态伦理观念、生活方式等方面)以及它们之间的相互关系共同决定的。④景观既是生物的栖息地，更是人类的生态环境。⑤景观是处于生态系统之上、区域之下的中间尺度，具有尺度性。⑥景观具有经济、生态和文化的多重价值，表现为综合性。

9.1.2 景观生态学的概念及研究内容

最早的景观生态学概念是由德国地理学家特罗尔(C. Troll)于 1939 年提出的，他认为景观生态学是关于生物群落与其在景观特定地点的环境条件之间复杂整体因果网络的研究。1981 年，首届国际景观生态学大会上，荷兰学者庄纳沃德(I. S. Zonneveld)认为，景观生态学是作为生物、地理与人类科学的一种整体的方法、态度及思想状况。他甚至提出，任何专业的学者及各类政治活动家，只要以整体性的态度对待环境，视它们为综合系统，就是一个名副其实的景观生态学家。纳维(Z. Naveh)和李伯曼(A. S. Lieberman)提出

(1984)，景观生态学是研究人类社会与其生存空间的景观相互作用关系的交叉学科，属于人类生态系统科学，认为景观生态学是土地或景观规划、保护、管理、开发的科学基础。荷兰学者维克(A. P. Vink)则认为(1983)，景观生态学是景观研究的一种方法。景观维持着自然生态系统和文化生态系统，景观生态学是研究生物圈、人类圈和地球表层或非生物组成之间的相互关系。德国当代景观生态学家斯克瑞伯认为(1990)，生态系统生态学与景观生态学都以生态系统为对象。生态系统研究侧重于生态系统内物质循环与能量流动及内部组分在影响转变过程中的作用。景观生态学则把重点集中于空间方向，分析景观内生态系统的分布、内容及调节，以及空间镶嵌状况对功能的影响。

综合以上所述，不同学者对于景观生态学的理解有共识，也有区别。总之，景观生态学是以景观生态系统为研究对象，从整体综合观点研究其结构、功能、发生演变规律及其与人类社会的相互作用，进而探讨景观优化利用与管理保护的原理和途径。它是以多学科的交叉综合为特色的。

景观生态学研究的内容有景观结构、景观功能、景观变化。景观结构是指景观要素的组成、类型、大小、形状、数量、格局及相关能量与物质的分布，即景观要素间的空间相互关系。景观功能是指景观空间要素之间的相互作用关系，即组成景观的生态系统之间的能量、动物、植物、矿质营养及水的流动。景观变化是指景观结构与功能在时间上的变化。

9.2 景观要素的基本类型

景观是景观生态学研究的对象。景观是由景观要素构成的，景观要素是景观尺度上相对均质的单元或空间要素。景观要素有斑块、廊道和基质 3 种类型，景观中任一点都属于斑块、廊道和基质，它们构成了景观的基本空间单元。

9.2.1 斑块

斑块是指依赖于尺度的，与周围环境在性质上或外观上不同的，但又具有同质性的非线性空间实体。斑块是组成景观的最基本要素，景观的各种性质要由斑块反映出来，对景观异质性、动态、功能等的研究，实质上就是对斑块的性质、分布、组合及动态功能的研究。城市景观中的斑块，主要指各呈岛状镶嵌分布的不同功能分区。典型的斑块如残存下来的森林植被、公园等，由于植被覆盖好，外貌、结构、功能明显区别于周围建筑物密集的其他区域。工厂、学校、机关单位、医院等也可以视为不同规模的功能斑块体。斑块按照起源可分为干扰斑块、残余斑块、环境资源斑块和引入斑块 4 类。

1. 干扰斑块

在一个本底内发生局部干扰，就可能形成一个干扰斑块。泥石流、雪崩、风暴、冰雹、食草动物大爆发、哺乳动物的践踏和其他许多自然变化都可能产生干扰斑块。人类活动也可产生干扰斑块，例如森林采伐、草原烧荒及矿区开采等都是地球表面广泛分布的干扰斑块，如图 9－1 所示。

图 9-1 干扰斑块

干扰斑块具有最高的周转率，持续时间最短，通常是消失最快的斑块类型。这类斑块也可由长期持续干扰形成，如一个重复放牧的牧场、周期性洪水、大型哺乳动物践踏或野火演替过程持续不断地重复进行或重新开始，斑块也能保持稳定，持续较长时间。

2. 残余斑块

残存斑块的成因与干扰斑块刚好相反，残余斑块是由于基质受到大范围干扰后残留下来的部分未受干扰的小面积区域，如图 9-2 所示。它是动植物群落在受干扰基质内的残留部分。植物残存斑块，如景观遭火烧时残存的植被斑块、免遭蝗虫危害的植被，都是残存斑块。动物残存斑块，如生活在温暖阳坡免遭严寒淘汰的鸟类、罕见严寒期生存下来的巢栖皮蝇群落、或逃避攻击性捕食动物侵袭的草食动物等。一场洪水淹没了大片土地，冲毁村庄和农田，唯独一两处高地上的农田没有被毁，完整如初，也形成残存斑块。残存斑块和干扰斑块相似，两者都起源于自然干扰或人类干扰。

图 9-2 残余斑块

3. 环境资源斑块

以上两类斑块虽然地位不同，但都起源于干扰。环境资源斑块则不同，它起源于环境的异质性。例如在很多林区，森林是本底，在本底的背景下，有不少沼泽地分布于其中，这些沼泽多分布于河谷低地，那里水分过多，不适于森林植被，如图 9-3 所示。这样，沼泽就是相对森林本底的环境资源斑块。斑块与本底之间都存在着生态交错区(生态交错区又称群落交错区或生态过渡带，是两个或多个生态地带之间或群落之间的过渡区域)。在干扰斑块与本底之间，生态交错区是比较窄的，即它们的过渡是比较突然的。在环境资源斑块与本底之间，生态交错区较宽，即两个群落的过渡比较缓慢。环境资源斑块与本底之间因为受环境资源所制约，所以它们的边界比较固定，周转率极低。

图 9-3　环境资源斑块

4. 引入斑块

引入斑块是由人为活动把某些物种引进某一地区时所形成的斑块，如图 9-4 所示。人类出现后，在自然基质内引入了人工斑块，如水库、农田、城镇等。引入斑块其实也是一种干扰斑块，因为其分布面积大，所以单独归为一类。引入斑块包括种植斑块和聚居地斑块两大类。种植斑块是由人类引种植物形成的。聚居地斑块是由人类定居形成的，大到城市，小到村落、庭院。

人类今天已成为大多数景观的主要成分。无论在种植斑块中或是在干扰斑块和残余斑块中，都可见到人的作用。但更明显地，人类的聚居地在景观中起的作用最大，大到千万人口的大城市，小到几家几户的小村庄，人的聚居地几乎在地球上无所不在。聚居地是由于人为干扰造成的。先是部分或全部清除天然植被，然后建立许多房屋和其他设施，聚居地可作为一个斑块存在几年、几十年、几百年或是几千年。聚居地中城市和乡村区别很大，小城镇、乡村或几家几户的居民点则是一个乡村景观中的聚居地斑块，但城市及其郊区面积很大，或足以称之为单独的景观。

图 9-4 引入斑块

9.2.2 廊道

廊道是指景观中与相邻两边的环境不同的线状或带状结构，如图 9-5 所示。几乎所有的景观都会被廊道分割，同时又被廊道连接在一起，廊道具有连通和阻隔双重作用。廊道在城市生态系统中具有非常重要的作用。廊道作为生物栖息地，为物种提供适宜的生境；作为传输通道，是动物的迁移通道，是人类及物资的运输通道，同时廊道还具有屏障和过滤作用。廊道也可作为能量、物质和生物的源与汇，如农田防护林带，一方面具有较高的生物量和若干野生动植物，起到源的作用；另一方面阻拦和吸收农田流失的养分和其他物质，起到汇的作用。

(a) 人工廊道

(b) 自然廊道

图 9-5 廊道

1. 廊道的功能

廊道有着双重的性质：一方面它将景观不同部分隔离开；另一方面它又将景观的某些不同部分连接起来。这两方面的性质是矛盾的，但却集中于一体，不过，区别点在于起作用的对象不同而已。例如，一条铁路或公路可将相距甚远的甲、乙两地连接起来，但如果要垂直地穿越它，它就成为一障碍物。

廊道起着运输、保护资源的作用。运输作用是显而易见的，如能量沿电线和输气管道

运输；公路、铁路和运河是人和货物在一个景观中移动的通路；人行小道可以便于人们从一个村走到另一个村。同时，廊道为物种的迁移和栖息提供了条件，如兽道是野生动物移动的通路。廊道本身也是一种资源，有一些走廊地带，野生动物特别丰富，并且是食用肉的来源；树篱也可提供很多产品，如燃料、饲料、用材和果品等。

廊道对于被它隔开的景观要素又是一种障碍物，从而起某种保护作用。我国的万里长城就是一种专门为抵御外来侵略而修建的人工走廊，今天则成为举世闻名的世界奇观。在今天的中国，各种单位和团体一般也要修一个围墙，以使本单位与周围地区隔离开来，从而保障本身的安全。带状的防护林可保护农田免受风沙之害。溪流两旁的河流植被可保护河岸，同时，也可防止侧方冲来的水流将沙泥带到河水中去。

廊道在景观美学上也起到重要的作用。我国传统园林中讲究“曲径通幽”，指的是要把园林中的观赏路径设计成为弯曲的形状，以便使一些景点藏在幽静之处，从而使人感到出乎意料的效果。公园中也有一些人工建筑的走廊，如颐和园昆明湖东侧的长廊，就有很高的艺术价值，一方面它把颐和园北部和南部连接起来；另一方面在这个走廊中前进时，既可俯视昆明湖的宽广湖面，又可仰观万寿山的起伏山峦和佛香阁等金碧辉煌的建筑。杭州西湖的苏堤长 2.8km，是西湖上的一条彩带，它既是著名的走廊式风景点，也是连接南北两山的重要通道，如图 9－6 所示。

图 9－6　杭州西湖苏堤

2. 廊道的类型

按形成原因划分，廊道可分为干扰廊道(如在森林中带状开伐森林)、残余廊道(如森林皆伐后只剩一条带状的树木)、环境资源廊道(如河流两岸的植被带)、引入廊道(如种植绿色走廊，行道树、防护林)。

按功能划分，廊道可分为输水廊道、物流廊道、防御廊道、信息廊道、能流廊道等。

按构成划分，廊道可分为绿道、蓝道、灰道、暗道和明道。绿道是由绿色植物组成的廊道，主要是为生物迁移提供快捷、方便的行进线路，有利于生物物种的迁移和保护。蓝道是由河流、水渠等水域组成的廊道，除了为水生生物提供传输的路径外，还有灌溉土地、提供水源、交通运输、调节气候、改善生态环境等多种功能。灰道是由人工建筑的公路、铁路、桥梁等组成的廊道，连接城市和乡村、城镇间不同地域，有利于人口、物质和信息的交流。暗道是由地下电缆线、地下管道等组成的廊道，主要用于信息传输、能量输送、废物排放、物质输送等。明道是由地表电缆线、高压线、电话线、地表管道等组成的廊道，主要传输能量和信息。

按宽度划分，廊道可分为线状廊道和带状廊道。线状廊道是狭长条带状廊道，线状廊道主要由边缘组成，如道路、铁路、堤坝、沟渠、输电线、草本或灌木丛带、树篱等。狭窄的河流也属线状廊道。带状廊道较宽，每边都有边缘效应，足可包含一个内部环境，常见的有高速公路、宽林带等，除了中间含有一内部环境外，它与线状廊道具有相同的特征。对于线状廊道或带状廊道的区分标准，根据 Helliwell(1975)和 Baundry(1984)的研究，当树篱的宽度小于 7m 时，对其内部的植物物种没有影响；当宽度大于 12m 时，树篱内草本植物的多样性是窄树篱的 2 倍以上，多样性和丰富度较高。因此对于草本植物来说，可把 12m 作为线状树篱廊道和带状廊道的分界线。

3. 廊道的结构特征

1）廊道的长度和宽度

长度和宽度可以表示廊道的线性特征。长度可以确定廊道同基质接触的程度，宽度可以确定廊道对基质的干扰和对动物的阻隔程度。对不同的物种来说，其适宜的廊道宽度是不同的，见表 9-1。

表 9-1　不同学者提出的生物保护廊道的适宜宽度值(引自朱强和俞孔坚等，2005)

作者	发表时间	宽度/m	说　明
Corbett E. S. 等	1978	30	使河流生态系统不受伐木的影响
Stauffer Best	1980	200	保护鸟类种群
Newbold J. D. 等	1980	30	伐木活动对无脊椎动物的影响会消失
		9～20	保护无脊椎动物种群
Brinson 等	1981	30	保护哺乳、爬行和两栖类动物
Jassone J. E.	1981	50～80	松树硬木林带内几种内部岛类所需的最小生境宽度
Ranney J. W. 等	1981	20～60	边缘效应为 10～30m
Peterjohn W. T. 等	1984	100	维持耐阴树种山毛榉种群最小宽度
		30	维持耐阴树种糖槭种群最小宽度
Harris	1984	4～6 倍树高	边缘效应为 2～3 倍树高
Wilcove	1985	1200	森林鸟类被捕食的边缘效应大约为 600m
Cross	1985	15	保护小型哺乳动物
Forman R. T. T. 等	1986	12～30.5	对于草本植物和鸟类而言，12m 是区别线状廊道和带状廊道的标准，12～30.5 能包含多数的边缘种，但多样性较低
		61～91.5	具有较大的多样性和内部种

续表

作者	发表时间	宽度/m	说明
Bud W. W. 等	1987	30	使河流生态系统不受伐木的影响
Csuti C. 等	1989	1200	理想的廊道宽度依赖于边缘效应宽度，通常森林的边缘效应有200～600m宽，窄于1200m的廊道不会有真正的内部生境
Brown M. T. 等	1990	98	保护雪白鹭的河岸湿地栖息较理想的宽度
		168	保护Prothonotary较为理想的硬木和柏树林的宽度
Williamson 等	1990	10～20	保护鱼类
Rabent	1991	7～60	保护鱼类、两栖类
Juan A. 等	1995	3～12	廊道宽度与物种多样性之间相关性接近于零
		12	草本植物多样性平均为狭窄地带的2倍以上
		60	满足生物迁移和生物保护功能的道路缓冲带宽度
		600～1200	能创造自然化的物种丰度的景观结构
Rohling J.	1998	46～152	保护生物多样性的合适宽度

2）弯曲度

弯曲度是指廊道的弯曲程度，是廊道最明显的特征。廊道越直，距离越短，物体或生物在廊道中移动越快，廊道越曲折，生物体穿越景观的时间就越长。廊道的弯曲程度，对景观中的物流和能流起到重要作用，可用分维数来描述(Miline，1990)。

$$Q(L)=LDq$$

式中，Q 代表廊道的实际长度；L 是一参照长度，是从初始位置到某一特定位置的直线距离。Dq 为廊道的分维数，变化范围在1～2之间；当 Dq 值接近于1时，描述对象为一直线；当 Dq 值接近于2时，线的弯曲程度相当复杂，几乎布满整个平面。

3）绿色廊道建设率

$$C=\frac{l}{L}$$

式中，l 为绿色廊道长度，L 为绿色廊道紧邻的河流、道路、公路等长度，反映各类绿色廊道建设的完全性。绿色廊道的长度与所紧邻的灰色廊道(如道路、河流、铁路等)的比值为1时，建设率最大，值越小，建设得越不充分。

4）廊道的连通度

$$r=\frac{m}{3(v-2)}$$

式中，m 为实际廊道连接数，v 为结点个数，连通度描述廊道空间分布的连续性。廊道的连通度是体现廊道在空间上的连接或连续的度量。廊道的连通度反映出廊道各点的连接程度，是网络中实际连接廊道数与最大可能连接廊道数之比，其值为0时，表示节点之间没有廊道，值为1时表示廊道达到最大连通程度。

5）环度

廊道相互连接，就构成网络。环度是连接网络中现有结点的环路存在程度，它表明物流、能流和物种迁移路线的可选择性程度，也是度量网络复杂度的一个指标。环度指数 α 用网络中实际环路数与最大可能出现的环路数之比来表示。

$$\alpha=\frac{L-V+1}{2V-5}(V\geqslant 3,\ V\in N)$$

式中，L 为连接数，V 为结点个数。α 取值为 0～1，$\alpha=0$ 时表明无环路，$\alpha=1$ 时，表明具有最大环路数。

6）间断

间断是对廊道的空间连接或连续的度量，可简单地用廊道单位长度上的间断点数量来表示。

9.2.3 基质

基质是景观中面最大、连通性最好的景观要素类型，如广阔的草原、沙漠等。通常根据相对面积、连接度和动态控制 3 个标准来确定基质。基质相对面积是指当景观中的某一要素所占的面积超过其他要素类型的总面积，即某种景观要素占景观面积的 50%以上，这种景观类型就是基质，这是判断基质的第一标准。基质连接度是指对廊道、网络或基质空间连接程度或连续程度的度量。当很难根据面积判断哪一种景观类型是基质时，可用连接度进行判断，即当某一景观类型其面积或连接度都较高时，这种景观类型就是基质。当相对面积和连接度两个标准都难以判别基质时，就要用景观要素对景观的动态控制来判别。如果景观中某一景观要素对景观动态控制程度较其他要素类型大，这种景观要素就的基质。基质具有连接度、狭管效应、孔隙度等基本特征。

9.2.4 网络

关于廊道已在前面叙述，但是廊道如互相相交、相连，则成为网络。网络是本底的一种特殊形式。许多景观要素，如道路、沟渠、防护林带、树苗等均可形成网络。网络在结构上的重要特点是有交点和网格大小等。

1. 交点

一个网络中不同走廊之间的交点是各种各样的，可分为十字型、T 型、L 型等。网络并不一定是完全连通的，可能包括一些间断的裂口。交点处及附近的环境条件与网络上的其他部位有所不同。例如，以树篱为例，围绕交点的小片地区风速较低，日光少，土壤和空气湿度较大，土壤有机质含量较高，温度变化较小。这些环境条件的特殊性，导致在天然树篱的交点处，草本植物种的多样性，常比网络中其他部位要明显增高；城市的道路交点处往往比较繁华。

2. 网格大小

网格内景观要素的大小、形状、环境条件以及人类活动等特征对网络本身有重要影响。相反地，网络又对被包围的景观要素影响。在这种相互作用中，网格大小起着重要作用。

网格大小有重要的生态和经济意义。例如林区建设的根本点之一是修路，没有路，就不可能进行林区的开发利用和各种经营活动，但是修建道路成本很高，所以，合理的道路密度就成为重要问题。所谓道路密度，指的是单位土地面积上道路的总长度。它也可作为衡量网格大小的一个间接指标。在森林景观中，道路密度不仅与各种林业活动有关，并且与野生动物的生境有关。例如，在美国西北部，有些动物通常避开道路，因此，随道路网加密，适宜麋的生境就大幅度减小。当道路密度达到 $2km/km^2$ 时，只有 1/4 的林地适宜麋的生存。同样，在城市景观中，城市的道路密度与人类的活动极为密切。

农田林网的网格密度也是一个重要问题。网格密度越大，越不利于农田的耕作，同时，当林带宽度相同时，网格密度显然也影响到林网与农田所占的比例。此外，网格大小与被保护的农田的环境变化、农田的产量也有密切的联系。

9.3 城市景观格局

9.3.1 景观格局的类型

景观格局是指景观要素在景观空间内的配置和组合形式。景观格局是景观生态学研究中的一个重要概念。Forman 和 Godron(1986)将景观格局分为以下几类。

① 均匀分布格局：指某一特定类型景观要素间的距离相对一致。②聚集型分布格局：同一类型的景观要素斑块相对聚集在一起，同类景观要素相对集中，在景观中形成若干较大面积的分布区，再散布在整个景观中。例如在许多热带农业区，农田多聚集在村庄附近或道路的一端；在丘陵地区，农田往往成片分布，村庄聚集在较大的山谷内。③线状格局：指同一类景观要素的斑块呈线性分布，例如，房屋沿公路零散分布或耕地沿河分布的格局形式。④平行格局：指同一类型的景观要素斑块呈平行分布，如侵蚀活跃地区的平行河流廊道，以及山地景观中沿山脊分布的森林带。⑤特定组合或空间联结：指不同的景观要素类型由于某种原因经常相联结分布。空间联结可以是正相关，也可以是负相关。如稻田总是与河流或渠道并存是正相关空间联结以及道路和高尔夫球场与城市或乡村呈正相关空间联结。平原的稻田区很少有大片林地出现是负相关的实例。

9.3.2 城市景观格局的研究方法

景观格局是景观生态学研究的重要内容之一，它是研究景观功能的动态基础，景观格局空间分析方法是指用来研究景观结构特征的空间配置关系的分析方法。城市景观格局研究过程一般是收集、处理景观数据(如野外考察、测量、资源环境和社会经济资料收集、遥感、图像处理)然后将景观数字化，通过适当的空间研究方法进行分析，常用的分析指标有如下几种。

1. 景观破碎度 C

破碎度表征景观被分割的破碎程度，反映景观空间结构的复杂性，在一定程度上反映了人类对景观的干扰程度。它是由于自然或人为干扰所导致的景观由单一、均质和连续的整体趋向于复杂、异质和不连续的斑块镶嵌体的过程，景观破碎化是生物多样性丧失的重要原因之一，它与自然资源保护密切相关。公式如下。

$$C=\frac{\sum N_i}{A}$$

式中，C 为绿地景观的破碎度；$\sum N_i$ 为景观中所有斑块类型的总个数；A 为绿地景观的总面积。

2. 景观分离度指数 F_i

$$F_i=\frac{D_i}{s_i}$$

式中，F_i 为景观类型 i 的分离度；D_i 为景观类型 i 的距离指数；s_i 为景观类型 i 的面积指数。景观分离度是指某一景观类型中不同斑块个体分布的分离程度，当景观中斑块个数为定值时，其面积占景观总面积的比例越大，其分离度越小，反之，分离度越大；因此，在计算景观分离度时，必须考虑面积对它的影响。

3. 干扰强度和自然度

干扰强度表示人类的干扰作用，干扰强度越小，越利于生物的生存，因此，其针对受体的生态意义越大，计算公式如下。

$$W_i=L_i/S_i$$

$$N_i=1/W_i$$

式中，W_i 表示受干扰强度，L_i 是指 i 类生态系统内廊道(公路、铁路、堤坝、沟渠)的总长度，S_i 是指 i 类生态系统的总面积，N_i 是 i 类生态系统类型的自然度。

4. 景观多样性指数 H

多样性指数是指景观元素或生态系统在结构、功能以及随时间变化方面的多样性，它反映了绿地景观类型的丰富度和复杂度。计算公式如下。

$$H=-\sum_{i=1}^{m}(P_i\ln P_i)$$

式中，P_i 为第 i 种景观占总面积的比；m 为景观类型总数。景观多样性反映的是景观的复杂程度，在此，人们研究的是城市绿地景观的结构多样性，指的是城市绿地景观单元在大小、形状、类型、数量和空间组合情况。景观多样性指数用来度量景观多样性，它的大小反映景观要素的多少和各景观要素所占比例的变化，若景观由一种要素组成，则景观多样性指数为0，不存在景观多样性。随着景观中要素的增加，景观多样性指数也随之增大，当给定要素的数量，且各要素比例相同时，景观多样性指数达到最大。通常景观多样性指数增加，景观结构组成也越复杂。常用的景观多样性指数研究方法还有 simpson 指数。

5. 优势度指数 D

$$D = H_{\max} + \sum_{i=1}^{m} P_i \times \ln(P_i)$$

式中，$H_{\max}$为研究区各类景观所占比例相等时，景观拥有的最大的多样性指数，m 为景观类型总数。优势度指数用来反映景观格局中景观要素在景观中的支配程度，也就是其重要程度。当优势度指数大时，表示景观格局中一种或几种要素占主要地位；当优势度指数小时，表示各要素比例相当。

6. 均匀度指数 E

$$E = \frac{H}{H_{\max}} \times 100\%$$

式中，E 为均匀度指数，H 为香农—威纳指数，$H_{\max}$是指在丰富度 T 条件下，最大可能的均匀度。景观均匀度反映景观中各斑块在面积上分布的均匀程度，越接近于1，越均匀。均匀度与优势度成负相关，各要素分布越均匀，均匀度指数越高。均匀度与优势度意义相反，在计算中，可以起到相互印证的作用。

7. 聚集度指数 AI

$$AI = [1 + \sum_{i}^{m} \sum_{j}^{m} \frac{P_{ij} \ln(P_{ij})}{2\ln(m)}](100)$$

式中，m 是斑块类型总数，P_{ij}是随机选择的两个相邻栅格细胞属于类型 i 与 j 的概率。聚集度指数通常度量同一类型斑块的聚集程度，但其取值还受到类型总数及其均匀度的影响。取值范围：$0 < AI \leqslant 100$。

9.4 城市景观生态学的一般原理

9.4.1 关于斑块的基本原理

关于斑块的原理有斑块大小原理、斑块形状原理、斑块数目原理与斑块位置原理。

1. 斑块大小原理

一般而言，大型自然植被斑块才能够涵养水源，连接河流水系，维持物种安全、健康，为许多脊椎动物提供核心栖息地的庇护所，使之保持一定的种群数量，保护生物多样性，并允许有近自然状态干扰的发生。大型斑块生境多样性丰富，比小型斑块内有更多的物种，能提高 meta 种群的存活率，更有能力维持和保护基因的多样性。

大型自然植物斑块具有多种重要的生态功能，并为景观带来许多益处。景观中没有大型斑块，就等于没有了心脏，只剩下骨头。如果景观只由几个大型的自然植物斑块组成，它仍不失其作为一个景观的价值。

同时，小的自然斑块可作为物种迁移和再定居的踏脚石，成为某些物种逃避天敌的避难所，小斑块的资源有限，不足以吸引某些大型捕食动物，从而使某些小型物种幸免于难。所以小斑块可以为景观带来大斑块不具备的优点，是大斑块的相对补充，两者不能相互替代。最优的景观由几个大型自然植被斑块所构成，并由分散在基质中的一些小斑块所补充。

2. 斑块形状原理

斑块形状不仅影响生物的扩散，动物的觅食以及物质的能量迁移，而且对径流过程的营养物质的截留也有影响，斑块形状的主要生态作用是边缘效应。一个能满足多种生态功能的斑块的理想形状应该是一个大的核心区域加上弯曲的边界和狭窄的指状凸起，且其延伸方向与周围流的方向相一致。圆形的斑块可以最大限度地减少边缘面积，最大限度地提高核心区的面积，减少外界干扰，有利于内部物种的生存，但不利于与外界交流。弯曲的边界通过多生境物种或动物的逃避捕食等活动，加强了与相邻生态系统之间的联系。

3. 斑块数目原理

减少一个自然斑块，就减少一块生物生存的栖息地，从而会减少生物多样性；相反，增加一个自然植被斑块，意味着增加一块栖息地，对物种来说，增加一份保险。所以自然斑块数目越多，景观和物种的多样性就高。一般来说，两个大型的自然斑块是保护某一物种所必需的最低斑块数目，四五个同类型大型斑块对维持景观结构、维护物种安全较为理想。

4. 斑块位置原理

一般来说，相邻或相连的斑块内物种存活的可能性要比一个孤立斑块大得多，孤立斑块内物种不易扩散迁移，进而影响到种群的大小，加快物种灭绝的速度；相邻或相连的斑块之间物种交换频繁，增强了整个生物群体的抗干扰能力。景观中某些关键性的位置，对生态过程起控制作用。因此，研究斑块不仅要研究其大小、形状、数目，还要研究它们在景观中的位置。

9.4.2 关于廊道的基本原理

1. 廊道数目原理

如果廊道对物种间的运动维持有利，那么两条廊道比一条廊道好，多一条廊道就少一份被截流和分割的风险。因此，当廊道对物质流能量以及物种保护有利时，应考虑适当增加廊道的数目。

2. 斑块构成原理

相邻斑块类型不同，廊道构成也不同。连接保护区斑块间的廊道应由乡土植物成分组成，并与作为保护对象的残遗斑块相近。一方面本土植物种类适应性强，使廊道的连接度增高，利于物种的扩散和迁移；另一方面有利于残遗斑块的扩展。

3. 廊道宽度原理

越宽越好是廊道建设的基本原理之一。廊道如果达不到一定的宽度，不但起不到保护对象的作用，反而为外来物种的入侵创造了条件。在进行规划时，要根据规划的目的和区域的具体情况，确定适宜的廊道宽度。如进行保护区设计时，要针对不同的保护对象，确定适宜的廊道宽度。对一般动物而言，1～2km 宽廊道较合适，而大型动物则需要几 km 到几十 km 宽。

4. 廊道连续性原理

生态学家普遍认为廊道有利于物种的空间运动和孤立斑块内物种的生存和延续，所以，从这个意义上来说，廊道必须是连续的。但廊道也并不都是有利的，同时廊道本身的构成不一样，其作用也不一样。

9.4.3 关于景观镶嵌体的基本原理

1. 景观阻力原理

空间要素，尤其是屏障、通道和高异质性区域的分布，决定着物种、能量、物质沿整个景观的流和运动，也决定着干扰在景观中的传播。景观阻力是指景观空间格局对生态流速率(物种或物质等流动速率)的阻碍作用。阻力随着跨越各种景观边界的频率的增加而加大。不同性质的景观元素会产生不同的景观阻力，一般来说，景观异质性越大，阻力也越大。

2. 粒度大小原理

理想的景观应该是带有细粒区的粗粒景观。含有细粒区域的粗粒景观最有利于大型斑块生态效益的获得，也有利于包括人类在内的多生境物种，并提供较广的环境资源和条件。

景观镶嵌体的粒度用所有斑块的平均直径来度量。只含有大斑块的粗粒景观可以为保护水源和内部特有种提供大型自然植被斑块，或集约化的大型工业、农业生产区或建成区斑块。粗粒结构比较单调，尽管景观多样性高(农田总比城市要多样)，但局部地点的多样性低(从一地或一点到另一地或另一点，在土地利用方式上几乎没什么变化)。相反，细粒景观局部多样性高，但在整体景观尺度上则缺乏多样性。

3. 景观变化原理

一些空间过程，如孔隙化、分割、破碎化、收缩、消失会改变土地，从而造成生境的丧失和隔离，也会对景观格局和生态过程产生不同的影响，从而改变景观。

孔隙化是指在类似生境或土地类型的实体上制造空隙的过程(如分散的房屋或受火的林地)。分割是指用等宽的线状物(如道路或动力线)将一块区域进行切割或划分。破碎化是指把一个物体变成若干破碎的过程(通常是大面积、不均匀的分割)。收缩是指物体规模的减小。消失是指物体逐渐消失泯灭。

9.4.4 关于整体格局原理

1. 集中与分散相结合

通过土地的集中布局，在建成区保留一些小的自然斑块和廊道，同时在人类活动的外部环境中，沿自然廊道布局一些小的人为斑块，这就是有人类活动的最佳生态土地组合。

这一原理含有7种主要生态属性：①大型自然植被斑块。②粒度。③风险扩散。④基因多样性。⑤交错带。⑥小型自然植被斑块。⑦廊道。

原来的粗粒景观以只有大型斑块或地区的土地利用现状为主，如自然植被、农田或建成区。把自然植被的小斑块(和廊道)分散到农业区和建成区，以便在这些发达的地区加上些自然异质性要素，来保护分散的稀有物种和小生境，并为物种迁移提供踏脚石。再给大型自然植被斑块之间添上廊道来保证内部物种的运动。在自然植被和建成区之间增加些农业小斑块。

2. 必要格局原理

景观规划中作为第一优先考虑保护或建成的格局是：作为水源涵养所必需的几个大型的自然植被斑块，用以保护水系和满足物种在大斑块间运动的足够宽的绿色廊道，在建成区或开发区里保证景观异质性的小的自然植被斑块和廊道。

不同生物种对边缘宽度的反映不同，如引起植被变化的边缘效应，其宽度约为10～30m，距离大小与林缘走向有关，而引起动物变化的边缘宽度要大得多，向林内伸展的距离可达300～600m。

9.5 城市景观特征与规划

9.5.1 城市景观的概念与要素

城市景观是指城市中由街道、广场、建筑物、园林绿化等形成的外观及气氛。

城市景观要素包括自然景观要素和人工景观要素。其中自然景观要素主要是指自然风景，如大小山丘、古树名木、石头、河流、湖泊、海洋等。人工景观要素主要有文物古迹、文化遗址、园林绿化、艺术小品、商贸集市、建构筑物、广场等。这些景观要素为创造高质量的城市空间环境提供了大量的素材，但是要形成独具特色的城市景观，必须对各种景观要素进行系统组织，并且结合风水使其形成完整和谐的景观体系，有序的空间形态。

9.5.2 城市景观特征

1. 城市景观生态特征

1）人工化

由于人类活动的强烈干扰和影响，城市中的自然环境和条件，如水文、气象、地质、地貌和动植物等，都发生了很大变化。城市生态系统的人工化的生态系统，城市内部及城市与外部系统之间的物质、能量、信息的交换，主要靠人类活动来协调、维持和完成。

2）地方特色

各个城市的地理位置、地质地貌、气象、经济发展、人文背景不同，所以各城市景观都表现出浓厚的地方特色。不同地区的城市景观，在一定程度上反映了当地的社会经济发展状况和历史文化特点。特色产生于当地的自然环境条件、社会经济文化背景，可以说特色就是“绿色”。现在我国各城市的城市景观有逐渐趋同的发展趋势，地方特色在消退，这是一个不良的发展势头。失去特色就是失去“绿色”。

3）不稳定性

城市的经济发展很快，政治、文化等因素的变动很大，和其他生态系统景观相比，城市景观变化极快，具有不稳定性。

深圳是一个最明显的例子，在短短十几年里，它由一个很小的沿海城镇演变为一个具有相当规模的，集多种工业、服务业于一体的现代化开放城市，这是与政治、经济因素密切相关的。受我国改革开放政策的影响，不仅新城市大批涌现，老城市也发生了巨大的变，如北京、上海、广州等城市，旧城市改造与新城扩建同时并举，近10年的发展速度几乎相当于过去几十年发展的总和。

城市景观具有的不稳定性，在其边缘区表现尤为明显。在这一范围内，城市具有动态扩展的特征，相邻城市可因此而连接成为“城市带”或“城市群”。同时，城市生态系统的高度对外依赖性，也是造成城市景观不稳定的一个重要因素。

4）破碎性

城市内四通八达的交通网，贯穿整个市区景观，将其切割成许多大小不等的引进斑块，这与大面积连续分布的农田、自然景观形成鲜明的对比。城市景观的破碎性是与城市人口的工作、生活相适应的。许多小斑块依其性质、功能的不同，组合成大小不一的“功能团”，也可把这些“功能团”看成规模较大的斑块。

2. 城市景观结构要素

城市景观主要由街道和街区构成，它们共同构成城市景观的本底。城市中的本底、斑块与廊道之间没有严格的界限，“本底”本身也是由不同大小的斑块和廊道组成的，而且可以按地域、功能和行政单位等进行划分，如居民区、商业区、工业园、重工业区等。

城市景观中的斑块，主要指各呈连续岛状镶嵌分布的不同功能分区。最明显的斑块像残存下的森林植被、公园等，由于植被覆盖好，外观、结构和功能明显不同于周围建筑物密集的其他区域。学校、机关单位、医院、工厂、农贸市场等，也可视为不同规模的功能斑块体。

城市廊道可以分为人工廊道和自然廊道两大类。前者是以交通为目的的铁路、公路、街道等，后者有以交通为主的河流以及环境效益为主的自然城市植被带等。城市内有些廊道往往具有特殊的功能，如各大城市的商业街，不仅交通繁忙，而且是许多商品的重要集散地。

城市景观中，占主体的组成部分是建筑群体，这是它区别于其他景观之处。人类为了工作、生活之便，建立起各种功能、性质和形状不同的建筑物。这些建筑物出现在城市的有限空间内，构成一幅城市的主体景观。廊道贯穿其间，既把它们分割开来，又把它们联系起来。因此，城市的本底是由街道和街区构成的。城市景观的主要构成要素及其相关景物见表 9－2。

表 9－2 城市景观主要构成要素及相关景物

景观要素	相关景物
道路	街道、高速道路、过街天桥、电线杆、架空道路、照明灯、电话亭、交通信号、交通标志、自行车停放处、汽车停车站、消防栓、喷水池、林阴树等
历史性建筑物	庙宇、宫殿以及其他历史性纪念建筑物
一般建筑	办公楼、学校、图书馆、电影院、剧院、艺术馆、青少年宫等建筑、住宅建筑群
构筑物小品等	桥梁、水塔、烟囱以及广告牌、围墙等小品
人工绿地	公园、绿地、名胜古迹、历史性庭院、古树等
自然植被	植物群落、生境
山体	地形、地貌、地质构造
水体	海、河流、湖、水塘、瀑布等以及喷泉、流水、水池等人工水体
动物	昆虫、鸟、鱼、小动物
光	太阳、夜间照明、烟火等

9.5.3 城市景观异质性

1. 城市景观异质性的概念

景观异质性就是景观要素及其属性在空间上的变异性，或者说是景观异质性是景观要素及其属性在空间分布上的不均匀性和复杂性。异质性是景观的根本属性，任何景观都是异质的，城市景观也不例外。从空间格局来看，城市是由异质单元所构成的镶嵌体。城市景观的异质性来源主要是人工产生的，如城市中的道路、街道、建筑物、广场、行道树、运河、护城河等都是人工兴建、栽植和开挖的。除此之外，还有自然原因形成的，如城市中的过境河流、残留下来的自然植被和国家森林公园等。

城市景观同样可分为本底(基质)、斑块和廊道等不同的景观要素，但在城市中的本底、斑块与廊道之间没有严格的界限，街道和街区共同构成城市景观的基质，也就是说，基质本身就是由不同大小的斑块廊道组成的。

城市中的公园、植被、街区、广场、铁路、公路、街道、河流等景观要素以一定的组合方式相结合构成一个异质性的城市景观。但是，如果从生态系统的性质来看，城市景观主要由两类生态系统构成，一是只能维持非常简单营养结构的自然生态系统；二是以人为主体包括人类生产、生活资料的输入、废物的排放与产品的输出的人工生态系统，这是城市生态系统的主流。

2. 城市景观异质性的表现

1）二维空间异质性

城市景观的异质性首先表现为二维平面的空间异质性，公园、绿地、水面、建筑物、街道性质各异，功能各不相同。公园绿地中多为人工栽植的观赏植物及人工挖掘的水面为主，它们是城市中的“大自然”成分，起着制造氧气、净化空气、供人娱乐、美化城市的作用，是城市景观中的“肺”。即使作为绿地的斑块，由于植物种类不同，也形成了各具相貌的绿地异质性。道路网络主要起通道作用，它们贯穿于整个城市景观，形成了许多大小不等的引进斑块。正是街道及道路网络，增加了城市景观的破碎性及异质性。柏油、水泥路面及楼群顶部由于其组成物不同于自然地表，因而使城市下垫面发生了变化，改变了下垫面的热力水文状况，因而道路、建筑物等水泥覆盖区的热力水文状况不同于绿地、水面及未被水泥砖瓦覆盖区。同时由于城市景观功能区的存在，使得城市景观分为商业区、工业区、住宅区、文化区等，而各功能区的性质不同，对城市景观的效应亦不同，如工业区，特别是重工业区，污染严重，从而使得重工业区上空的空气透明度低，悬浮物多，二氧化硫等污染物浓度高，而住宅区、文化区较低。对于道路廊道而言，由于汽车流量大，所以道路街道附近的铅等汽车尾气污染物含量高于其他景观要素附近，同时噪音污染也是如此。就城市景观的某一要素而言，其内部亦存在着异质性，如公园内有湖泊水面、树林草坪、房屋、活动场地等，这些不同功能的地块组合在一起形成了供人们娱乐、休息、消遣的公园。再加宽阔的道路廊道同样存在着异质性，以四块板式道路廊道为例，其主要构成要素为：道路两边是起美化与净化环境功能的行道树，向内是非机动车道，再向内是由草皮或矮灌木构成的两条分隔带，起分隔和绿化作用。分隔带之内是两条机动车道，两条机动车道之间又是一条由草皮矮灌木或花卉构成的分隔带。组成道路廊道的这些要素可归为两类，一类是绿地；一类是车行道，各自有着不同的功能，它们有机地结合在一起，构成了执行物流、能流及信息流功能的道路廊道。另外，由于城市景观中高楼林立，而在高楼的南侧温度高，而北侧的水分条件较之南侧好。这在形成城市景观中也有明显的反映，如南侧植物的开花时间早于北侧，这个由于空间异质性导致的时间异质性延长了城市整个植物的花期，为城市增添了一份美丽。

2）垂直空间异质性

由于城市是一个高度人工化的景观，高楼林立。因此，使得城市景观粗糙度较大，在垂直方向上也表现出异质性。垂直异质性一方面表现为建筑物因高度不同，在垂直方向上的参差不齐；另一方面表现为空气的构成上，城市景现中车多人多，使得近地面空气中尘埃、CO_2 等多，而高空少。垂直空间的异质性导致了水平空间的异质性，如高楼两侧接受太阳辐射的多少不同，因而气温、湿度有所不同，最后导致同种植物开花、出叶时间出现差异。

3）时空耦合异质性

至于时空耦合异质性，也存在于城市景观中，如前述的空间异质性导致的时间异质性属于一种时空耦合的异质性。一般而言，异质性是指景观要素的空间分布的不均匀性，而把时间异质性用动态变化来表述。异质性的表现形式为空间格局，城市景观的异质性主要表现为二维平面的异质性。

9.5.4 城市景观规划的内容

1. 城市景观规划的概念

城市景观规划是以城市中的自然要素与人工要素的协调配合，以满足人们的生存与活动要求，创造具有地方特色与时代特色的空间环境为目的的工作过程。其工作领域覆盖到从宏观城市整体环境规划到微观的细部环境设计的全过程，一般分为城市总体景观、城市区域景观与城市局部景观 3 个层次。城市景观规划是对城市空间视觉环境的保护、控制与创造，它与城市规划等有着密切的关系，它们之间互相渗透、互为补充。

城市规划一般是对城市土地所作的平面使用计划，其道路系统的组织与用地安排对城市景观的形成有很大影响，因而在做城市规划时就应该考虑到景观的内容。城市景观规划是就土地立体使用并考虑各局部与整体构成所做的规划，对各城市景观要素进行合理的规划设计。

其内容是在上述 3 个层次的基础上在不同的景观区里进行城市基质、斑块(镶嵌体)和廊道的规划设计，城市的道路网络是典型的廊道类型，又有明显的人工特性，亦是城市景观规划的重要环节，而城市植被是城市景观中的镶嵌体类型，是相对自然的组分。做好城市的道路网络与城市植被系统的景观规划，以及做好城市景观中的文化研究就能使一个畅通的、健康和现代园林城市的人文景观得到充分体现。

2. 城市景观规划的具体内容

1) 城市道路网络系统景观规划

(a) 道路的形态结构和总体格局规划。

道路的规划与建设是城市建设中的一大难点。在区域范围内要减少过境公路对城市区的干扰。在城市区范围内要寻求最合理的道路配置。从经济效益、生态效益和社会效益三方面统一协调考虑，合理构造道路的形态结构。加强道路两侧绿化建设、进行综合规划建设极为重要，如图 9－7 所示。

图 9－7 城市道路景观规划

道路的宽度、平竖曲线度、纵坡、道路交叉点、道路连通性和道路密度等反映道路的形态结构和总体格局。道路形态应综合考虑道路的功能、经济条件、地形地势和生态特征

等多方面因素。在达到整体运输目标下，应寻求最优的道路配置，降低道路密度。总之，对道路的形态结构和总体格局的规划设计既要保证城市中能流、人流、信息流的畅通，又要最大限度降低对自然环境的破坏。

(b) 道路绿化体系及道路网络的生态功能。

行道树和防护林的景观规划建设是缓解道路对城市环境质量和生态平衡不利影响的有效途径。道路绿化带是城市景观中重要的绿色走廊，完善城市生态功能就必须加强道路绿化体系建设。道路与道路绿化带相伴而行并视为统一整体是道路网络系统规划中永远适用和应该遵循的原则。

2) 城市植被系统景观规划

长期以来，人们的绿化意识较低，谈不上科学的规划。实际用地时又往往以经济驱动而占绿、毁绿。一个生态稳定的城市植被景观首先其结构和功能要高度统一和谐，不仅外形符合美学规律，内部和整体结构更应符合生态学原理和生物学特性。要从空间异质性程度、生境连通程度、人为活动强度、物种多样性等方面考虑，在宏观规划指导下进行合理建设的同时，更为生物提供有利于生存发展的生境条件。这两者实际上也是相辅相成的。因此，提倡城市植被系统的景观规划思想，注意融合生态学及相应交叉学科的研究成果，营造改善城市环境和满足景观欣赏效应双重目的的城市植被系统，提高城市植被景观规划建设的质和量，完善其功能，建造城市植被这一特殊的，兼有自然和人工特色的优美景观，是城市植被建设和管理的方向。

保证相当规模的绿色空间和植被覆盖地总量是建造好城市植被景观的关键。在城市建设过程中，要珍惜原有的自然绿色，对一些具有特色意义的自然和文化景观要尽可能保留。同时针对不同的功能区和实际情况尽可能利用空地重新建造人工植被系统，如图 9-8 所示。

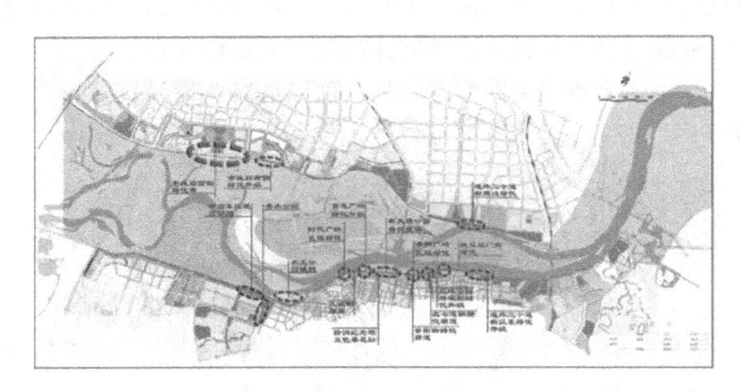

图 9-8　哈尔滨城区规划的 20 个植被景观特色区

城市植被的合理布局一样重要。虽然“人均绿地面积”、“人均绿地覆盖率”或“人均城市植被覆盖率”等指标常被人们用来评价整个城市的绿色景观建设成绩。但是，同样的绿化指标或城市植被指标，不同的空间布局所起到的景观生态效应有很大的差别。因此，城市植被的合理布局在城市植被的景观规划中显得较为重要。随着城市的发展，城市居民对工作和居住环境周围的近距离绿地的需要更为迫切。

因此在建城区内提倡因地制宜，设计不同功能的园林绿地类型如生产型、观赏型、保健型、抗逆型、文化艺术型等，以“小散匀”的原则呈均衡和各有重点的分布格局，以满足城市居民生活游憩和观赏需求。同时也对市区环境的调节以及生物多样性的保护起一定的作用。市区分散的小面积的植被相当于被大面积的城市基质包围着的斑块，或称镶嵌在城市基质中的生物岛。如果这些斑块能通过绿色廊道与城市的自然环境发生连接，合理有效地利用广大郊野扩展整个城市的植被面积，这对维持城市绿色景观的稳定和促进其发展，提高其综合生态效益较为重要。

城市植被的功能，特别能反映地方特色、城市特色的景观作用。因此，在城市绿色景观规划建设时，要把建造自身特色摆在重要的位置。城市特色是评价城市规划和建设最基本的准绳之一。特色是城市自然、社会、经济、文化和居民素质的综合反映，保持和塑造城市的规划和建设应以当地的自然生态条件、地理位置特点为基础，融合传统文化、民俗风情和现代生活需求、折射城市居民的发展眼光和艺术品位，给绿色景观赋予人类的思想文化，只有这样，城市的绿色建设才具有灵魂、生气和活力。

3）城市景观的文化研究

景观生态是生物生态与人类生态之间的桥梁，尤其是城市景观生态实际上已进入了人类科学领域。城市景观不仅是城市内部和外部形态的有形表现，它还包括了更深层次的文化内涵，是物质与精神的总和。城市是人类文化的结晶，城市的发展是一种渐进、演变的过程，城市的历史和文化孕育了城市的特色和风貌。城市的文化特色是城市发展积累、积淀、更新的表现。人们对于城市的社会价值观念随着城市的生存和发展而变迁，由于城市的更新与发展，那些陈旧而无价值的东西将不断被抛弃和淘汰，而城市中一些物质和精神文化则被保留，如古建筑、古迹和有使用价值的建筑等。这些建筑和遗迹就成为城市发展的历史见证和人类活动的印证。其中，某些著名的建筑成为城市的永恒标志，如希腊的雅典卫城、北京的故宫、法国的巴黎圣母院、意大利的圣彼得大教堂等。同时从城市的骨架和肌理中同样也可以寻找到城市人文景观建设发展和城市文化发展的轨迹。例如法国巴黎，沿着塞纳河这根城市轴线，卢浮宫、万神庙、德方斯，一直到新城等一组建筑群不断展示开来，各个时期、不同时代的建筑风格沿着成网的干道向城市四周摊开。如今这种文化积淀的轨迹，将成为人类共同文化知识的特征，也构成城市的文化特色，成为城市景观规划的重要内容。

然而在城市的开发建设中，传统的景观规划思想往往使高度密集的高层建筑和四通八达的道路网成为城市景观的典型模式。多数城市景观大同小异，没有思想、没有中心，缺少自然美感和文化特色。正如前英国皇家建筑师学会会长帕金森(Parkinson)所说：“全世界有一个很大的危害，我们的城镇正在趋向同一个模样，这是很遗憾的，因为我们生活中许多情趣来自多样化和地方特色。”因此，研究城市的文化特色，把文化特色融入城市景观规划当中，通过城市景观反映一定地区、一定时期下的城市特色及居民的经济价值、精神价值、伦理价值、美学价值等各种价值观，表达居民对环境的认识、感知和信念等文化内涵。同时，文化规划使得城市人文景观形成富含文化意义，给城市居民提供与城市自然、社会环境相互交流感情，抒发人的各种情怀的空间。城市形成了一个具有特色的文化氛围，能够满足人们的精神文化需求，城市也因此有了灵魂，居民的生活才会丰富而有意义。

城市景观文化规划是一个新兴领域，对其包含的范围、内容、实现的途径和方法以及规划的结果等都待深入研究和实践。在实际规划工作中，努力挖掘当地地区文化的精华，继承文化遗产，反映社会的进步和发展，寻求城市文化的延缓和发展，使其古为今用，寻求景观的地方特色，营造浓郁的乡土气息。同时，合理利用资源，加强对文化设施的规划和建设，提高公众艺术及艺术教育的数量和质量，是居当今世界前沿的城市景观规划思想，也是城市景观规划建设者们应当努力的方向。常山县特色文化规划如图 9－9 所示。

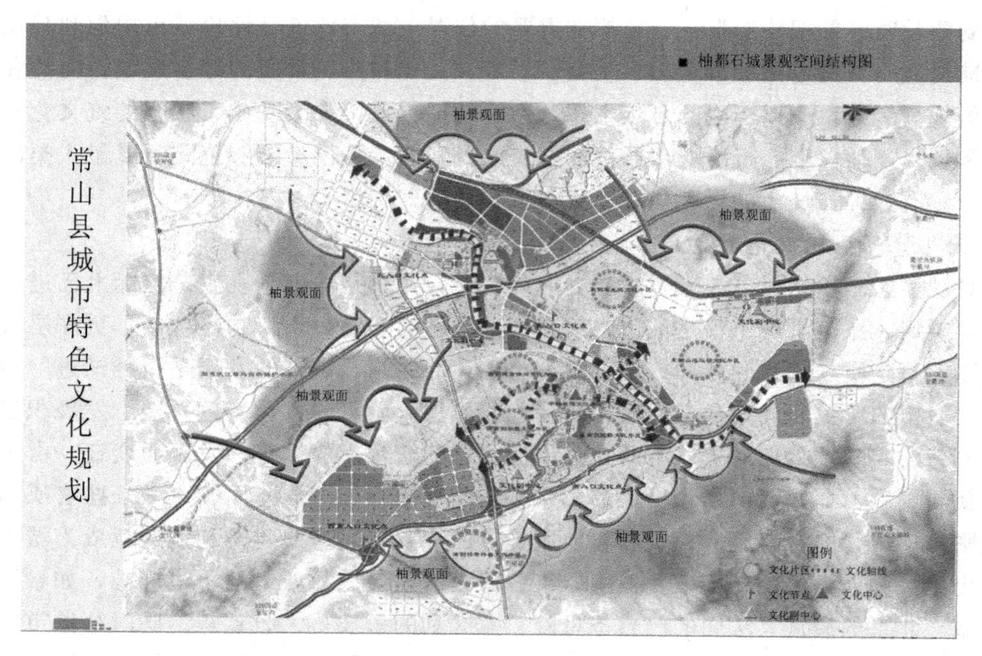

图 9－9　常山县城市特色文化规划(自常山县城乡城市设计院，2007)

阅读材料

武汉市天兴洲西侧岛屿景观设计

1. 场地概况

武汉是我国中部地区的中心城市之一，长江与汉江在市区交汇，将武汉分成了武昌、汉口、汉阳三镇。长江用它的雄浑与壮丽演绎着武汉千百年的历史，无论是乘风揽月之际，还是朝阳四起之时，无论是在巍峨险峻的龟山之巅，还是在烟波浩渺的天兴洲畔，每个角度都透出灵动的生命气息和悠久历史文化氛围。

天兴洲地处武汉市青山区青山镇、江岸区湛家矶所夹的长江段江心，四面环江，面积约 67 公顷，洲头直劈长江分二的恢弘，洲尾有两江翻腾合一的豪迈。岛上曾经有湿地、细细的沙洲、摇曳的芦苇以及遍布洲岸的青草地。近年来随着岛上人口的增加和建设量的增多，生态环境逐步遭到破坏。天兴州长江大桥建成以后，天兴州以年均 13m 以上的速度向下游漂移，且漂移速度正在加快。

2. 方案构思

1) 设计策略

通过对天兴洲基地条件的分析，采用以下7大设计策略。

(1) 充分利用天兴州长江大桥作为景观背景。

(2) 将环形下匝道打造成为公园主要出入口景观空间，注重地标性构筑物的设计，营造大气宏状的入口景观。

(3) 充分利用天兴洲的自然条件，营造河流湿地景观和湖泊湿地景观。

(4) 采用生态设计的理念设计游船码头，组织特色水上交通。

(5) 结合地方手工艺，将围堤设计成为文化墙，改变围堤的单调现状。

(6) 水流冲刷严重地段结合植物浮岛等生态措施，采用生态袋、抛石、重力墙等结构性护岸，其余地段采用生态护岸，浅滩自然放坡，种植湿生、水生观赏植物。

(7) 以生态农业展示以及减少水土流失为目的营造梯田景观。

2) 分区规划及空间格局

设计将湿地景观与大地景观、人工构筑物相结合，塑造一个集生态保护和休闲旅游于一体的多功能景观系统，主要分为4个主要景观区：以廊桥与环形下匝道相结合的入口景观区；以生态保育为主的湿地公园景观区；采用栈道和架空廊道组织道路系统以保护河流湿地连续性的生态湿地景观区；生态码头景观区。

本案的空间格局可以概括为以直线形和曲线形景观轴贯穿起来的空间序列，远处城市建筑群会成为湿地的借景和对景，而主要园路则成为一个景框，透过主要园路，可以远远地看到河流，从而将河流景观引入到场地以内。此外景观林带也极大地强化了这种关系。曲线形景观路：为了保护景观湿地内的自然树木和植被，湿地内道路的设计形成了自由型道路系统。自由舒展，连接和贯穿各功能区和多个景观节点，如图9－10所示。

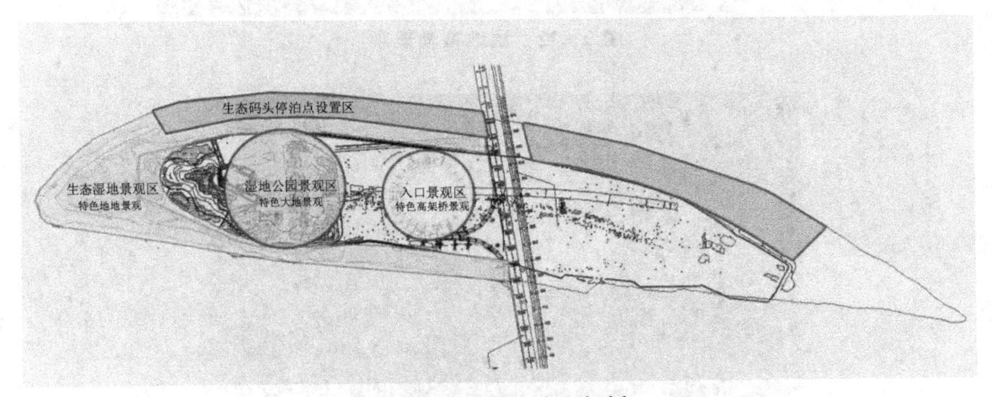

图9－10 景观分区规划

3. 湿地生态保育

保护场地自然和人文过程、延续场地的生态服务功能和历史文化的信息是本方案规划设计的最主要目标。设计保留了多样化的生物种类与植被，通过生态修复与保护珍贵的现有生态资源来寻求开发建设与自然的平衡，不仅为游人提供了贴近自然的游憩场所，也为岛上的动植物保留了高品质的自然栖息环境。湿地公园设计在生态保育及栖息地共存的两大理念基础上，为鸟类提供栖息空间，满足两栖动物的生存需要，旨在重塑一个与自然生态、当地文化相互融合的新环境，如图9－11～图9－13所示。

图 9－11　湿地生态系统

图 9－12　湿地植物景观

图 9－13　生态护岸

4. 方案分析

1) 总平面图

总平面图如图 9－14 所示。

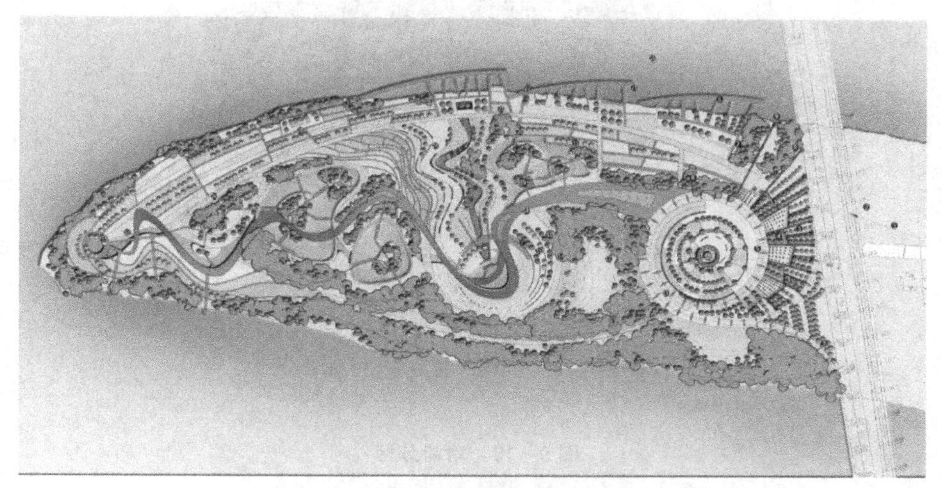

图 9－14 总平面图

2) 景观结构

景观结构如图 9－15 所示。

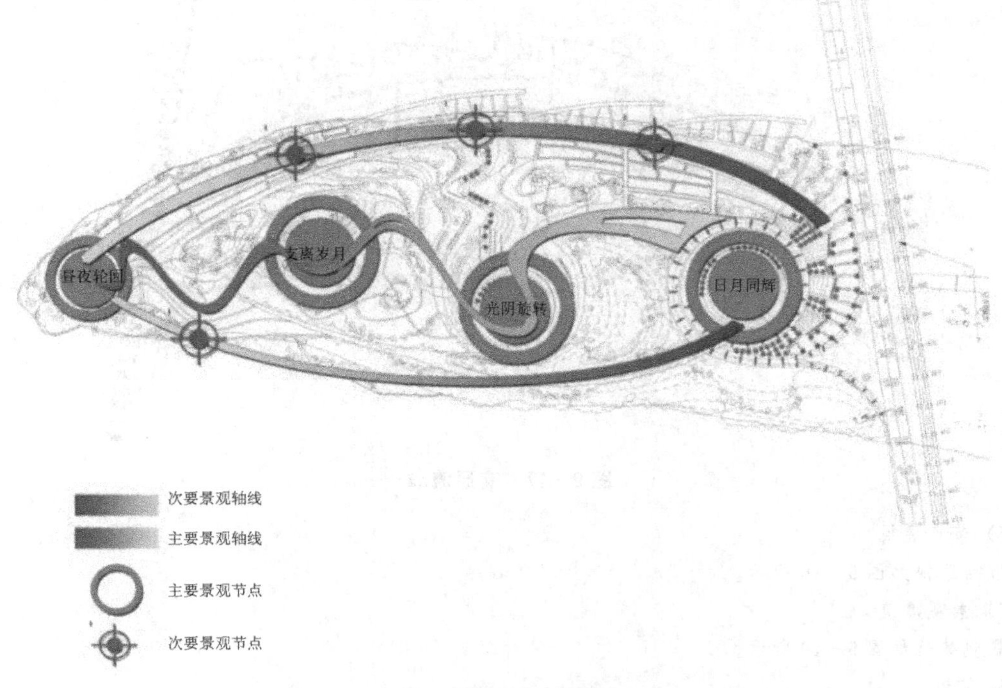

图 9－15 景观结构

3) 功能分区

功能分区如图 9－16 所示。

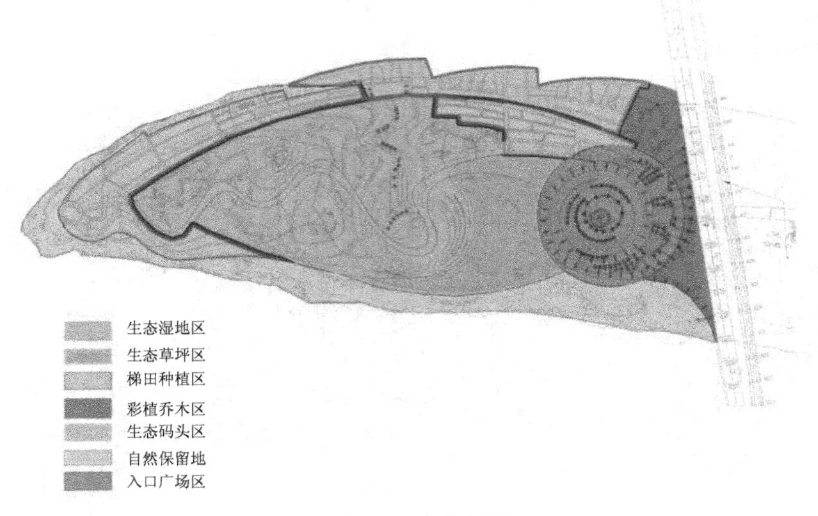

图 9-16　功能分区

4）交通流线

交通流线如图 9-17 所示。

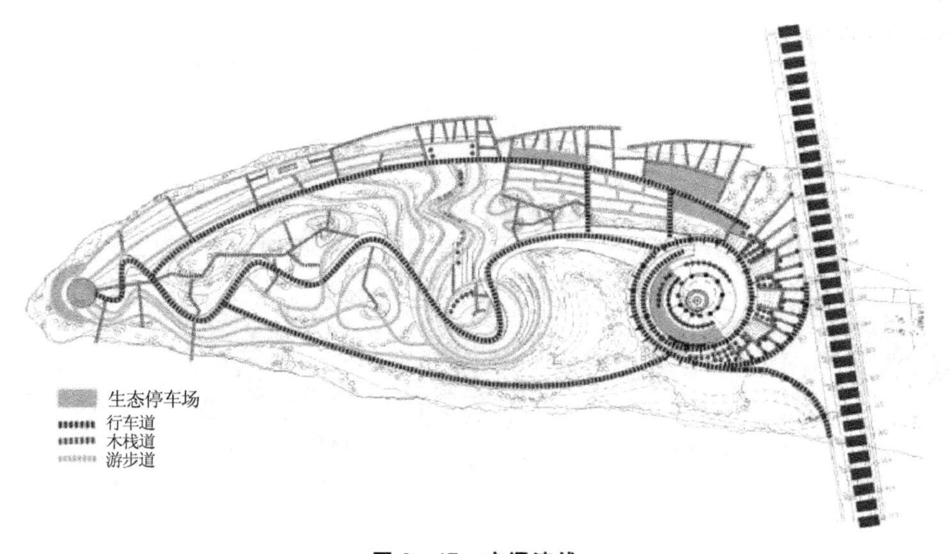

图 9-17　交通流线

5）节点透视

节点透视如图 9-18 所示。

6）景观建筑

景观建筑如图 9-19 所示。

5. 结论

城市的湿地景观是城市生态系统的重要组成部分，能够改善城市小气候，调节城市水文循环。因此在湿地景观设计的过程中，设计师必须树立正确的生态伦理观念，兼顾湿地景观的游憩功能开发与生态保育措施，找到自然与的良好的结合点，使人与自然的和谐共处，营造良好的城市人居环境。

图 9-18 节点透视

图 9-19 景观建筑

本方案以“生态设计”理论为基础，精心营造可持续性景观，秉承“以自然为本”的设计观念，强调生态保育措施和游憩环境营造之间的平衡。在保证游憩功能合理性前提下，最大限度保留、恢复天兴洲原有的自然环境，维护生态系统的平衡。天兴洲湿地公园景观设计寄托了“以自然为本”的生态伦理观，体现了中国传统文化中“天人合一”哲学理念和人文精神。

思考题

1. 理解并记忆城市景观、城市景观生态的相关概念。
2. 简述景观生态学的研究范畴。
3. 简述景观与景观要素的关系。
4. 什么是斑块、廊道、本底模式？
5. 为什么要研究景观格局？研究景观局的主要方法有哪些？

参考文献

[1] 曹伟．城市生态安全导论[M]．北京：中国建筑工业出版社，2004.
[2] 章家恩．生态规划学[M]．北京：化学工业出版社，2009.
[3] 温国胜，杨京平，陈秋夏．园林生态学[M]．北京：化学工业出版社，2007.
[4] 杨赉丽．城市园林绿地规划[M]．北京：中国林业出版社，2006.
[5] 周雪飞，张亚雷．图说环境保护[M]．上海：同济大学出版社，2010.
[6] 刘凡岩．环境保护概论[M]．北京：化学工业出版社，2011.
[7] 戴天兴．环境生态学[M]．北京：中国建材工业出版社，2002.
[8] 李团胜．景观生态学[M]．北京：化学工业出版社，2009.
[9] 谭纵波．城市规划[M]．北京：清华大学出版社，2007.
[10] 徐文辉．城市园林绿地系统规划[M]．武汉：华中科技大学出版社，2007.
[11] 孔祥锋．城市绿地系统规划[M]．北京：化学工业出版社，2009.
[12] 王浩．城市生态园林与绿地系统规划[M]．北京：中国林业出版社，2003.
[13] 王新，沈欣军．资源与环境保护概论[M]．北京：化学工业出版社，2009.
[14] 冷生平．园林生态学[M]．北京：中国农业出版社，2003.
[15] 孔繁德．生态保护概论[M]．北京：中国环境科学出版社，2009.
[16] 邓毅．城市生态公园规划设计方法[M]．北京：中国建筑工业出版社，2007.
[17] 刘承水．城市灾害应急管理[M]．北京：中国建筑工业出版社，2010.
[18] 李德华．城市规划原理[M]．北京：中国建筑工业出版社，1980.
[19] 张坤民．可持续发展论[M]．北京：中国环境科学出版社，1997.
[20] 沈清基．城市生态与城市环境[M]．上海：同济大学出版社，2011.
[21] 金磊．城市灾害学原理[M]．北京：气象出版社，1997.
[22] 蒋维，金磊．中国城市综合减灾对策[M]．北京：中国建筑工业出版社，1992.